DEU BRANCO!

SIAN BEILOCK

DEU BRANCO!
Como evitar falhas nos momentos importantes usando a ciência cognitiva

Tradução
Adriana Rieche

1ª edição

Rio de Janeiro | 2017

CIP-BRASIL. CATALOGAÇÃO NA PUBLICAÇÃO
SINDICATO NACIONAL DOS EDITORES DE LIVROS, RJ

Beilock, Sian

B366b   Deu Branco!: Como evitar falhas nos momentos importantes usando a ciência cognitiva. / Sian Beilock; tradução: Adriana Rieche. – 1ª ed. – Rio de Janeiro: Best*Seller*, 2017.
308p. : il. ; 23 cm.

Tradução de: Choke : What the Secrets of the Brain Reveal About Getting It Right When You Have To
ISBN 978-85-7684-309-2

1. Processo decisório. 2. Emoções e cognição. 3. Cérebro. 4. Comportamento humano – Psicologia. I. Rieche, Adriana. II. Título.

16-37806

CDD: 153.83
CDU: 159.947.2

Texto revisado segundo o novo Acordo Ortográfico da Língua Portuguesa.

Título original:
CHOKE : WHAT THE SECRETS OF THE BRAIN REVEAL ABOUT GETTING IT RIGHT WHEN YOU HAVE TO

Copyright da tradução © 2017 by Editora Best Seller Ltda.
Copyright © 2010 by Sian Beilock

Design de Capa: Gabinete de Artes
Editoração eletrônica: Abreu's System

Todos os direitos reservados. Proibida a reprodução, no todo ou em parte, sem autorização prévia por escrito da editora, sejam quais forem os meios empregados.

Publicado em acordo com a editora do original, Free Press, uma divisão da Simon & Schuster, Inc.

Direitos exclusivos de publicação em língua portuguesa para o Brasil adquiridos pela
EDITORA BEST SELLER LTDA.
Rua Argentina, 171, parte, São Cristóvão
Rio de Janeiro, RJ – 20921-380,
que se reserva a propriedade literária desta tradução.

Impresso no Brasil
ISBN 978-85-7684-309-2

Seja um leitor preferencial Record.
Cadastre-se e receba informações sobre nossos lançamentos e nossas promoções.

Atendimento e venda direta ao leitor:
mdireto@record.com.br ou (21) 2585-2002.

*A minhas avós, Phyllis Beilock e Sylvia Elber,
que partiram em busca de suas próprias motivações
e inspirações pessoais.*

SUMÁRIO

Introdução 9

CAPÍTULO UM 17
A MALDIÇÃO DA ESPECIALIZAÇÃO

CAPÍTULO DOIS 47
TREINAMENTO PARA O SUCESSO

CAPÍTULO TRÊS 75
MENOS PODE SER MAIS
POR QUE EXERCITAR O CÓRTEX
PRÉ-FRONTAL NEM SEMPRE É BENÉFICO

CAPÍTULO QUATRO 103
DIFERENÇAS CEREBRAIS ENTRE OS SEXOS
A PROFECIA QUE SE AUTORREALIZA?

CAPÍTULO CINCO 135
LEVANDO BOMBA NO TESTE
POR QUE BLOQUEAMOS EM SITUAÇÕES
DE PRESSÃO NA SALA DE AULA

CAPÍTULO SEIS 167
A CURA DO BLOQUEIO

CAPÍTULO SETE 197
BLOQUEAR SOB PRESSÃO
DO CAMPO AO PALCO

CAPÍTULO OITO 229
**APARANDO AS ARESTAS NO ESPORTE
E EM OUTROS CAMPOS**
TÉCNICAS ANTIBLOQUEIO

CAPÍTULO NOVE 257
O BLOQUEIO NO MUNDO DOS NEGÓCIOS

Epílogo: Roma nunca esquece 283

Agradecimentos 289

Notas 291

INTRODUÇÃO

Desde criança eu ficava intrigada com desempenhos excepcionais, fosse nas Olimpíadas, no fosso da orquestra ou mesmo da minha amiga Abby no exame de admissão para a faculdade de direito. Como as pessoas reagem nos momentos mais importantes? Por que alguns indivíduos têm sucesso, enquanto outros deixam a desejar quando há muita responsabilidade em jogo e todas as atenções estão voltadas para eles? Por vezes, aquele único momento — uma corrida, uma prova, uma apresentação — pode mudar uma vida inteira ou uma trajetória profissional para sempre.

Minha amiga Abby e eu nos conhecemos quando éramos calouras e dividíamos o mesmo dormitório na Universidade da Califórnia em San Diego. Apesar de Abby e eu termos muitas coisas em comum: o gosto pelo mar, pela banda Grateful Dead e por filmes românticos, quando se tratava dos estudos nós não poderíamos ser mais diferentes. Durante a faculdade, eu estava constantemente na biblioteca estudando para os exames semestrais e finais, preparando trabalhos e relendo as anotações que havia feito na aula. Não era o caso da Abby. Não me interpretem mal, Abby tinha bom desempenho escolar, mas era muito mais frequente encontrá-la na praia do que na biblioteca, e a probabilidade de ela estar sonhando acordada na sala de aula era muito maior do que a de estar prestando atenção no que o professor estava ensinando. O que mais me espantava com relação a Abby era sua capacidade de apresentar melhor desempenho quando a pressão era maior. Ela fazia a maior parte dos trabalhos da faculdade às 4 da manhã do dia da entrega, e sempre tirava a nota máxima. Todas aquelas noitadas na biblioteca pareciam sempre compensar para ela.

Depois da faculdade, Abby decidiu estudar direito e submeteu-se ao exame padronizado LSAT (Law School Assessment Test), para admissão de candidatos aos cursos de direito nos Estados Unidos, e recebeu uma nota quase perfeita. Abby tomou várias providências para se preparar para o grande dia do teste. Ela comprou um livro preparatório e aprendeu todos os truques dos testes de múltipla escolha e fez vários simulados para tentar melhorar sua pontuação. Ao se aproximar o dia do teste, Abby estava pontuando no quartil superior de todos os candidatos do LSAT, mas as notas obtidas nos simulados não chegaram nem perto do que ela conseguiu obter no exame real. Abby rendia mais quando a pressão era intensa e seu alto desempenho nesses momentos críticos fazia toda a diferença. Em parte devido a este único dia, este único teste de quatro horas, Abby foi admitida na principal faculdade de direito dos Estados Unidos, foi selecionada para trabalhar em uma empresa líder no final de seu primeiro ano de estudo e, assim que se formou, recebia um alto salário, um trabalho que nunca teria sido possível se o seu desempenho no exame de admissão LSAT tivesse sido fraco. Um período de teste de quatro horas, um sexto de um dia, mudou a vida de Abby para sempre.

Os psicólogos, muitas vezes, são acusados de fazer "pesquisa em causa própria", isto é, tentar entender a si mesmos em vez de pesquisar aspectos mais gerais, e confesso que isso vale para mim também. Quando criança, e até mesmo em minha vida adulta, eu tive bom desempenho nos esportes e em sala de aula, mas, em certas situações, nem sempre atingi o desempenho de alto nível que desejava. Um dos meus piores desempenhos no futebol foi diante de recrutadores universitários, e meus resultados finais no SAT, teste padrão de admissão nas principais universidades dos EUA, não foram tão bons quanto os obtidos nos diversos simulados que eu fizera. Abby enfrentou situações semelhantes, mas a pressão não parecia intimidá-la. Ao contrário, a pressão a favorecia.

Quando comecei a faculdade, meu foco era descobrir por que as pessoas, às vezes, não conseguem dar o melhor de si em situações críticas, em que há muito em jogo. Formei-me em ciências cognitivas e absorvi o máximo que pude sobre como o funcionamento do cérebro direciona a aprendizagem e o desempenho. Mas sempre senti que precisava aprofundar mais meus estudos.

Questões ligadas à aquisição da linguagem e da matemática sempre me fascinaram, mas raramente encontrei estudos que buscavam compreender como as tensões geradas por determinada situação de teste — por exemplo, exames de admissão a cursos superiores semelhantes ao SAT ou ACT (American College Testing), nos Estados Unidos — podem interferir com a capacidade dos estudantes de demonstrarem o que sabem. Talvez porque eu dividisse meu tempo na faculdade entre o campo de lacrosse e a sala de aula, eu também imaginava como minha capacidade acadêmica se relacionava com minhas aptidões atléticas. Será que o meu nervosismo antes de um exame final estava relacionado com as pressões que eu sentia antes de um grande jogo na final de lacrosse? Se você é o tipo de pessoa que tende a levar bomba em provas importantes, será que isso significa que você tem alta probabilidade de perder aquele ponto final decisivo também nos esportes?

Estas questões me atormentaram desde que comecei a estudar, pisei em um campo de jogo, segurei pela primeira vez um instrumento musical e vi Abby tirar nota máxima em todos os testes. No entanto, só comecei a encontrar algumas respostas na pós-graduação na Universidade Estadual de Michigan (MSU), onde tive oportunidade de trabalhar com professores que realizavam um trabalho seminal nos campos de ciência do esporte, psicologia e neurociência. Todos acharam que eu estava louca por trocar as praias de San Diego pela neve, mas minha pesquisa na MSU foi única, pois me permitiu aprender sobre como o cérebro apoia o sucesso nas diversas áreas de desempenho. Independentemente de eu estar estudando o complexo processo de decisão envolvido em pilotar um avião ou como as diferentes partes do cérebro trabalham em conjunto para realizar operações matemáticas, minha pergunta sobre o desempenho humano era sempre a mesma: por que, às vezes, não temos boa performance nos momentos mais difíceis?

No início do meu doutorado, convenci um dos meus orientadores, o Dr. Thomas Carr, a me deixar instalar um campo de prática de golfe para tacadas de curto alcance em seu laboratório. Pensamos que, se pudéssemos entender por que os jogadores de golfe às vezes perdem tacadas fáceis em momentos críticos do jogo, talvez conseguíssemos aprender um pouco sobre o fracasso nos esportes e descobrir algo interessante sobre por que as pessoas cometem erros bobos quando fazem um teste de matemática sob intensa pressão. Afinal, golfe e matemática são atividades complexas que exigem dedicação e atenção para aprender. E, de fato, descobrimos que, embora o fraco desempenho sob pressão fosse comum em ambas as tarefas, o problema se manifestava de diferentes maneiras. Parafraseando Tolstói, todos os desempenhos ruins se assemelham, mas cada um à sua própria maneira.

Hoje em dia, com o advento de novas técnicas de imagem cerebral, podemos ver o que está dentro das cabeças dos jogadores, estudantes e até mesmo dos empresários e fazer suposições fundamentadas sobre os tipos de programas que o cérebro está processando. Também temos condições de entender por que esses programas internos falham quando as pessoas enfrentam pressões que as fazem bloquear. Nas últimas décadas encontrei respostas para algumas das minhas incômodas indagações sobre o desempenho humano. Estas respostas mudarão sua forma de pensar sobre a aprendizagem, as avaliações de inteligência e a identificação de talentos, dos campos de jogo às salas de aula e salas de reuniões, e muito mais.

Em *Deu Branco!* eu apresento as últimas pesquisas sobre o que os psicólogos sabem a respeito da maneira como as pessoas aprendem e realizam tarefas complexas. Abordo questões que incluem: quais são os sistemas cerebrais que supervisionam nossa forma de aprender habilidades esportivas? Será que nossa forma de desenvolver habilidades esportivas realmente difere das formas como aprendemos na sala de aula ou tocamos no fosso da orquestra? Como nosso desempenho cai nesses diferentes ambientes?

Por que algumas pessoas fracassam e outras prosperam, quando tudo depende de seu próximo movimento e a pressão para se superar é máxima?

Quando chego segunda-feira de manhã no meu consultório, não é incomum encontrar várias mensagens deixadas por pais que querem saber por que seus filhos jogam bem nos treinos durante a semana mas não na competição no fim de semana, ou de vestibulandos que estão interessados em garantir que os bons resultados obtidos nos simulados se mantenham na hora do exame de verdade. Fico intrigada com cada caso, porque somente compreendendo como ocorre o desempenho comum é que teremos condições de criar as estratégias adequadas para garantir que tenhamos êxito nos momentos mais críticos.

Faço várias palestras para empresas todos os anos, quando apresento o que a neurociência ensina sobre o desempenho do nosso cérebro no calor da negociação, ou quando ocorre uma crise. Meu palpite é que uma das razões pelas quais as empresas estão ansiosas para ouvir o que tenho a dizer é por ser difícil identificar exatamente por que falhas inesperadas ocorrem quando muita coisa está em jogo. *Deu Branco!* vai mudar isso.

Como sociedade, somos obcecados com o sucesso e, por isso, as pessoas estão constantemente tentando descobrir os ingredientes que produzem desempenhos extraordinários. O outro lado da moeda do sucesso, é claro, é o fracasso. E descobrir o mecanismo pelo qual você vai mal em uma importante visita de vendas ou em uma negociação crítica fornece pistas sobre como você pode alcançar melhores resultados em qualquer situação.

Certamente você já ouviu falar de bloquear sob pressão. Existem inúmeros relatos no basquete em que o lance livre que decidiria o jogo acaba virando um contra-ataque, ou no golfe, em que espasmos transformam um *putt* fácil que ganharia o torneio em desastre; algumas pessoas descrevem ter tido um "branco" em testes importantes, quando o que está em jogo é a admissão para a universidade ou a nota final de um curso. Outras pessoas falam do "pânico" que sentem quando não são capazes de pensar com clareza suficiente para seguir procedimentos muito treinados para sair de um edifício em chamas. Mas o que esses relatos realmente significam?

Malcolm Gladwell, em seu ensaio de 2000 na revista *New Yorker*, intitulado "The Art of Failure" [A arte do fracasso], fala sobre situações de bloqueio e pânico. O primeiro, Gladwell sugere, ocorre quando as pessoas perdem seu instinto e pensam demais sobre o que estão fazendo. O pânico ocorre quando as pessoas confiam nos instintos que deveriam evitar. Estou aqui para dizer que, do ponto de vista científico, essas são duas instâncias de bloqueio.

O bloqueio pode ocorrer quando as pessoas pensam demais sobre as atividades que normalmente são automáticas. É o que chamamos de "paralisia por análise". Em contraste, as pessoas também bloqueiam quando não dedicam atenção suficiente ao que estão fazendo e confiam em rotinas simples ou incorretas. Em *Deu Branco!* você vai aprender sobre o que influencia o fraco desempenho sob pressão em diversas situações para que possa evitar o fracasso em seus próprios empreendimentos.

Mas, primeiro, o que é exatamente bloquear? Bloquear sob pressão é o mau desempenho que ocorre em resposta ao estresse percebido de determinada situação. No entanto, não é simplesmente mau desempenho por si só. É quando você – ou um atleta, ator, músico ou estudante — apresenta desempenho pior do que o esperado, considerando o que você é capaz de fazer, e pior do que o que já fez no passado. Esse desempenho menos do que ideal não reflete apenas uma flutuação aleatória do nível de habilidade — pois todos nós temos altos e baixos. Esse fenômeno ocorre em resposta a uma situação altamente estressante.

Um executivo, recentemente, me contou a história de um incidente que aconteceu em sua empresa, logo após a onda de medo provocada pelo antraz em 2001. Cartas contendo esporos de antraz foram enviadas à imprensa e para figuras políticas, resultando em vários feridos e até mesmo cinco mortes. Primeiramente testados como agentes de guerra biológica na década de 1930, os esporos do antraz são facilmente disseminados, por isso, as empresas desenvolveram procedimentos que deveriam ser seguidos pelos funcionários a fim de conter a contaminação, caso ela ocorresse. A empresa desse executivo desenvolveu um guia passo a passo para os funcionários que suspeitavam que haviam sido expostos ao antraz e realizou vários exercícios práticos para repassar procedimentos em caso de contaminação. Apesar disso, no dia em que um pó branco começou a cair de um pacote que uma mulher abriu em seu departamento, em vez de seguir o procedimento com calma, o que significava, em primeiro lugar, não perder a cabeça, ela imediatamente entrou em pânico e correu para fora do escritório, fazendo contato com diversos funcionários ao longo do caminho.

Felizmente, o incidente era um trote. O que o executivo queria saber era se o pânico daquela mulher era semelhante ao de um atleta que vacila nos Jogos Olímpicos ou ao medo paralisante que seu filho sente diante do quadro-negro na escola. Se assim fosse, talvez ele pudesse aprender alguma coisa com essas formações sobre como evitar o pânico de seus próprios funcionários. Todos são casos de bloqueio sob pressão. Saber como determinados casos são semelhantes (e diferentes) é a chave para entender como lidar com eles.

Em *Deu Branco!* veremos como o desempenho em sala de aula está vinculado ao desempenho na quadra de basquete ou no fosso da orquestra, e se o sucesso em uma arena traz implicações para a realização da tarefa em outra. Vamos perguntar por que a mera menção de diferenças entre os sexos em termos de aptidão matemática atrapalha o desempenho no exame quantitativo de uma candidata e vamos analisar em detalhes outras atividades em que fenômenos similares ocorrem. Por que esses alunos de alto potencial — com mais conhecimento e técnica – são os que mais tendem a falhar sob a pressão de um exame importante? Será que essas mesmas pessoas também falham no esporte? Será que pedir um "tempo" imediatamente antes da jogada da vitória no futebol americano reduz o sucesso de um jogador ou o acalma? Por que essa técnica funciona, será que um político pode ser tranquilizado antes de fazer um discurso importante? *Deu Branco!* explica a ciência por trás desses e de outros casos e explica o que os segredos do cérebro podem nos ensinar sobre nossos próprios sucessos e fracassos no trabalho e nos esportes.

CAPÍTULO UM

A MALDIÇÃO DA ESPECIALIZAÇÃO

A tenista russa Dinara Safina tem uma carreira muito bem-sucedida no cenário mundial do tênis. Aos 23 anos de idade ela já participou de duas partidas nas quartas de finais, duas partidas nas semifinais e três finais do Grand Slam. Passou algum tempo como a primeira colocada na lista de melhores tenistas de 2009 da Associação de Tênis Mundial. Mas, apesar de sete participações em fases avançadas do campeonato, Safina ainda não conquistou um dos títulos do Grand Slam do tênis profissional. Não importa de qual ângulo a questão seja analisada, o fato é que ela não conseguiu alcançar seu maior objetivo no tênis.

É crucial para a reputação de um jogador de tênis vencer partidas em campeonatos. Mesmo que você seja o melhor jogador do mundo, de acordo com os computadores, se não consegue provar seu valor quando mais importa, vai acabar conhecido como perdedor. E quando fica evidente que você não é aquele jogador que decide partidas, os torcedores perdem o entusiasmo. Até você deixa de acreditar em si mesmo.

"Sou muito exigente comigo mesma", comentou Safina depois de uma surpreendente saída no início da terceira rodada do Campeonato Aberto de Tênis dos EUA. Agora, toda vez que Dinara Safina entra na quadra, o que ela (e todo mundo) se pergunta é se conseguirá vencer um grande título ou não.

Meu trabalho é ajudar as pessoas a evitar esses tipos de falhas.

Hoje, fui convidada para falar em um evento de uma empresa da *Fortune 500* no luxuoso Sundance Resort, administrado por Robert Redford, nas montanhas do estado de Utah. A presidente da empresa reuniu todos os seus vice-presidentes para dois dias de debates sobre as formas de identificar as melhores e mais brilhantes contratações e como ajudar essas pessoas a apresentarem melhor desempenho em momentos de maior pressão. Basicamente, eu vim para Utah para ajudar os vice-presidentes a evitar que seus funcionários (e eles mesmos) sigam o mesmo caminho de Dinara Safina.

Eu conversei com a presidente ao telefone alguns dias antes da minha viagem e fiquei com a impressão de que ela pretendia que o tempo do fim de semana fosse 90% dedicado ao trabalho e 10% destinado a atividades de descanso e relaxamento. Agora, observando seus vice-presidentes sentados diante de mim, de forma ligeiramente à vontade, de shorts, sandálias e camisetas, tenho a sensação de que eles podem ter invertido a relação entre trabalho e lazer. Ainda assim, estão todos reunidos na principal sala de conferências do resort para ouvir o que tenho a dizer.

Suponho que o meu público será um pouco cético quanto ao que eu, uma professora de psicologia da Universidade de Chicago, tenho de útil para relatar. Afinal de contas, o que sabe um acadêmico sobre o mundo dos negócios? Esses vice-presidentes não estão particularmente interessados em psicologia, meu campo de estudo, mas, sim, no que é preciso para obter sucesso. Felizmente, conheço um pouco do assunto porque — simplificando as coisas — estudo o desempenho humano. Minha pesquisa tenta explicar como as pessoas alcançam sucesso em suas atividades em geral, seja na quadra, no campo de golfe, no fosso da orquestra ou na sala de reuniões.

Meu trabalho não se limita a identificar as chaves para o sucesso no trabalho e no lazer. Eu também estudo o motivo pelo qual as pessoas deixam de atingir seus objetivos quando estão sob pressão e todas as atenções estão voltadas para elas. Em minha pesquisa, analiso como um aluno nota 10 na escola pode ter pior desempenho na hora do vestibular do que nos simulados que realizou várias vezes antes do grande dia. Também estou interessada em saber como um jogador de golfe profissional como Greg Norman poderia entrar no último dia do Masters de 1996 com uma vantagem de seis tacadas e acabar perdendo por cinco tacadas. Ou por que Dinara Safina deixou escapar outro título no Grand Slam por causa de uma falta dupla no *match point* nas finais do Campeonato Aberto da França em 2009. Finalmente, tento entender por que alguns dos membros da equipe que trabalha junto com os vice-presidentes com quem estou falando hoje podem falhar em sua próxima grande apresentação diante de um cliente importante. Quero saber como diagnosticar talentos, quais são os mais propensos a falhar e os mais propensos a ter sucesso quando a pressão é grande.

Minha apresentação hoje será feita sem computador — apenas com uma folha de papel e algumas anotações que fiz para me guiar. Embora eu faça várias palestras por ano, pode ser um pouco assustador falar sem a segurança do meu computador e dos gráficos com os dados de pesquisa para guiar minha apresentação, especialmente quando não estou diante de estudantes universitários que ao menos fingirão algum interesse no que eu estou dizendo para garantir a nota. Como a minha pesquisa investiga por que as pessoas falham quando estão sob pressão, se eu mesma me atrapalhar na apresentação, sempre posso brincar sobre "a pesquisa em causa própria", tentando descobrir quais os tipos de falhas induzidas pela pressão de que eu mesma fui vítima.

Quando o público se acalma, eu explico que o meu objetivo para as próximas horas é apresentar a ciência por trás do intangível: criatividade, inteligência e bloqueio sob pressão. Qualquer pessoa pode aprimorar seu talento como líder, trabalhador e artista, alcançando melhor desempenho, com a percepção de que aspectos aparentemente triviais do ambiente e da sua própria atitude mental podem afetar muito seu sucesso. Eles ainda não parecem convencidos, mas todos prestam atenção quando começo a revelar alguns resultados fora do senso comum que podem mudar sua forma de agir. Por exemplo, quanto mais experiência você tiver como líder da empresa, pior poderá ser sua capacidade de gerenciar sua equipe. Mais experiência, pior desempenho. Isso parece loucura, mas posso fundamentar minha alegação com dados concretos de pesquisa.

OS ESPECIALISTAS PODERIAM USAR UMA BOLA DE CRISTAL

Antes de se tornar professor do Departamento de Gestão de Ciência e Engenharia na Universidade de Stanford, Pamela Hinds passou vários anos trabalhando na Pacific Bell e na Hewlett-Packard tentando descobrir como o trabalho e a vida diária das pessoas mudam com a introdução de novas tecnologias como computadores e celulares. Há dez anos era difícil imaginar que quase todo mundo seria acessível por telefones móveis. Parte do trabalho de Hinds era prever esses avanços digitais e determinar como eles afetariam o trabalho, a vida e a diversão das pessoas. Hoje em dia, em sua função acadêmica, Hinds prossegue a investigação de muitas questões que analisava quando atuava no mundo dos negócios. Um tema que ela está explorando é como as pessoas que desenvolvem e comercializam novas tecnologias digitais avaliam o tempo e a dificuldade envolvidos para que os consumidores aprendam a trabalhar com essas sofisticadas ferramentas.

A maioria de nós já teve a frustrante experiência de se atrapalhar com um novo telefone celular ou dispositivo portátil e ficou especulando se os desenvolvedores dedicaram um minuto sequer de seu tempo a fazer com que usar nosso novo brinquedinho fosse menos angustiante. Minha amiga Jackie se considera uma consumidora digitalmente frustrada. Vários anos atrás o escritório de advocacia de Jackie comprou para ela e para todos os outros advogados novos organizadores digitais portáteis. "Supostamente, era para facilitar minha vida?!", exclamou ela com ceticismo para mim um dia durante o café. Jackie se formou em direito entre os primeiros da turma pela Bolt Hall School of Law da Universidade da Califórnia, em Berkeley, e já estava sendo elogiada em seu primeiro emprego, em uma grande firma de advocacia de São Francisco. Mas ela não era propriamente uma "fera no computador" e, como foi forçada a adotar cada vez mais recursos tecnológicos, sua repulsa por todas as coisas eletrônicas estava crescendo. No dia seguinte do recebimento do dispositivo, Jackie se sentou à mesa da cozinha para aprender a usar sua nova ferramenta. Algumas horas depois, deixou escapar um grande suspiro e devolveu o aparelho à caixa, colocando-o sobre a mesa da cozinha, onde ficou por dois anos, sem nunca ter sido tocado novamente.

O objetivo de Hinds é garantir que casos como o de Jackie não se repitam com muita frequência. Uma maneira de fazer isso é entender como os desenvolvedores da tecnologia digital preveem os problemas que pessoas como ela terão com seus novos brinquedos. Se os fabricantes que conhecem profundamente esses produtos puderem prever os problemas que os novos usuários enfrentarão, então, é possível que esses problemas sejam eliminados.

Os especialistas são convocados para prever o desempenho de pessoas menos qualificadas o tempo todo. Gestores como os vice-presidentes para quem farei minha apresentação hoje, por exemplo, precisam calcular quanto tempo levará para seus empregados concluírem um projeto. Os professores devem avaliar se os alunos serão capazes de completar tarefas de casa e testes no tempo previsto. Treinadores de beisebol devem compreender os tipos de problemas que um arremessador pode encontrar quando estiver aprendendo um novo arremesso de bola em curva. Se não entenderem, como é que os treinadores conceberão as técnicas de treinamento certas para ajudar o arremessador a melhorar seu desempenho? No entanto, deixar de lado seu próprio ponto de vista e relacionar-se com pessoas que têm menos conhecimento e habilidade não é uma tarefa tão fácil. Gerentes, professores e treinadores não são tão bons quanto se imagina em fazer estimativas. O trabalho de Hinds tem demonstrado que esses especialistas cometem alguns tipos de erros na previsão do desempenho dos novatos.

Como Hinds passou vários anos trabalhando na Pacific Bell, não é tão surpreendente que ela tenha decidido usar telefones celulares para investigar como os indivíduos experientes compreendem o desempenho dos novatos. Hinds pediu a vendedores, clientes de telefonia celular (com alguma experiência no uso de telefones) e outras pessoas (sem experiência alguma com as novas tecnologias) que avaliassem quanto tempo levaria para um novo usuário dominar o uso dos telefones.[1] Sim, existem novatos nessa área, ou pelo menos havia, em meados da década de 1990, quando este estudo foi realizado.

Depois que todos tinham feito suas estimativas sobre o tempo de aprendizagem, Hinds pediu que aqueles que nunca tinham usado um telefone celular antes ficassem por perto e realmente aprendessem a utilizar a nova tecnologia. Os novos usuários só tinham em mãos as instruções que vêm com o manual. Hinds acompanhou o tempo que levou para essas pessoas armazenarem uma saudação no correio de voz, por exemplo, ou ouvir as mensagens em sua caixa de entrada. Ela comparou o tempo de aprendizagem dos novatos com as estimativas que todos haviam feito sobre o tempo necessário para que um novo usuário dominasse o telefone.

Talvez você acredite que os vendedores fariam previsões mais eficazes dos resultados. Afinal de contas, eles são especialistas na tecnologia que estão tentando vender e também lidam com clientes ignorantes todos os dias. Com certeza, eles devem ter boa compreensão dos problemas que os novos usuários enfrentam e do tempo que vai levar para que tenham sucesso. Mas, infelizmente para os vendedores, algo atrapalha a capacidade de os especialistas preverem o desempenho dos novatos. Nós psicólogos chamamos isso de *maldição da especialização*. Não existe bola de cristal.

> A "maldição da especialização" atrapalha os especialistas que tentam fazer previsões sobre o desempenho alheio.

Os vendedores concentraram-se tanto em seu próprio desempenho e em como operavam o telefone sem esforço algum que tiveram dificuldade em prever os erros dos novatos.

Por causa disso, as previsões dos vendedores sobre o tempo de aprendizagem dos novos usuários foram as menos precisas. Foram necessários cerca de trinta minutos para que os novos usuários completassem todas as tarefas, tais como gravar uma mensagem de correio de voz e gravar e apagar saudações da caixa postal. Os vendedores estimaram que os novos usuários dominariam o uso de todas as funções do telefone em menos de 13 minutos. Esta é a estimativa das pessoas que nunca usaram telefones antes. Assim, o desempenho dos nossos especialistas foi de novatos. Eles foram vítimas da maldição da especialização. Curiosamente, os clientes que tinham alguma (mas não muita) experiência com o uso de telefones celulares fizeram as previsões mais precisas.

Esses resultados intrigaram Hinds, por isso, ela decidiu ajudar um pouco os vendedores. Em outra parte do experimento, antes de pedir que os vendedores fizessem suas previsões, Hinds pediu que eles lembrassem algumas das suas próprias experiências de aprendizagem, pensando nos pontos de confusão e problemas que eles mesmos haviam encontrado ao tentar utilizar o novo telefone pela primeira vez. Ela disse que os vendedores deveriam pensar nessas experiências ao fazer suas previsões. Infelizmente, seu conselho não os ajudou. Os vendedores novamente subestimaram o tempo que os novatos levariam para completar as tarefas do telefone — não alterando muito suas estimativas originais de 13 minutos.

O que explica o fato de o desempenho dos especialistas ser equiparável ao dos novatos? Bem, acontece algo interessante à medida que as pessoas aperfeiçoam determinada habilidade — e isso ocorre, quer estejamos falando de programação de telefone celular, andar de bicicleta ou estacionamento paralelo no tráfego da cidade.

Elas esquecem as coisas. Pense em andar de bicicleta. Como exatamente a gente faz isso? Bem, primeiro você tem que subir na bicicleta e pedalar, mas há muito mais do que isso em jogo. Você tem que se equilibrar, segurar o guidão, olhar para o que está à sua frente. Se você errar qualquer um desses passos, a queda é uma possibilidade real. Isso geralmente não acontece quando exímios ciclistas estão pedalando, mas se você pedir a um ciclista para explicar o passo a passo dessa complexa habilidade, ele esquecerá os detalhes. Isso porque o ciclista proficiente está tentando se lembrar de informações sobre passeios de bicicleta que são mantidas na *memória de procedimentos*, como dizem os psicólogos.

Essa memória está implícita ou inconsciente. Embora a *memória de procedimentos* seja usada, principalmente, para guiar o desempenho de habilidades atléticas, ela aparece em todos os tipos de tarefas, como na programação de um telefone celular. Como uma jogada ensaiada no futebol ou vencer seu oponente no tênis, operar um telefone celular (por exemplo, navegar por várias telas até o ponto onde você pode digitar uma senha para recuperar suas mensagens de voz) envolve movimentos motores complexos ligados entre si para alcançar um objetivo.

Você pode pensar que a *memória de procedimentos* é sua caixa de ferramentas cognitivas que contém uma receita que, se seguida, irá resultar em sucesso no passeio de bicicleta, na tacada de golfe, na rebatida do beisebol ou na operação plena de um aparelho celular. Curiosamente, essas receitas funcionam, em grande parte, fora do nosso âmbito de consciência. Quando você é bom em determinada atividade, você a realiza rápido demais para monitorá-la conscientemente. Isso torna difícil articular o que está em sua *memória de procedimentos*. Se você não pensa sobre os passos específicos que segue ao executar determinada tarefa, relatar esses passos para outra pessoa (ou utilizá-los para estimar o tempo que outras pessoas podem levar para executar a mesma tarefa) pode ser difícil.

A *memória de procedimentos* se distingue de outra forma de memória: nossa memória explícita, que apoia a capacidade de raciocinar ou de recordar os detalhes exatos de uma conversa que tivemos com o nosso cônjuge na semana anterior.[2] Pode parecer estranho que tenhamos algumas memórias guardadas na cabeça sem conseguirmos chegar a elas e outras que conseguimos acessar conscientemente, mas quando aprendemos um pouco sobre como funciona o cérebro, esta distinção não é tão surpreendente. Simplificando, a memória explícita e a de procedimentos estão, em grande parte, abrigadas em diferentes partes do cérebro, e algumas atividades dependem mais do primeiro tipo de memória e outras da última.

Talvez a evidência mais forte para essa divisão da memória venha do caso de Henry Gustav Molaison, também conhecido como H. M. Em 1º de setembro de 1953 H. M. fez uma cirurgia cujo objetivo era remover parte dos lobos temporais do seu cérebro (especificamente, o hipocampo), na tentativa de pôr fim a ataques de epilepsia que não poderiam ser controlados por medicação. Embora o transtorno de H. M. tenha sido eliminado pela cirurgia, ele perdeu a maior parte do seu hipocampo nesse processo, que é a estrutura do cérebro envolvida com a transferência de novas informações que adquirimos para a memória explícita, de longa duração. Como resultado, H. M. perdeu sua capacidade de criar novas lembranças que durassem mais do que alguns segundos. Se você o visse novamente, logo após encontrá-lo na semana anterior, ele não se lembraria mais de você. Curiosamente, H. M. ainda pode aprender habilidades (como a sequência de movimentos dos dedos necessária para tocar piano ou como desenhar a partir do reflexo do objeto no espelho) que dependem fortemente da *memória de procedimentos*, pois esta memória reside em áreas do cérebro, tais como o córtex motor, os gânglios basais e o lobo parietal, que não foram retiradas na cirurgia.[3] É claro que, quando perguntado, H. M. não conseguia dizer em detalhes como ele realizava atividades baseadas nessa *memória de procedimentos*, da mesma forma como as pessoas com cérebros intactos não conseguem. Basta pensar no tipo de descrição que você pode obter de Michael Jordan se ele fosse questionado sobre como enterra as bolas no basquete. Ele pode invocar o lema da Nike para responder *just do it* [apenas faça] e dizer que simplesmente faz assim, não porque não quer entregar seus segredos, mas porque ele pode não saber o que de fato faz. À medida que aprimoramos cada vez mais nossas habilidades, como operar um telefone celular ou andar de bicicleta, nossa memória consciente de como as realizamos se torna cada vez pior. Tornamo-nos mais experientes e nossa *memória de procedimentos* cresce, mas talvez não sejamos capazes de comunicar nosso entendimento ou ajudar os outros a aprender essa habilidade.

> À medida que aprimorarmos nossas habilidades, nossa memória consciente de como as realizamos se torna cada vez pior.

Neste ponto da minha apresentação o homem sentado à minha frente me interrompe, se apresenta como John e se oferece para contar uma história. Eu o incentivei a prosseguir e John contou o que havia acontecido com ele alguns meses antes, quando sua equipe de TI estava em meio ao processo de propor uma mudança importante no programa de reservas de voos on-line usado por uma grande companhia aérea, uma mudança que atrairia mais clientes para o sistema de reservas da companhia aérea baseado na Web e tornaria a experiência dos clientes mais agradável, assim que chegassem lá.

John tinha dado um prazo aos seus empregados para o desenvolvimento do novo software e para elaborar um plano de apresentação para os clientes que visitariam o escritório na semana seguinte. John fez isso em uma segunda-feira e esperava encontrar a equipe em seu escritório no final do dia de sexta-feira, com o início de produtos tangíveis em suas mãos. A sexta-feira transcorreu normalmente e nenhum dos membros de sua equipe passou por lá. Finalmente, no final do dia, um de seus gerentes de nível médio foi até ele e corajosamente anunciou que eles não haviam tido tempo suficiente para concluir suas tarefas. Em um primeiro momento, John ficou bem aborrecido. Mas depois que o empregado explicou quantas horas eles trabalharam e descreveu todas as questões técnicas que tinham discutido, John se deu conta de que havia subestimado as complexidades do trabalho que os membros de sua equipe precisariam concluir. O próprio John tinha enfrentado essas dificuldades no passado, quando estava na posição de seus funcionários, mas ele se esquecera completamente delas ao estimar a rapidez com que sua equipe poderia gerar o novo produto.

Então, o que os gerentes podem fazer para avaliarem melhor as habilidades e a capacidade dos membros da equipe? Consultar pessoas menos experientes pode resolver. Lembre-se que na pesquisa de Hinds os clientes com *alguma* experiência com telefones celulares foram capazes de fazer uma previsão melhor de quanto tempo seria necessário para um usuário dominar os telefones. John começou a empregar uma estratégia semelhante com sua equipe que parecia estar funcionando. Antes de passar um projeto grande, ele agora fazia um levantamento com vários de seus funcionários para ter uma ideia dos problemas que achava que eles poderiam encontrar e o tempo e o apoio que achavam que precisavam a fim de resolvê-los. John acha que fazer essas perguntas antes ajudou-o, e a seus funcionários, a entrar em sintonia. Isso leva a estimativas mais precisas de trabalho para seus clientes, desempenho dentro do prazo e clientes mais felizes em geral.

Pessoas experientes se beneficiam com os conselhos dos menos experientes em áreas que não envolvem o mundo dos negócios. Quando dois alunos universitários com aptidões diferentes em matemática trabalham juntos, o resultado é melhor do que cada um produziria por conta própria, principalmente nos problemas complicados. Não é surpreendente que os alunos com mais dificuldades em matemática se beneficiem com a orientação dos alunos mais adiantados, mas é interessante que os mais adiantados também aprendem com seus colegas.

Isso acontece porque, quando precisamos ensinar algo a alguém que sabe menos do que nós, acabamos conhecendo o assunto mais a fundo. Alunos mais fracos também podem ajudar os mais adiantados a pensar sobre determinado problema de forma diferente ou original, o que facilita o tipo de criatividade que normalmente é necessária para resolver problemas atípicos de formas novas e intuitivas. Às vezes, é interessante para os mais experientes pedir ajuda aos mais fracos.

Mesmo quando ninguém sabe a resposta para um problema difícil, várias cabeças, em geral, pensam melhor do que uma. Quando estudantes de biologia da Universidade de Colorado responderam perguntas em sala de aula usando *clickers* (dispositivo de mão que permite aos instrutores consultar os alunos durante uma palestra), discutiram a questão com seus colegas e depois voltaram a responder a mesma pergunta, a percentagem de respostas corretas aumentou.[4] Isso vale até mesmo nos casos em que nenhum dos alunos no grupo de discussão original sabia a resposta. Discutir um problema com outras pessoas gera perspectivas alternativas para aquela questão e, muito frequentemente, este tipo de comunicação leva à solução ideal. Como um aluno comentou: "A discussão é produtiva quando as pessoas não sabem as respostas, porque exploramos todas as opções e eliminamos aquelas que sabemos que não podem estar corretas." Justificar uma explicação para outra pessoa também oferece às pessoas oportunidades excepcionais para desenvolver habilidades de comunicação e raciocínio. Isso acontece quer você seja novato ou possua muitos anos de experiência em determinada área.

> As pessoas mais experientes se beneficiam com as perspectivas dos menos experientes.

BLOQUEAR SOB PRESSÃO: POR QUE, QUANDO E COMO

Agora que conversamos sobre algumas das limitações da especialização, é preciso explicar um pouco melhor por que determinados indivíduos altamente qualificados nem sempre apresentam o melhor desempenho, e o que pode ser feito para mudar isso. Durante meu telefonema com a presidente da empresa na semana anterior ela mencionara que seus vice-presidentes passavam muito tempo fazendo (e preparando os membros da equipe para fazer) apresentações aos clientes sobre o que ela chamou de situações de "vida ou morte". Se a apresentação transcorre bem e especialmente se as perguntas dos clientes são respondidas satisfatoriamente, a empresa consegue a conta. Caso contrário, dinheiro, clientes e oportunidades futuras escapam. Não é muito comum haver uma segunda chance no seu ramo de negócios.

Ao ouvir as palavras da presidente, não pude deixar de pensar que esse tipo de pressão parece semelhante àquela enfrentada por um estudante às vésperas do vestibular, ou a de um jogador de golfe logo antes da tacada final que poderá lhe valer o título do torneio, ou mesmo a de um violinista ao preparar sua apresentação solo que será decisiva para a escolha do primeiro violinista em uma orquestra sinfônica. Se essas pessoas apresentarem seu melhor, as portas se abrirão. Se tiverem um desempenho ruim, bem, talvez não tenham uma segunda chance.

É claro que, às vezes, nem mesmo uma segunda chance resolve. Pense na adorável patinadora estadunidense Michelle Kwan. Embora ela tenha sido considerada a melhor patinadora do gelo do mundo no final da década de 1990 e início da década de 2000, Michelle jamais conseguiu trazer o ouro olímpico para casa. Nas Olimpíadas de Inverno de 1998, Kwan perdeu para a adolescente também estadunidense Tara Lipinski. Na sua segunda chance de obter o ouro olímpico, em 2002, Kwan estava liderando a pontuação, seguida por outra americana, Sarah Hughes. A vitória dela parecia certa, mas na modalidade final de patinação livre Kwan estava visivelmente tensa, errou a sequência dos passos e caiu em seu salto triplo. Hughes, por outro lado, fez uma apresentação perfeita, e ficou com o ouro. Algumas pessoas, mesmo quando têm outra oportunidade, não conseguem realizar seu pleno potencial.

Milhões de fãs dariam tudo para ver Kwan vencer. Quando a pressão é grande, mesmo pessoas altamente experientes sentem dificuldade em vencer. Embora Sarah Hughes parecesse estar revigorada pela importância do que estava fazendo e conseguisse dar o melhor de si, esta mesma pressão fez com que Kwan errasse seus passos. Apresentar melhor desempenho quando há muito em jogo é compreensível — as pessoas simplesmente podem empenhar-se um pouco mais porque estão motivadas a alcançar seu objetivo maior. Mas não conseguir um bom desempenho sob pressão é um fenômeno que precisa de explicação. É aí que eu entro em ação.

Em meu Laboratório de Performance Humana, na Universidade de Chicago, eu estudo pessoas em situações de alta pressão, sejam atletas, acadêmicos ou empresários, e nosso objetivo é um só: tentar entender por que, quando e como as pessoas falham sob pressão. Nossa hipótese é de que, se conseguirmos entender por que isso ocorre, poderemos desenvolver estratégias para aliviar o problema.

Então, por que algumas pessoas brilham enquanto outras se apagam em situações de grande pressão — sejam em exames finais ou de admissão ou nas Olimpíadas? Por que, nas Olimpíadas de 2002, Michelle Kwan caiu enquanto Sarah Hughes executou com perfeição todos os seus saltos? Será que todos os tipos de pressão são iguais? O que você pode fazer no seu próprio trabalho ou campo de atuação quando sentir que está caindo em vez de alcançando seu objetivo final?

Nesse sentido, as pressões sentidas por quem enfrenta um vestibular, faz uma apresentação de vendas a um cliente ou compete pelo ouro olímpico são muito semelhantes. As pessoas têm desejo de vencer e, ironicamente, é exatamente por isso que podem falhar. Mas como exatamente a pressão causa problemas de desempenho depende do que estamos fazendo e do tipo de memória que direciona nossa forma de realizar determinada tarefa.

Como já observei, nossa memória (e as tarefas que realizamos com ela) pode ser dividida *grosso modo* em memória explícita e *memória de procedimentos*. O primeiro tipo envolve atividades como fazer contas de cabeça, argumentar com seu cliente em uma questão difícil ou lembrar o que foi dito em uma discussão acalorada que você teve na semana passada com um colega de trabalho. O segundo tipo envolve habilidades como tacadas de golfe, passos da apresentação de patinação ou operar um telefone celular. Como habilidades diferentes baseiam-se em tipos diferentes de memória, o motivo pelo qual as pessoas nem sempre alcançam seu melhor desempenho e o que pode ser feito para evitá-lo não é única para todos.

Eu decidi começar apresentando situações problemáticas em ambientes acadêmicos. Quaisquer perspectivas que tenhamos sobre essas dificuldades auxiliarão nossa compreensão sobre o desempenho humano em geral. Ainda assim, aviso aos vice-presidentes presentes à minha apresentação que, para entender esse fenômeno e o que pode ser feito especificamente para evitá-lo em sua própria carreira ou campo de atuação, é preciso fazer uma análise dos achados de pesquisa de várias áreas de desempenho — da sala de aula à sala de reuniões, e muito mais.

FRACASSO EM ALTO ESTILO

Johann Carl Friedrich Gauss (1777-1855) foi um cientista e matemático alemão conhecido por seu trabalho a respeito da teoria dos números e estatística. Extremamente precoce, muitas de suas descobertas matemáticas foram feitas em tenra idade. De fato, aos 24 anos, Gauss publicou um livro, *Disquisitiones Arithmeticae*, que apresentava a mais brilhante teoria matemática da época. Gauss era, certamente, um matemático excepcional, mas o motivo do meu interesse pela sua obra é que, em meu laboratório, ensinamos aos alunos um pouco da matemática dele para verificar quem esquecerá o que aprendeu quando precisar se submeter a uma prova estressante.

Uma das teorias matemáticas que Gauss desenvolveu foi um sistema de aritmética chamado aritmética modular. Nós pesquisadores gostamos desse tipo de tarefa matemática porque ela não é conhecida da maioria dos estudantes. Os tipos de cálculos necessários para resolver problemas de matemática modular — assim como os tipos de problemas encontrados nos exames SAT ou GRE (o teste mais utilizado para admissões em cursos de pós-graduação nos EUA) — são comuns, mas não são exatamente os mesmos problemas já encontrados no passado. Isso significa que, se alguns falharem, enquanto outros avançarem na resolução dos problemas, saberemos que essas diferenças de desempenho não podem ser causadas por um conhecimento prévio do assunto. Todos chegam ao nosso laboratório sem conhecimento algum e nós ensinamos cada um deles a usar os procedimentos básicos de matemática para resolver bem os problemas da matemática modular. Nossa meta é um tanto perversa, reconhecidamente. Queremos ensinar aos alunos como resolver problemas de matemática modular para que possamos verificar se o desempenho deles piora quando estão sob tensão. Mas, em nossa defesa, devemos dizer que essa meta cruel é necessária para que possamos entender por que eles bloqueiam sob pressão.

Em geral, ensinamos um método em duas etapas para resolver problemas de matemática modular, tais como: 32≡14 (mod 6). Primeiro, subtraímos o número do meio do primeiro número: 32 menos 14. Em seguida, dividimos a resposta pelo número mod (neste caso, 6). Se a resposta de 32-14 for um múltiplo de 6, significa que 6 entra na resposta de 32-14 (ou seja, 18) diretamente sem resto, e a equação é considerada "verdadeira". Se não, é "falsa". Outra forma de descobrir a validade de um problema de matemática mod é dividir os dois primeiros números pelo número mod. Se, quando dividido pelo número mod, ambos os números têm o mesmo resto (aqui, 32 e 14 divididos por 6 têm resto 2), então a equação é verdadeira.

Assim como quando as pessoas fazem a parte quantitativa de testes padronizados, como o GRE, apresentamos problemas de matemática mod aos participantes do estudo, um de cada vez, na tela do computador, e pedimos que resolvam os problemas da forma mais rápida e precisa possível. No entanto, não estamos tão centrados no desempenho em matemática mod propriamente dito quando as pessoas têm todo o tempo do mundo, e as consequências de cometer erros são desprezíveis. Pelo contrário, queremos saber como o desempenho das pessoas muda quando estão sob tensão.

Em um experimento conduzido por mim e minha aluna de pós-graduação Marci, trouxemos cerca de cem estudantes universitários, um por um, para nosso laboratório a fim de resolver dezenas de problemas de matemática mod.[5] Neste caso em particular, Marci tinha espalhado cartazes no *campus* oferecendo dinheiro para quem se voluntariasse para um experimento de psicologia sobre resolução de problemas. Tivemos o cuidado de não mencionar nada especificamente sobre matemática em nossos folhetos, porque não queríamos atrair somente pessoas que gostam de matemática. Em vez disso, queríamos reunir uma diversidade de pessoas em nosso laboratório para que pudéssemos observar como pessoas diferentes reagem a um exame estressante.

Quando os estudantes chegavam para o experimento, Marci agradecia pela presença, levava-os a uma das nossas salas de teste e os colocava diante de um computador. Marci dizia que eles fariam o teste de matemática mod e explicava como resolvê-lo. Algumas pessoas reviravam os olhos ou até resmungavam quando ouviam que teriam que fazer cálculos, mas a maioria ficava ansiosa por começar. Depois que os estudantes adquiriram alguma prática, o experimento propriamente dito começava. A princípio, dizíamos a todos que se esforçassem ao máximo para tentar ser o mais rápido e preciso possível na resolução dos problemas. Mas, depois, tornávamos as coisas um pouco mais interessantes. Marci pedia a todos os alunos que realizassem um segundo conjunto de problemas. Dessa vez, porém, imediatamente antes de iniciar o teste de matemática, ela mencionava alguns aspectos para valorizar a tarefa para nossos alunos:

> É interessante informar que fizemos o teste que vocês estão prestes a realizar com outros alunos do último semestre e temos uma média de quantos acertos eles conseguiram e em quanto tempo resolveram os problemas. No próximo conjunto de problemas, calcularemos uma pontuação com base nesses mesmos dois componentes: a rapidez e a precisão da resolução. Se vocês tiverem um desempenho melhor do que o aluno médio do último ano, então, no final do experimento, receberão vinte dólares.
> Mas há um impedimento. Nosso interesse é avaliar o trabalho em equipe e como as pessoas trabalham juntas. Então, como parte desta experiência, vocês serão colocado com outra pessoa. Para ganharem os vinte dólares não só terão que melhorar seu desempenho em 20%, como a pessoa com quem estão trabalhando precisará melhorar também. Portanto, é um esforço de equipe. Vocês serão os segundos membros da equipe — os primeiros vieram pela manhã e já melhoraram em 20% seu desempenho. Assim, se conseguirem melhorar agora, receberão os vinte dólares, e seu colega também. Se, no entanto, vocês não melhorarem, nenhum dos dois receberá o dinheiro. Vocês têm alguma dúvida?
> Além disso, o desempenho de vocês será gravado durante a resolução desses problemas. Alguns professores e alunos aqui da universidade e professores especialistas na área assistirão as fitas para acompanhar o desempenho do grupo. OK, vou preparar a câmera de vídeo agora e aí podemos começar.

Como acontece na maior parte das minhas apresentações, os vice-presidentes para quem expliquei previamente nosso controle da pressão encolheram-se, desconfortáveis, identificando-se com os alunos que estávamos testando. Mas eu contei aos vice-presidentes: imediatamente após a resolução dos problemas de matemática nós informamos aos alunos que nosso cenário de pressão era falso e demos o dinheiro a todos, independentemente do desempenho deles. Talvez você imagine que os participantes do nosso estudo tenham ficado chateados por terem sido enganados, mas nós explicamos que, para estudar o impacto das situações de teste sob pressão, precisamos criar um ambiente estressante em nosso laboratório. A partir disso, poderemos desenvolver técnicas para realizar o teste e exercícios práticos que reduzam os efeitos negativos da pressão. A maior parte dos alunos que participam em nossos estudos teve que apresentar alto desempenho em situações de pressão, então, em geral, eles estão realmente interessados na pesquisa e em suas conclusões. É claro, nenhum estudante reclama de sair do laboratório com vinte dólares a mais no bolso.

Os tipos de pressão que simulamos em nosso laboratório são comuns no mundo real. O dinheiro que oferecemos aos nossos alunos para que tenham sucesso na resolução de problemas de matemática mod corresponde, simbolicamente, às bolsas de estudos que podem ganhar se tiverem bom desempenho no vestibular ou no campo de jogo real. A ameaça da avaliação a partir de um vídeo representa também situações de avaliação do mundo real, exatamente como o resultado dos exames de admissão é avaliado por pais, professores e colegas, e o desempenho público dos atletas é avaliado por medalhas nos Jogos Olímpicos.

Naturalmente, o nível de pressão que descrevemos no nosso laboratório não chega nem perto da magnitude do estresse que as pessoas sentem em situações reais de vida ou morte. No entanto, ainda assim, apresenta alguns efeitos impressionantes. No estudo que apresento para os vice-presidentes, o desempenho matemático dos alunos testados piorou quando acrescentávamos pressão. Mais interessante, no entanto, foi quem apresentou as maiores quedas de desempenho sob estresse.

No meu público de vice-presidentes, John — o gerente que tinha criado seu próprio truque para estimar com precisão as necessidades de desempenho de seus funcionários — falou pelos outros. "Minha filha foi a única aluna em sua turma de álgebra do oitavo ano no ano passado a receber pontuação máxima em todos os trabalhos de casa que entregava. No entanto, ela nunca conseguiu alcançar um desempenho excelente nos exames. Era como se, quando a pressão aumentava, ela fosse incapaz de usar o que sabia para ter sucesso. Aposto que foram os alunos mais inteligentes no seu estudo, os alunos que sabiam mais, cujo desempenho mais caiu sob pressão." Outros ao redor dele balançaram a cabeça, alguns concordando e outros, céticos. De fato, nossos resultados revelaram que John estava correto, de certa forma.

O que eu ainda não tinha dito ao meu público era que, em outro estudo, Marci e eu havíamos medido todas as capacidades da memória de curto prazo dos nossos participantes. Vamos apresentar esse conceito em mais detalhes nos próximos capítulos, mas, por enquanto, basta pensar na memória de curto prazo como sua capacidade cognitiva.

Enraizada no córtex pré-frontal, a memória de curto prazo reflete nossa capacidade de reter informações na memória em curto prazo, mas é mais do que apenas o armazenamento em disco rígido de computador. A memória de curto prazo envolve a capacidade de armazenar informações no cérebro (e proteger a informação contra o desaparecimento), realizando outra tarefa ao mesmo tempo. Por exemplo, a memória de curto prazo está em uso quando você tenta lembrar o endereço do restaurante para o qual está se dirigindo e, ao mesmo tempo, ler um texto do amigo com quem jantará.

Por que nos preocupamos com a memória de curto prazo dos alunos? Vários estudos mostraram que as diferenças na memória de curto prazo entre as pessoas representam entre 50% a 70% das diferenças individuais na capacidade de raciocínio abstrato ou na inteligência fluida.[6] Em suma, a memória de curto prazo é um dos grandes pilares do QI.

AVALIANDO A MEMÓRIA DE CURTO PRAZO

O teste que Marci e eu utilizamos para avaliar a memória de curto prazo dos alunos (assim chamada capacidade cognitiva) realmente mede a capacidade de manter a informação segura na memória enquanto a pessoa pode estar distraída com alguma outra tarefa ou meta. De maneira análoga a tentar lembrar o endereço de um restaurante e ler um texto ao mesmo tempo, no teste, pedimos que as pessoas memorizassem uma lista de letras e lessem de maneira concomitante uma série de frases em voz alta. Ao avaliar com precisão a memória de curto prazo das pessoas, não importa exatamente o que elas têm em mente, apenas a possibilidade de medir sua capacidade de proteger essas informações contra desaparecimento, fazendo outra coisa ao mesmo tempo.

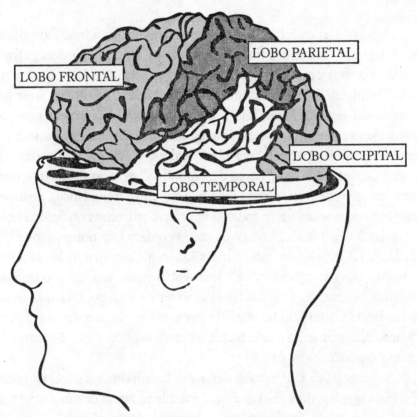

Os lobos do cérebro. O córtex pré-frontal é a parte da frente do cérebro alojado nos lobos frontais.[7]

Deixe-me dar um exemplo um pouco mais detalhado. Em uma tarefa, chamada de Teste de Capacidade de Leitura,[8] determinada pessoa pode ser solicitada a ler em voz alta as seguintes frases, uma de cada vez, de um computador:

Em tardes de sol quente, eu gosto de andar no mato. F

O fazendeiro levou a uva para o urso dormindo. E

O guarda viu a águia no céu. D

O homem pensou que a luz era um bom trem depois do jantar. R

Depois do trabalho, a mulher sempre vai para casa para almoçar. B

    Depois de ler cada frase, as pessoas devem dizer se a frase faz sentido e, em seguida, ler a letra o final da frase em voz alta. Depois disso, a frase e a letra desaparecem da tela, e o próximo par de frase-letra aparece na tela. Decidir se as frases fazem sentido é simples: a primeira frase faz sentido e a segunda, não. Mas e se parte do teste desviar a atenção do participante: não estamos tão interessados em saber como os participantes realizam a parte de sensibilidade dessa tarefa. O que queremos é captar a capacidade das pessoas de lembrar as letras no final. Após uma série de pares de frase e letras (geralmente, entre três e cinco), pedimos que as pessoas lembrem de todas as letras que apareciam no final de cada uma das frases que elas leram e na mesma ordem (em nosso exemplo, F, E, D, R, B). As pessoas sabem que vão ter que recordar as letras desde o início, mas não sabem quando isso será pedido. Assim, é preciso memorizar as letras no final das frases e, ao mesmo tempo, avaliar se o que estão lendo faz sentido ou não. Manter as informações na memória enquanto faz outra coisa é uma boa maneira de explicar o que é a memória de curto prazo.

    A memória de curto prazo desempenha importante papel na maior parte do que fazemos diariamente. Tentar lembrar-se de um número de telefone enquanto tira uma travessa quente do forno, planejar, no trânsito, a curva que você tem que fazer duas ruas adiante, ou tentar imaginar como seu novo sofá ficará em um ângulo ou configuração diferente na sala de estar antes que ele seja realmente mudado de lugar são atividades que envolvem a memória de curto prazo. E a quantidade de memória de curto prazo que temos, muitas vezes, indica qual será seu desempenho em atividades essenciais para o seu sucesso acadêmico, tais como a compreensão de texto ou resolução de problemas.

Assim, você pode ficar surpreso ao saber que eram os nossos alunos de potencial mais alto — aqueles com maior memória de curto prazo — que apresentavam pior desempenho sob pressão.

Não surpreendentemente, o desempenho dos alunos com maior memória de curto prazo é 10% melhor do que os demais quando os problemas de matemática mod eram apenas para praticar. Mas, diante da pressão, o desempenho daqueles com maior capacidade cognitiva caía para o nível daqueles com menos capacidade.

O desempenho dos indivíduos com baixa memória de curto prazo não diminui sob pressão. Por quê?

Para responder a esta pergunta Marci e eu voltamos para analisar nossos problemas de matemática. Como se sabe, na matemática mod, a tarefa é julgar se equações, tais como $32 \equiv 14 \pmod{6}$ são verdadeiras ou falsas. Embora possamos resolver as equações fazendo vários cálculos de subtração e divisão, subtrair 14 de 32, depois dividir a resposta (no caso, 18) por 6 — podemos usar atalhos para encontrar a resposta certa. Por exemplo, se um aluno decidir que os problemas com todos os números pares, provavelmente, são verdadeiros (porque na divisão de dois números pares não sobra resto), esse atalho gerará uma resposta correta em alguns testes: $32 \equiv 14 \pmod{6}$, mas nem sempre: $52 \equiv 16 \pmod{8}$. Quando as pessoas usam um atalho, tal como "se todos os números do problema são pares, responder sim; caso contrário, responder não", elas não precisam guardar etapas do problema na memória e podem chegar a uma resposta de maneira muito simples. Mas atalhos como esse nem sempre estão corretos.

Marci e eu verificamos que os alunos com maior memória de curto prazo estavam mais propensos a seguir os passos de subtração e divisão para chegar à resposta certa justamente, porque têm capacidade cognitiva suficiente para computar respostas dessa maneira — "quem sabe faz ao vivo". Em vez disso, os estudantes com memória de curto prazo menor estavam mais propensos a confiar em atalhos mais simples.

Sob condições de baixa pressão, usar mais recursos intelectuais funciona bem.

É por isso que os indivíduos de maior memória de curto prazo apresentam melhor desempenho em situações práticas. Quando pressionada, no entanto, a maioria dos nossos alunos de alta capacidade entra em pânico e acaba se valendo dos atalhos que os alunos de menor capacidade usam normalmente.

Os estudantes com menor capacidade também entram em pânico, mas como os seus atalhos usuais não exigem muito esforço (lembre-se, eles são essencialmente nada mais do que bons palpites), eles os aceitam e o seu desempenho não cai sob pressão.

> Os estudantes de maior capacidade — aqueles com mais memória de curto prazo — falham sob pressão.

Eu paro aqui para fazer algumas perguntas para o meu público de vice-presidentes: "Quantos de vocês já se viram (ou viram seus funcionários) em uma situação de buscar uma resposta fácil ou um ajuste rápido quando sob pressão, assim como os alunos com grande capacidade do nosso teste de matemática optaram pelo caminho mais fácil?" Na criação desse seminário, a presidente da empresa comentou que seu grupo poderia melhorar a forma como lidava com situações inesperadas em tempos de crise. Quer se trate de uma pergunta inusitada de um cliente que precisa de uma resposta elaborada e bem-fundamentada ou de uma mudança de última hora em uma apresentação a ser feita no final da tarde, gestores e trabalhadores sofrem quando estão sob pressão. A presidente da empresa pensava que, se eles pudessem aprender a dedicar algum tempo a parar, pausar e se reorganizar, quando estivessem sob pressão, talvez encontrassem um caminho para sair de situações complicadas.

Há evidências de que essa estratégia de adiamento ajuda — pelo menos quando as pessoas estão engajadas em atividades que dependem da memória explícita e exigem grande quantidade de memória de curto prazo ou de capacidade cognitiva.

Fazer uma pausa no meio de um desafio pode impedi-lo de seguir a trilha errada. Claro, este nem sempre é o caso. Quando o que estamos fazendo se baseia na *memória de procedimentos* que opera em grande parte fora da esfera da consciência, tempo e concentração demais podem ser ruins, porque ficamos tentados a manter habilidades que são mais bem-realizadas sem interrupção (vamos entrar nesta questão em mais detalhes nos capítulos sobre esportes e desempenho musical, mais adiante). Mas quando os alunos estão fazendo provas exigentes ou quando as pessoas se encontram em situações em que precisam raciocinar sobre um problema novo, dar um tempo para sua capacidade cognitiva se recuperar pode ser benéfico.

COMO INTERROMPER O BLOQUEIO

No início dos anos 1980 a psicóloga Michelene (Micki) Chi e sua equipe de pesquisa descobriram que uma grande diferença entre os alunos que alcançaram o sucesso e aqueles que falharam em situações de difícil resolução era o tempo que dedicavam pensando sobre determinado problema logo no início — *antes* de tentarem de fato resolvê-lo. Uma atitude precipitada pode afetar negativamente o seu sucesso. Chi estava interessada, sobretudo, na resolução de problemas em ciências, por isso pediu que alguns doutorandos do departamento de física da Universidade de Pittsburgh, onde Chi era cientista de pesquisa sênior, professores da disciplina e vários alunos de graduação que haviam acabado de concluir o curso de mecânica resolvessem diversos problemas de física.[9] Enquanto todos trabalhavam para resolver os problemas, Micki e sua equipe de pesquisa fizeram algo relativamente simples — passaram a observá-los.

Como esperado, os professores e os doutorandos tiveram melhor desempenho na resolução dos problemas de física do que os estudantes universitários. Curiosamente, porém, os especialistas de física não eram necessariamente mais *rápidos* do que os graduandos.

Claro, depois que os professores e os doutores começavam a resolver determinado problema, eles eram mais rápidos em calcular uma solução. Mas Chi também constatou que os professores e doutores eram mais lentos do que os estudantes para *começar* a resolver os problemas. Os especialistas faziam uma pausa antes mesmo de colocar o lápis no papel. Eles passavam alguns momentos avaliando a estrutura subjacente do problema e descobrindo o melhor princípio da física a ser usado. Os estudantes, por outro lado, partiam direto para a resolução do problema, o que muitas vezes os atrapalhava. Por pressa para começar a resolver o problema, os estudantes se distraíam com detalhes irrelevantes (tais como: se existe uma mola ou a polia mencionada na descrição do problema), o que os levava a errar. Os professores e doutorandos deduziram que eles precisam encontrar o princípio físico principal, por exemplo, "Força = Massa × Aceleração", que é a chave para o sucesso na resolução do problema e completamente independente da existência de um mecanismo como uma mola ou polia.

Sim, é verdade que os estudantes não tinham muito conhecimento de física, por isso sua forma de resolver o problema talvez não tivesse mudado muito em função de fazer ou não uma pausa antes de começar a realizar a tarefa. Mas para os professores e doutorandos de física que tinham o conhecimento e o potencial para se superar nos problemas, dar um passo atrás antes de começar a trabalhar ajudou a assegurar que eles não seriam levados pelo caminho errado, devido à distração ou a erros bobos. Fazer uma pausa para avaliar a situação antes de começar a solucionar um problema difícil é uma forma de garantir o sucesso, especialmente se o seu primeiro impulso é procurar o caminho mais fácil e rápido para resolvê-lo.

Se os vice-presidentes se comportassem mais como os professores de física e doutorandos do que como os estudantes, isso os ajudaria a encontrar a melhor resposta para seus questionamentos, especialmente quando sob pressão. Na verdade, afastar-se do problema mesmo que seja por alguns minutos pode ajudar as pessoas a encontrar a solução mais adequada. Esse período de "incubação" ajuda as pessoas a abrir mão dos detalhes irrelevantes do problema e a pensar de uma nova forma ou de uma perspectiva alternativa — levando a um momento de descoberta que, por fim, leva ao sucesso.

O lendário filósofo grego Arquimedes pode ter sido a primeira pessoa a demonstrar o poder de dar um passo atrás. Pediram que ele determinasse se uma nova coroa feita para o rei Hierão II era de ouro sólido, e ele estava sob muita pressão para dar uma resposta. Se errasse a resposta, provavelmente, ele não perderia uma vaga na faculdade ou o título de um torneio, mas havia grandes chances de perder a vida. Obviamente, Arquimedes não poderia derreter a coroa ou quebrá-la para determinar seu teor, porque isso acabaria destruindo-a.

E como a coroa tinha a forma irregular de uma coroa de louros, não havia objeto de forma semelhante a que compará-la. Tendo pensado sobre o problema da coroa, ele só encontrou a resposta quando resolveu fazer uma pausa e deixou de pensar nele por completo.

Um dia, quando ia entrar no banho, Arquimedes percebeu que o nível da água subia quando entrava na banheira. E ele percebeu que poderia usar a quantidade de água deslocada por um objeto (ele próprio ou a coroa) para determinar seu volume. Era, portanto, simples dividir o peso da coroa pelo seu volume para chegar à sua densidade, o que poderia ajudar Arquimedes a determinar se a coroa era de ouro maciço ou de outro material, menos denso, como prata. De fato, era este o caso. Segundo a tradição, Arquimedes ficou tão animado com sua descoberta que se esqueceu de se vestir ao sair do banho e correu nu pelas ruas gritando "Eureka!"

Dar um passo para trás em vez de avançar a todo o vapor quando você tem diante de si uma tarefa que exige alta dose de memória de curto prazo pode ser fundamental para completá-la com sucesso. Dar um passo atrás também pode ser vital para a resolução de problemas que surgem *depois* que você termina uma tarefa estressante. A capacidade de realizar tarefas difíceis diminui ao longo do tempo — da mesma maneira que os músculos se cansam depois da prática de exercícios.

Na verdade, a glicose (que é uma fonte primária de energia para as células do organismo, incluindo as células cerebrais) se esgota quando existe um esforço contínuo em uma tarefa difícil que exige raciocínio e lógica. Se você não tem tempo para recuperar suas fontes de energia, seu desempenho em tudo que fizer depois será afetado.

A falta de glicose pode ser especialmente problemática para as pessoas com maior capacidade cognitiva. Indivíduos com as maiores memória de curto prazo, muitas vezes, empregam uma rede mais extensa de regiões do cérebro para o desempenho do que pessoas com baixa capacidade, por isso, suas células cerebrais precisam de muita energia.

Isto acontece porque as pessoas com alta capacidade cognitiva tendem a usar estratégias mais exigentes cognitivamente para resolver um problema. Lembre-se que, no experimento de matemática descrito anteriormente, foram os alunos com mais memória de curto prazo que tenderam a usar estratégias de resolução de problemas difíceis para encontrar as respostas de matemática mod.

> Dê um passo para trás em vez de correr a todo o vapor quando a tarefa em questão exige altas doses de memória de curto prazo.

Assim, fazer uma pausa antes de começar a dar uma resposta, ou mesmo uma pausa depois de terminar determinada tarefa e passar a abordar o próximo projeto, pode fazer diferença decisiva entre o êxito e o fracasso. Mesmo que você sinta que não pode se dar o luxo de recuperar o fôlego, seguir pelo caminho errado ou funcionar com todas as "garrafas de glicose vazias" é uma opção pior, especialmente para as pessoas que têm maior capacidade cognitiva e maior potencial.

ACOSTUME-SE!

Durante um intervalo para o café no resort de Utah uma mulher da plateia se aproximou de mim e perguntou: o que mais, além de dar um passo para trás, alguém pode fazer para ajudar a neutralizar os efeitos negativos de situações estressantes? Contei a ela uma história sobre o meu amigo Raôul Oudejans, que trabalha no Instituto de Pesquisa MOVE na Universidade Vrije, em Amsterdã.

Apesar de Raôul estar interessado em todos os tipos de situações de alta pressão, ele tem passado muito tempo trabalhando ultimamente com os policiais para tentar melhorar seu desempenho no trabalho.

Embora eu tenha certeza de que os vice-presidentes têm uma vida estressante, acho que todos concordam que os tipos de pressões que os policiais enfrentam são de extrema urgência e que, muitas vezes, eles precisam operar em situações de intensa pressão mantendo um elevado nível de eficácia. Raôul descobriu que a prática de tiro com revólveres sob estresse ajuda a impedir que policiais qualificados errem um alvo importante quando necessário.

Em um estudo,[10] Raôul pediu a um grupo de policiais para praticarem tiro, primeiro, contra um adversário que estava aumentando a pressão porque contra-atacavam — na verdade, eles atiravam mas não usavam balas de verdade; somente cartuchos de sabão coloridos.

Raôul, então, pediu que esses mesmos policiais atirassem contra alvos de papelão (do tipo que você vê quando os policiais praticam nos filmes).

Após a prática de tiro, Raôul dividiu seus policiais em dois grupos. Metade dos oficiais praticava atirando contra um oponente vivo e a outra metade só praticava atirando contra alvos de papelão. Em seguida, todos se reuniam e faziam os tiros finais — primeiro, contra opositores de carne e osso e, depois, nos alvos fictícios.

Durante a prática de tiro inicial, todos os policiais erraram mais quando atiraram contra um adversário vivo em comparação com os alvos de papelão. Isso não é tão surpreendente. Isso ocorria depois do treino também, mas apenas para os policiais cuja prática se limitara a alvos de papelão. Para os agentes que praticaram tiro contra um adversário, depois da prática, o índice de acerto era análogo quando miravam em pessoas de verdade e quando focavam em alvos de papelão.

A oportunidade de "praticar sob a ameaça da arma" de um adversário, por assim dizer, realmente ajudou a aprimorar os tiros dos policiais para situações mais estressantes da vida real.

Você pode se perguntar se esse tipo de "treinamento sob pressão" é realmente eficaz, dado que o estresse simulado em treinamento não é tão avassalador quanto o de uma situação real e que envolve alto risco. Basta pensar nas pressões que um policial enfrenta quando é forçado a atirar em alguém que está revidando com balas de verdade em vez de cartuchos de sabão, na pressão que um jogador de futebol profissional sente quando está prestes a bater um pênalti decisivo na final da Copa do Mundo, ou mesmo na pressão que uma colegial sente quando se submete a um exame de admissão como o SAT, que poderá realizar ou acabar com seu sonho de ir para uma universidade de excelência. Será que conseguimos enumerar fatores de estresse que entram em jogo em situações reais de alta pressão? Raôul afirma que sim, porque mesmo a prática em níveis *moderados* de estresse pode impedir as pessoas de serem vítimas do temido bloqueio quando enfrentam níveis *elevados* de tensão.

Quer você esteja atirando contra um adversário na rotina policial ou fazendo lances-livres de basquete, certamente poderá tirar proveito de um treinamento sob pressão. Quando as pessoas praticam em um ambiente descontraído, sem qualquer tipo de pressão, e são, então, submetidas a estresse para alcançar um bom desempenho (vamos dizer, porque uma boa soma de dinheiro está em jogo, ou seus amigos e colegas estarão observando cada movimento seu), em geral, sucumbem sob pressão. Mas se as pessoas praticam tiro com armas ou jogam basquete, ou até mesmo resolvem problemas de improviso com alguns fatores estressantes leves para começar (por exemplo, uma pequena quantia de dinheiro para premiar o bom desempenho ou algumas pessoas assistindo a um ensaio geral), seu desempenho não sofre quando surgem as grandes pressões reais. Simular baixos níveis de estresse ajuda a prevenir um fracasso maior sob crescente pressão, porque as pessoas que praticam dessa forma aprendem a ficar calmas, tranquilas e controladas diante do que tiverem de enfrentar.

> Mesmo praticar em níveis *moderados* de estresse pode impedi-lo de ir mal, quando os níveis de estresse forem *elevados*.

Na verdade, essas qualidades de calma e tranquilidade são a marca registrada de profissionais em muitas áreas e, provavelmente, vêm de anos de adaptação ao desempenho sob pressão. Alguns anos atrás, várias jogadoras da Associação Profissional de Golfe Feminino (LPGA) visitaram o Brain Imaging Research Center da Universidade de Chicago.[11] As jogadoras foram convidadas a se imaginar dando uma tacada em um pino a 100 metros de distância e, enquanto faziam isso, seus cérebros eram submetidos à ressonância magnética funcional (tecnologia de imagens fMRI).

A fMRI avalia o fluxo sanguíneo em áreas específicas do cérebro, que podem ser usadas para medir a quantidade de trabalho que determinadas áreas do cérebro estão realizando enquanto um atleta, por exemplo, imagina uma tacada de golfe.

Ao imaginar suas tacadas de golfe, as jogadoras da LPGA ativavam um conjunto de áreas do cérebro em alta sintonia envolvido no planejamento e execução das ações. Jogadores de golfe com apenas alguns anos de experiência de jogo também foram convidados a ter seus cérebros examinados por ressonância magnética funcional. Quando lhes pediram para se imaginar dando a mesma tacada de 100 metros, os jogadores menos experientes, em contraste com os jogadores profissionais, ativavam um conjunto difuso de áreas do cérebro, incluindo as que envolviam medo e ansiedade. Uma característica dos profissionais parece ser uma mente calma, tranquila, que os pesquisadores e técnicos consideram ser resultado de sua experiência com a prática e o desempenho de tarefas sob estresse.

Praticar sob os tipos de pressões que você tende a enfrentar em um jogo ou torneio importante ajuda a garantir níveis elevados de desempenho quando realmente importa. No meu laboratório na Universidade de Chicago demonstramos que os jogadores de golfe que aprenderam a fazer o *putt* diante do público estavam menos ansiosos e tinham melhor desempenho sob pressão do que quem nunca praticara com outras pessoas assistindo. Assim, essa meia hora de prática de *putting* no final de uma rodada de golfe pode ser mais benéfica quando ocorre enquanto seus amigos o observam do que quando você está sozinho, especialmente se você tiver que pagar uma cerveja para seus amigos toda vez que perder uma tacada. Isso também é válido para outras atividades como falar em público ou lançar uma campanha de marketing. Praticar respostas para perguntas de improviso antes de realmente precisar enfrentá-las em uma situação real de vida ou morte pode ser exatamente o que os vice-presidentes e os membros de sua equipe precisam para se preparar para as reuniões importantes que preocupam a presidente da empresa. Se você está acostumado a atuar sob pressão, terá menos probabilidade de falhar, qualquer que seja sua atividade.

O céu azul atrai os vice-presidentes para suas atividades à tarde, mas como estamos prestes a nos separar, vários deles comentam que já conseguem ver como pretendem aplicar algumas das pesquisas que eu mencionei em suas práticas comerciais. Alguns estão impressionados com a ideia de dar um passo atrás quando atingirem um obstáculo, outros, procurarão obter informações dos funcionários antes de informar os prazos de entrega aos seus clientes, e todos os vice-presidentes parecem gostar da ideia de preparar sua equipe para grandes apresentações, praticando sob pressão.

Eu tenho que voltar ao dia nublado de Chicago para dar uma aula para oitenta alunos de graduação no dia seguinte e, como sempre, estou contando com aquelas poucas horas no avião para terminar a palestra que vou fazer. Quando chegamos à altitude de cruzeiro, no entanto, me vejo pensando mais sobre a apresentação que acabei de fazer do que a palestra do dia seguinte. Minha manhã em Sundance me fez perceber que os psicólogos têm muito a dizer àqueles que estão fora do nosso enclave acadêmico. Na verdade, havia muito mais que eu poderia ter dito. Eu deveria ter enfatizado ao meu público que diferentes tipos de situações de estresse têm aspectos em comum, tais como o fato de que, à medida que a motivação para o sucesso aumenta, a probabilidade de falhar também aumenta, embora também existam diferenças na forma como as pessoas se dão mal em sala de aula ou no campo de jogo. Eu poderia ter abordado como praticar para alcançar os níveis mais elevados de desempenho e se as diferenças na capacidade inata têm implicações para o sucesso ou não. Enquanto eu continuo a pensar em tudo o que não tive tempo para transmitir, decido que minha aula pode esperar e abro uma página em branco e começo a escrever este livro. Agora eu posso abordar todas essas questões.

CAPÍTULO DOIS

TREINAMENTO PARA O SUCESSO

Quando Carla decidiu seguir carreira como concertista de piano, sabia que seria colocada em inúmeras situações em que teria de demonstrar suas habilidades musicais. Afinal de contas, um músico profissional ganha a vida competindo por vagas em orquestras, dando concertos diante de plateias variadas e até mesmo fazendo leituras de novas partituras para os mais exigentes compositores. O que Carla nunca imaginou, porém, é que, além de demonstrar suas habilidades musicais, ela um dia seria convidada a fazer o mesmo para o funcionamento interno do seu cérebro.

POR DENTRO DO CÉREBRO: O QUE REVELAM AS IMAGENS DO CÉREBRO

Boa parte do trabalho dos psicólogos envolve a observação direta do comportamento humano, mas nos últimos anos os cientistas passaram a utilizar também uma ampla gama de ferramentas para compreender o desempenho humano. A tecnologia de imagens do cérebro, e em particular a ressonância magnética funcional, ou fMRI, nos permite ver o interior do cérebro quando jogadores de xadrez estão decidindo que lance fazer na próxima jogada, qual a melhor forma de executar um golpe no tênis ou como indicar a posição correta dos dedos em um solo de piano. Podemos ver que áreas do cérebro estão mais envolvidas no desempenho dessas ações para ter uma ideia de como os grandes jogadores ou solistas utilizam o poder do cérebro para ter sucesso. Essa ligação do cérebro ao comportamento tem nos ajudado a entender melhor os meandros do sucesso e do fracasso, principalmente quando existe grande pressão envolvida.

Na ressonância magnética, os indivíduos se deitam com a cabeça e a parte superior do corpo dentro de uma máquina. Na verdade, um aparelho de ressonância magnética é realmente apenas um grande ímã — em geral, 50 mil vezes mais potente do que o campo magnético da Terra.[1] No entanto, surpreendentemente, a função desse aparelho é bastante limitada, mas pode medir as propriedades magnéticas de qualquer objeto colocado dentro dele. Quando os psicólogos usam a ressonância magnética para suas pesquisas, o objeto que estão medindo é o cérebro do indivíduo deitado dentro do aparelho.

A ressonância magnética analisa a anatomia, porque tipos diferentes de tecido possuem densidades diferentes que o equipamento pode detectar e representar para formar uma imagem do cérebro. Com um tipo ligeiramente modificado de ressonância, chamado de ressonância magnética funcional, ou fMRI, também podemos inferir quais áreas do cérebro estão trabalhando mais quando as pessoas realizam tarefas que envolvem pensamento, raciocínio e resolução de problemas.

Os pesquisadores haviam recrutado Carla para o centro de geração de imagens do cérebro, a fim de saber mais sobre como os cérebros dos músicos estão organizados para apoiar suas habilidades e desempenho. Mas, enquanto Carla estava deitada na máquina e era conduzida uma mesa motorizada para que sua cabeça e a parte superior do seu corpo fossem envolvidas pelo tubo oco e gigante, tudo o que ela sabia era que ouviria uma gravação de si mesma, tocando o Allegro em B menor de Schumann, e que deveria acompanhar a gravação usando um teclado substituto montado à sua frente.

O que os pesquisadores descobriram foi que o córtex pré-frontal, a parte do cérebro em que a memória de curto prazo e o controle consciente estão alojados, não executa a maior parte do trabalho do músico, como alguns acreditavam. Em vez disso, as áreas sensoriais e motoras do cérebro, onde residem as *memórias de procedimentos* bem-formadas, executam a tarefa durante a apresentação de uma peça bem-praticada. Talvez a melhor explicação seja do virtuoso pianista dinamarquês Victor Borges, respondendo a uma pergunta do renomado pianista e maestro Vladimir Ashkenazy: "Alguma vez você já se assustou ao observar os seus dedos em movimento enquanto toca, e não saber quem está fazendo eles se moverem?"[2]

O córtex pré-frontal de músicos profissionais não está guiando seus movimentos: é sua *memória de procedimentos*, funcionando fora de sua consciência, que está fazendo isso.

As informações sobre como os cérebros dos músicos funcionam e como os cérebros dos novatos operam de forma diferente é precisamente o que os pesquisadores têm utilizado ao longo dos últimos anos para aprender como as pessoas, em geral, passam a ser melhores naquilo que fazem. Os pesquisadores também aprenderam algo sobre o que acontece quando a pressão faz com que mesmo as pessoas mais qualificadas tenham fraco desempenho.

A ressonância magnética funcional (ou fMRI) mede o uso de oxigênio no cérebro ativo. Qualquer atividade estimula as células do cérebro, chamadas de neurônios, que criam impulsos elétricos que resultam em pequenos campos magnéticos. Embora esses campos magnéticos sejam pequenos demais para medição pela ressonância funcional, a fMRI pode medir o uso de oxigênio nas células, pelo qual os neurônios aumentam sua demanda à medida que se tornam ativos e ao qual o corpo responde pelo aumento do fluxo sanguíneo para as regiões ativas do cérebro. O sangue oxigenado tem propriedades magnéticas diferentes do sangue venoso, que o aparelho pode detectar. Em outras palavras, a oxigenação do sangue varia de acordo com o nível de atividade neural em determinada parte do cérebro e acredita-se que essa variação indique a atividade cerebral.

Talvez você acredite que a oxigenação do sangue diminua com a ativação do cérebro uma vez que áreas do cérebro ativas usam cada vez mais oxigênio, mas não é o caso. Há uma diminuição momentânea da oxigenação no sangue logo após o aumento da atividade neural, seguido de um período em que o fluxo sanguíneo aumenta — não apenas a um nível em que a demanda de oxigênio é atendida, mas a um nível em que essas áreas do cérebro ativas são saturadas. Esse fluxo sanguíneo atinge um pico em torno de seis segundos e depois volta a um estado inicial. Assim, o fMRI não mede diretamente a atividade dos neurônios, mas o fluxo de sangue que ocorre em resposta a essa atividade.

A ressonância magnética funcional é uma tecnologia impressionante, mas tem seus limites. Por exemplo, os neurônios são muito rápidos, e o fluxo de sangue não é. Os neurônios podem enviar e receber sinais em apenas alguns milissegundos, o que é bom, porque eventos importantes do mundo podem acontecer em dezenas de milissegundos e os neurônios permitem que nós respondamos a esses eventos muito bem. No entanto, a resposta do fluxo sanguíneo ao impulso de um neurônio leva cerca de dois segundos para ser iniciada e cerca de 18 segundos para ser concluída. Assim, a ressonância magnética funcional é boa para captar o local ou as áreas específicas no cérebro que se tornam altamente ativas quando as pessoas realizam uma tarefa, mas não ajuda a compreender a evolução temporal de um processo particular do cérebro.

Além disso, os neurônios são pequenos e as medidas da fMRI são grandes. Há aproximadamente 10^{12} neurônios (trilhões) no cérebro, cada um dos quais é de cerca de 0,01mm. A menor área do cérebro (chamada voxel) que uma fMRI pode medir, em geral, tem um volume tridimensional de 3mm a 5mm. E, geralmente, quando os pesquisadores fazem afirmações sobre a ativação do cérebro, eles estão falando sobre vários voxels aglutinados. Então, os dados de fMRI fornecem informações sobre a atividade média de centenas de milhares a milhões de neurônios — sem muita precisão. Quando usamos essa tecnologia para inferir que determinada área (ou áreas) do cérebro está apoiando o desempenho de alguma tarefa, nos baseamos em uma hipótese (bem-fundamentada, mas ainda assim uma hipótese) de que os neurônios vizinhos estão fazendo o mesmo.

Neste livro utilizo muitos dados obtidos por fMRI para fazer a conexão entre eventos mentais e neurais. Outras técnicas que os psicólogos usam para investigar o que ocorre dentro da cabeça incluem a eletroencefalografia (ou EEG), que envolve a aplicação de eletrodos no couro cabeludo para registrar a atividade elétrica ao longo do couro cabeludo produzida por grupos de neurônios no cérebro. Como o EEG mede diretamente a atividade elétrica dos neurônios (em vez da resposta do fluxo sanguíneo a essa atividade), ele permite aos cientistas informações mais precisas sobre o tempo de determinado evento neural do que a fMRI. Ainda assim, como a atividade neural é coletada a partir de milhões de neurônios de uma só vez, as informações sobre quais áreas do cérebro estão realizando o evento neural não são muito precisas.

Antes de a tecnologia de ressonância magnética estar amplamente disponível, os cientistas dependiam, principalmente, de outro método de geração de imagens do cérebro, conhecido como tomografia por emissão de pósitrons (ou PET), que exige que traçadores radioativos sejam injetados na corrente sanguínea dos indivíduos e medidos enquanto estes realizam diferentes tarefas perceptivas, cognitivas e motoras. Assim como ocorre com a fMRI, com a PET assumimos que as áreas cerebrais que mais trabalham estão recrutando mais oxigênio e outros nutrientes importantes, como a glicose. Assumimos, também, que quando uma determinada área do cérebro precisa de mais oxigênio e glicose, o sistema vascular do organismo vai desviar mais sangue para essa parte do cérebro a fim de satisfazer suas necessidades. A ressonância magnética funcional mede o teor de oxigênio desse fluxo de sangue e a PET controla o fluxo de sangue em si. Como a PET é uma tecnologia bastante invasiva (com injeções de elementos radioativos), no entanto, muitos pesquisadores hoje optam pela técnica não invasiva de fMRI em vez da PET.

As imagens geradas pela ressonância magnética funcional são certamente fascinantes, mas nunca devem ser reconhecidas, pelo menos nessa fase inicial da tecnologia, por sua capacidade de decifrar com 100% de precisão o que está acontecendo dentro da cabeça. Uma empresa de San Diego, No Lie MRI, afirma que a ressonância magnética pode ser usada como uma "medida direta de verificação da verdade e da detecção de mentiras".

Outros sugeriram que tecnologias como fMRI equivalem à leitura da mente. Embora tais alegações sejam instigantes, é fato que um exame de varredura do cérebro é apenas um exame de varredura do cérebro. Ele fornece informações sobre a atividade neural, mas não explica a complexidade do comportamento humano, incluindo os estados de ânimo, motivação, intenções, processo de tomada de decisões e ansiedade. Os dados do cérebro devem, idealmente, ser vistos apenas como uma peça do quebra-cabeça do desempenho humano.

Talvez a fMRI e outras técnicas de neuroimagem causem ainda grande fascínio porque não sabemos seu verdadeiro potencial. Assim como esperamos encontrar a próxima estrela quando um novo atleta emerge de uma virada impressionante, esperamos obter informações ilimitadas de cada avanço tecnológico. Pense na história da tenista americana Melanie Oudin. Melanie era praticamente desconhecida no cenário esportivo profissional até conquistar uma série de vitórias surpreendentes contra as melhores jogadoras do ranking, incluindo Maria Sharapova, em 2009, no Campeoneto Aberto dos EUA. Essas vitórias colocaram Melanie nas quartas de finais e, de repente, essa adolescente loura de olhos azuis, de Marietta, no estado norte-americano da Geórgia, ficou famosa. Especulava-se de que se tratava da próxima estrela do tênis mundial.

Alguns argumentaram que a popularidade de Melanie Oudin vinha da sua atitude esperta, do fato de que a palavra *acredite* estava escrita em seu tênis ou do seu hábito de vencer de virada, com sabor de vingança. Mas suspeito que as pessoas se empolgaram com Melanie porque ninguém conhece ainda seu verdadeiro potencial. Um ano antes do Campeonato Aberto de 2009, Melanie estava jogando em torneios para meninas. Ela não tinha nada a perder em sua primeira aparição no Grand Slam avançado e tudo a ganhar. Melanie Oudin ainda tem que mostrar do que ela é realmente feita para fazer com que todos torçam por ela.

Mas até Oudin ganhar títulos do Grand Slam devemos ser cuidadosos sobre a importância atribuída ao seu desempenho no Campeonato Aberto dos EUA. E também devemos ter muito cuidado ao atribuir importância demais aos dados representados em imagens do cérebro. Como os psicólogos David McCabe e Alan Castel recentemente descobriram, às vezes as pessoas atribuem significado excessivo às imagens do cérebro.[3] Os pesquisadores pediram a estudantes da Universidade da Califórnia em Los Angeles e da Universidade Estadual do Colorado para avaliar a qualidade científica de artigos de psicologia que eram acompanhados por figuras representando as áreas do cérebro que estavam ativas quando as pessoas realizavam diversas tarefas cognitivas ou por gráficos de barras que transmitiam a mesma informação revelada nas imagens do cérebro.

Embora os estudantes não soubessem, os artigos que leram eram fictícios. Os pesquisadores inventaram os artigos para testar a capacidade dos leitores de detectar disparidades entre as alegações feitas e os dados apresentados nos textos. Por exemplo, um artigo, intitulado "Ver televisão está relacionado com a capacidade matemática", concluía que assistir televisão e resolver problemas de aritmética levam à ativação no lobo temporal do cérebro (o lobo temporal geralmente está envolvido com a memória e a atenção visual); assim, assistir televisão poderia ser usado para melhorar suas habilidades matemáticas. Embora eu tenha certeza de que os estudantes universitários participantes do estudo teriam ficado felizes em saber que a TV era tão benéfica, só porque a mesma área do cérebro é ativada durante duas tarefas diferentes, isso não significa que realizar uma atividade (aqui, assistir TV) irá melhorar o desempenho em um tipo diferente de tarefa (por exemplo, resolver problemas de matemática).

Com certeza, os artigos que os alunos avaliaram como tendo maior qualidade científica apresentavam imagens do cérebro ao longo do texto. Artigos acompanhados apenas por gráficos de barras receberam avaliações mais baixas. A atribuição de maior importância para as imagens do cérebro do que de fato merecem também ocorre na ciência real, não apenas em trabalhos inventados. Artigos do serviço de notícias da BBC que resume trabalhos de psicologia são avaliados pelos leitores como mais confiáveis quando as resenhas são acompanhadas por fotos chamativas do cérebro, em comparação com relatórios que não contenham tais figuras. Dizem que uma imagem vale mais do que mil palavras, mas, como um leitor perspicaz, você tem que ter certeza de que as palavras que descrevem a imagem são precisas.

Uma das razões pelas quais as imagens do cérebro podem ser tão influentes é que elas fornecem uma base física para pensar sobre noções abstratas, como a mente. Em certo sentido, as imagens do cérebro ajudam a tornar construtos abstratos mais tangíveis, tais como memória e atenção, bem como simplificar os processos obviamente complexos do pensamento e do raciocínio. No entanto, é muito importante entender que essas imagens simplesmente ilustram os dados da mesma forma como um gráfico de barras ou gráfico de pizza. A interpretação dessas imagens do cérebro pode ser tão subjetiva quanto as conclusões tiradas de outros tipos de dados científicos.

No entanto, apesar das suas limitações, a tecnologia de geração de imagens do cérebro, como a ressonância magnética funcional, fornece informações úteis, incluindo o que acontece no cérebro quando as pessoas estão sob estresse e não alcançam seu melhor desempenho. Ao identificar as regiões ou as redes do cérebro mais afetadas por situações que envolvem alta pressão, é possível ter uma perspectiva de como essas situações ocorrem e do que pode ser feito para impedi-las. Trabalhos realizados com base em imagens do cérebro também forneceram novas perspectivas sobre como talentos e habilidades se desenvolvem. Como veremos nas páginas a seguir, a prática pode realmente mudar a estrutura física do cérebro para conduzir a um desempenho excepcional.

> A prática pode realmente mudar a estrutura física do cérebro para conduzir a um desempenho excepcional.

PEGANDO O JEITO

Dan sempre foi um atleta espetacular. Desde o início do ensino fundamental até os anos de faculdade, toda vez que Dan se aventurava em um novo esporte (com os pés ou com as mãos), rapidamente se tornava o melhor jogador em quadra ou no campo. Dan não primava apenas na parte atlética; suas proezas desportivas estendiam-se para fora do campo de jogo também. Ele podia contar a história por trás da maioria das equipes ou falar por horas a fio sobre táticas de jogo. Esse conhecimento vinha a calhar durante gincanas ou quando os amigos de Dan estavam discutindo sobre qual arremessador da liga principal de beisebol — Roger Clemens ou Nolan Ryan — detinha o recorde de *strikeouts* da carreira (é o segundo). Talvez o mais impressionante sobre as habilidades esportivas de Dan era que, pelo menos do lado de fora, ele não parecia ter que se esforçar muito para brilhar. Dan era forte, rápido e tinha habilidades de antecipação. Ele estava sempre no lugar certo, na hora certa, seja na quadra para fazer a cesta da vitória ou no campo de futebol para impedir o avanço do time adversário para o gol. Como Dan conseguia? E, mais genericamente, como atletas excepcionais — do jogador de golfe Tiger Woods à tenista Steffi Graf — conseguem chegar ao topo nos seus respectivos jogos?

Os fãs dos esportes, os comentaristas da mídia e até mesmo os próprios atletas muitas vezes se perguntam o que cria os craques — dons inatos ou treinamento? Durante o verão de 2008, por exemplo, muitos se perguntavam como Dara Torres, aos 41 anos de idade, conseguiu voltar para seu esporte e ganhar uma medalha nos Jogos Olímpicos de Pequim, após sete anos fora da competição e uma gravidez. Era a quinta Olimpíada de Torres, e ela foi a primeira nadadora norte-americana a conseguir esse feito. Será que alguém que dedicou o tempo e os recursos que Dara tinha investido também poderia alcançar destaque na natação, ou será que havia outras qualidades raras necessárias para o nível de sucesso de Dara?

As origens da aptidão e da técnica foram debatidas apaixonadamente nos negócios, na música, na educação e nas artes, mas não com mais intensidade do que nos esportes. Por que alguns são capazes de realizar feitos atléticos que os outros não conseguem? Será que as estrelas dos esportes nascem prontas, ou são criadas? Descobrir como os atletas cultivam habilidades extraordinárias em seus esportes pode fornecer pistas para o desenvolvimento da próxima geração de estrelas e até mesmo ajudar os atletas a aperfeiçoarem seu jogo de golfe ou de tênis. Saber por que os melhores são os melhores também pode nos dizer algo sobre

> Saber por que os melhores são os melhores também pode nos dizer algo sobre quem vai *brilhar* e quem vai *afundar* quando a pressão estiver alta.

quem vai *brilhar* e quem vai *afundar* quando a pressão estiver alta — e o que pode ser feito quando você estiver "afundando" mais do que "brilhando".

Dan fez faculdade em uma grande universidade do Meio-Oeste dos Estados Unidos, onde era craque no futebol. Ele não só era um dos principais artilheiros da equipe durante todos os quatro anos de sua carreira universitária, mas também chegou à seleção norte-americana, os melhores entre os melhores nos Estados Unidos, por três anos consecutivos. Dan tinha jogado vários esportes diferentes na adolescência, variando do beisebol ao tênis, mas o futebol sempre fora seu primeiro amor e o esporte em que ele realmente se superou. Claro que, nos Estados Unidos, o futebol não comporta o mesmo número de fãs apaixonados como em outras partes do mundo, nem a excelência no futebol tem o mesmo prestígio que tem em outros lugares. Mas Dan não se importava. Ele amava o jogo, nunca perdia uma oportunidade de jogar e tentava aprender o máximo sobre o esporte.

Dan ficou animado ao descobrir um artigo sobre o Dr. Werner Helsen, um europeu psicólogo do esporte, que costumava jogar futebol e agora ganhava a vida descobrindo os segredos do sucesso no futebol na Universidade Católica de Leuven, na Bélgica. Helsen acredita que, se fosse possível descobrir o que diferencia os "grandes do esporte" dos "guerreiros de fim de semana", então poderíamos utilizar esse conhecimento para aprimorar o desempenho dos outros jogadores em campo e mantê-los lá, mesmo em momentos de mais intensa pressão. Helsen conduziu um dos primeiros e mais abrangentes estudos científicos sobre os esportes concebido para responder à pergunta: "Os craques nascem prontos ou são criados? Em outras palavras, os jogadores profissionais vêm para o mundo prontos para serem destaque no futebol? Ou esforço pessoal, prática e experiência permitem que eles se tornem estrelas do jogo mais popular do mundo?"

Para responder a essas perguntas Werner e sua colaboradora, Janet Starkes, examinaram se as habilidades visuais e motoras básicas dos jogadores profissionais de futebol eram superiores às habilidades dos jogadores amadores ou se os jogadores de elite só superam os amadores quando colocam em prática técnicas específicas de futebol.[4] Afinal de contas, os jogadores profissionais não passam muito tempo nos laboratórios realizando tarefas motoras básicas como reagir a luzes piscando em uma tela de computador. Eles praticam as habilidades específicas do futebol, como passe, chutes a gol e reação aos movimentos dos seus oponentes. Mostrar que os profissionais ofuscam os amadores em atividades atléticas básicas sugeriria que ser "naturalmente atlético" é importante para alcançar o status de elite. Por outro lado, se os profissionais *só* superam os amadores quando estão colocando em prática técnicas de futebol que praticam o tempo todo, então, isso poderia sugerir algo muito diferente. Em vez da proeza atlética ser um dom divino, pode ser que as estrelas sejam criadas principalmente devido a milhares e milhares de horas que passam em campo treinando.

Os pesquisadores pediram que jogadores profissionais e amadores realizassem uma variedade de tarefas no laboratório que envolviam tanto habilidades básicas de coordenação motora e percepção quanto habilidades mais específicas do futebol. Por exemplo, os jogadores foram convidados a responder o mais rápido possível (apertando um botão posicionado na frente deles) quando uma luz verde era acesa em uma tela de computador. Em outra tarefa básica, os jogadores tinham de acompanhar com os olhos um objeto em movimento através de uma tela (como uma chave, ou seja, um sinal de < ou >). O objetivo dos jogadores era manter o objeto em vista, para poderem dizer, o mais rapidamente possível, quando solicitado a fazê-lo, se a chave apontava para a esquerda ou para a direita. Eu acho que é bastante seguro dizer que os jogadores de futebol não praticam essas tarefas diariamente.

Curiosamente, Helsen e Starkes não encontraram diferenças significativas entre os jogadores profissionais e amadores nesses testes básicos de habilidades motoras e de percepção. Os jogadores profissionais não eram melhores do que os amadores em termos de sua reação às luzes ou no rastreamento de objetos sem importância. No entanto, as coisas mudaram quando os jogadores foram solicitados a realizar tarefas visuais e motoras ligadas ao futebol. Os jogadores foram colocados em um simulador de realidade virtual de futebol e recebiam uma bola de verdade. Eles tinham de reagir aos adversários que se aproximavam em uma tela em tamanho natural na frente deles e decidir que movimento fazer —

chutar, defender ou driblar. Tinham, ainda, de responder rapidamente e rastrear objetos em uma tela (como haviam rastreado a chave nas tarefas básicas de habilidade), só que agora estavam monitorando os jogadores da mesma forma como eles poderiam aparecer em um jogo real.

Nesse contexto de futebol, os jogadores profissionais captaram importantes informações visuais que os jogadores menos experientes não perceberam, tais como a presença de um jogador livre do outro lado do campo virtual na frente deles. Os profissionais também foram capazes de reagir mais rapidamente e tomar melhores decisões táticas ao assistir uma jogada se desenrolando na tela diante deles, em comparação com os amadores.

Todos, independentemente de suas proezas de futebol, tinham as mesmas habilidades atléticas, quando testados em um contexto geral, mas diferiam em sua capacidade de rastrear objetos e reagir rapidamente em uma situação mais semelhante a um jogo de futebol de verdade. Por isso, parecia certo que os jogadores de futebol testados por Helsen e Starkes eram especialistas principalmente porque tinham aprendido técnicas específicas ao seu jogo.

É fácil encontrar evidências comprovando a importância da prática. Basta pensar sobre o grande jogador de basquete Michael Jordan. A maneira como ele voava pelo ar para enterrar uma bola na quadra dava a impressão de que era dotado de extraordinárias capacidades atléticas que poderia usar em outros esportes em geral. Mas a passagem fracassada de Jordan pelo beisebol profissional revela uma história bem diferente. Jordan passou o ano de 1994, 12 meses após sua primeira aposentadoria do basquete profissional, tentando realizar um sonho de infância e ser um jogador de beisebol profissional. Jordan foi parar no time da segunda divisão do Chicago White Sox, o Birmingham Barons AA, e teve uma temporada de beisebol ruim, terminando com uma média de rebatidas medíocre de 0, 202. Jordan não conseguiria rebater uma bola em curso com uma tábua de passar. Se as aptidões biológicas de Jordan realmente o levaram ao sucesso no basquete, por que não aconteceu o mesmo nos campos de beisebol? Afinal, reações rápidas, coordenação, agilidade e força são necessários para se destacar em ambos os esportes. Mas a prática parece ter desenvolvido as aptidões de Jordan no basquete e a falta de prática parece ter limitado seu sucesso no beisebol.

Naturalmente, o debate sobre se as estrelas "nascem prontas" ou "são criadas" existe há séculos, ou, pelo menos, desde o tempo dos antigos filósofos gregos. Platão argumentava que entramos neste mundo com as aptidões e competências biologicamente herdadas e que os nossos altos níveis de sucesso são predeterminados pelos céus. Do outro lado do debate estava Aristóteles, que por acaso era discípulo de Platão, e que acreditava veementemente que o sucesso era conquistado por meio da aprendizagem e da formação. Vários pesquisadores modernos, incluindo Werner Helsen e Starkes Janet, estão do lado de Aristóteles, mas nem todo mundo está. A Austrália, por exemplo, em sua busca por excelência desportiva internacional, parece estar apostando em uma combinação de Platão e Aristóteles em sua abordagem do treinamento intensivo de certos talentos naturais.

OS ESPORTES NA AUSTRÁLIA

A Austrália trata o esporte como uma ciência e usa todas as ferramentas científicas à sua disposição para desenvolver atletas excepcionais. As ferramentas da ilha-nação vão da análise nutricional dos alimentos que levam à resistência ideal na natação de longa distância à análise psicológica das melhores técnicas de treinamento para assegurar decisões rápidas no handebol. Embora praticamente desconhecido nos Estados Unidos, o handebol de quadra é de grande interesse no cenário esportivo internacional. Grande parte do trabalho em ciência desportiva na Austrália é feito no Instituto Australiano do Esporte (AIS), na capital do país, Camberra. O AIS é um dos centros de desenvolvimento de atletas de elite da Austrália e também abriga uma equipe de cientistas do esporte cujo objetivo é revelar a psicologia, a biologia e a fisiologia por trás do desempenho de classe mundial.

No início do verão de 2005 fui convidada para o AIS, juntamente com vários outros cientistas do esporte que procuravam desvendar os segredos por trás do desempenho excepcional, a passar uma semana com alguns dos treinadores nacionais e olímpicos da Austrália. O plano era que trocássemos ideias sobre como desenvolver os melhores atletas e, mais importante, sobre como mantê-los no topo, depois que chegassem lá. No Instituto, tomei conhecimento de um agressivo programa de identificação de talentos que os australianos adotaram em diversas modalidades esportivas em uma tentativa de aumentar seu número de medalhas no cenário esportivo mundial. Um programa que considero especialmente interessante estava em curso no esporte olímpico de inverno de *skeleton*.

Em uma pista de *bobsled*, os competidores do *skeleton* devem empurrar seus trenós rapidamente e, em seguida, mergulhar de cabeça e pilotá-los de bruços, enfrentando curvas muito fechadas em alta velocidade. Os australianos pegaram atletas com impressionante capacidade para corridas curtas e os transferiram para o esporte. A ideia é simples e, à primeira vista, realmente parece se alinhar com a perspectiva de Platão de que os atletas nascem prontos. Basicamente, porque a velocidade explosiva é tão importante para o sucesso no *skeleton*, se você for rápido precisará de pouco treinamento. Os australianos obtiveram um sucesso notável, com essa abordagem. Por exemplo, Michelle Steele, após cerca de quatro meses no esporte, ficou em sexto lugar em 2005 no Campeonato Mundial, realizado em Calgary.

A ideia de que o talento esportivo é inato é sedutora. Mas um olhar atento para casos como o de Michelle Steele revela que a prática tem um papel maior do que se poderia pensar inicialmente. A competidora australiana no *skeleton* dedicou horas de prática, assim que se comprometeu com seu novo esporte. E antes de sequer sonhar em se aventurar por uma pista gelada de *skeleton* ela vinha desenvolvendo sua poderosa capacidade de corrida dedicando longas horas de treinamento como ginasta em competições nacionais.

Evidentemente, existem diferenças entre as pessoas: as crianças variam de tamanho e, naturalmente, algumas têm mais memória de curto prazo do que outras. Mas, apesar das diferenças inatas, nosso nível eventual de sucesso é marcadamente afetado pelo treinamento e pela prática. Certamente, se *todos* receberem o mesmo tipo de treinamento ou formação e se *todos* melhorarem na mesma proporção, então, qualquer diferença individual no tamanho, na velocidade ou na capacidade cognitiva no início da prática ainda estará presente no final. Mas, geralmente, não é o caso.

Sem o treinamento intensivo ao qual os australianos submeteram Michelle Steele, tanto na ginástica quanto nas pistas, ela jamais teria se tornado uma competidora de classe mundial no *skeleton* (ficando na 13ª posição nos Jogos Olímpicos de Inverno de 2006, em 2º lugar na Copa do Mundo de 2007 em Nagano, em 6º lugar no World Championships, em 2007).

Sem os centenas de milhares de dólares que Dara Torres pagou a técnicos, treinadores e médicos e as horas de prática, ela nunca teria retornado em grande estilo ao cenário olímpico.

> Apesar das diferenças inatas, o nosso nível eventual de sucesso é marcadamente afetado pelo treinamento e a prática.

Infelizmente, Michelle não conseguiu entrar para a equipe olímpica australiana de *skeleton* de 2010. Ela foi superada apenas algumas semanas antes dos Jogos de Inverno pelas companheiras de equipe Emma Lincoln-Smith e Melissa Hoar, que terminaram em 10º e 12º lugar, respectivamente, em Vancouver. Curiosamente, como Michelle, nem Emma nem Melissa começaram sua carreira de atleta nesse esporte. Em vez disso, ambas foram puxadas do *surf lifsaving*, uma modalidade esportiva oceânica que envolve corridas curtas na praia e provas de revezamento que exigem o mesmo tipo de velocidade explosiva necessária para dominar a pista do *skeleton*.

Talvez por causa da crescente conscientização da importância da prática intensiva, não é incomum nos dias de hoje para uma criança passar o verão em uma série de acampamentos esportivos especializados em determinado esporte, por exemplo, futebol ou lacrosse. Alguns pais ainda desembolsam mais de cinquenta mil dólares por ano para enviar seus filhos para academias de esportes específicos como a IMG, em Bradenton, no estado da Flórida. Na IMG as crianças passam tanto tempo em uma sala de aula quanto praticando esportes com colegas de equipe, bem como em sessões de treinamento profissional, análises de vídeo e intenso condicionamento físico.

Em alguns casos, esse tipo de treinamento intenso e especialização precoce funciona muito bem. A tenista Maria Sharapova, que aos 17 anos de idade ganhou o torneio de Wimbledon, treinou na Academia de

Tênis de Nick Bollettieri na IMG. Mas apesar do fato de que a prática é fundamental para vencer no esporte, treinamento e especialização precoces nem sempre são a solução. Outros fatores também desempenham um grande papel no sucesso.

A DATA E O LOCAL DE NASCIMENTO FAZEM DIFERENÇA

Os casais que estão pensando em ter um filho consideram vários fatores relacionados ao tempo. Como a gravidez e ter um recém-nascido em casa afetarão seu trabalho e esquemas de viagem, seu estilo de vida em geral? Será que estão financeiramente e, mais importante, psicologicamente prontos para esse evento transformador? Naturalmente, a maioria dos casais não considera se ter um filho no início ou no final do ano pode afetar a capacidade do jovem em obter sucesso na escola ou no campo de jogo. Mas afeta.

O aniversário de Dan é 1º de agosto. Isto é importante porque a data limite de aniversário para a participação na maioria dos esportes na cidade onde cresceu é 31 de julho. Isto significa que Dan nunca conseguiu jogar na equipe dos mais velhos e acabou entrando na equipe mais jovem — competindo contra garotos que muitas vezes eram quase um ano mais novos do que ele.

A existência de uma data de nascimento limite é bastante típica nos esportes. Na verdade, a maioria das equipes especifica datas de nascimento para assegurar que não existam grandes diferenças de idade em uma mesma unidade. No entanto, as crianças nascidas logo após determinada data limite podem ser muito mais velhas e maduras do que crianças nascidas no final do mesmo grupo, e essa diferença de idade tem consequências para o sucesso nos esportes. Pesquisadores, incluindo Werner Helsen, psicólogo do esporte da Universidade Católica na Bélgica, demonstraram isso. Werner chama esse fenômeno de *efeito da idade relativa*.[5]

Crianças relativamente mais velhas são mais desenvolvidas do que o restante do grupo. Elas têm maior coordenação e são mais atléticas, o que, por sua vez, leva à identificação e à seleção precoces para o treinamento esportivo, o que pode impulsioná-las ao nível de habilidade seguinte. Expor crianças cedo a ambientes competitivos em que devem se destacar mais tarde também as ajuda a se adaptarem para apresentar ótimo desempenho quando estiverem sob grande tensão. Como vimos no Capítulo 1, o treinamento sob pressão ajuda a garantir o sucesso quando mais importa. Ser mais alto do que seus companheiros de equipe porque tem quase um ano a mais do que muitos deles também faz diferença. Treinadores observam, e isso muitas vezes leva a mais tempo de jogo, confiança extra na hora de jogar em situações tensas importantes e, finalmente, sucesso extra em todas as habilidades.

Os efeitos da idade também se manifestam de forma semelhante na sala de aula. A compreensão das crianças do conceito de conservação de número, que em resumo é o entendimento por parte da criança de que o número de objetos em determinado grupo continua o mesmo apesar de mudanças irrelevantes quanto à quantidade, como simplesmente mover os objetos de lugar, mostra um efeito da idade relativa.[6] Não só as crianças mais velhas em determinada série têm mais tempo para aprender sobre a conservação do número fora da sala de aula, mas as habilidades cognitivas como atenção e memória (habilidades que são necessárias para apoiar o entendimento do conceito de número) aumentam com a idade. Relativamente, as crianças mais velhas estão em vantagem porque aprendem mais informalmente fora da sala de aula e seus cérebros estão mais desenvolvidos, então, o que aprendem em sala de aula realmente fica. Se essas crianças mais velhas forem apelidadas de "mais inteligentes" ou mais "espertas", sua idade relativa poderia ajudá-las a se destacar dos colegas.

> Quanto mais velha a criança for em relação aos colegas no futebol, maior será a probabilidade dessa criança vir a se tornar um jogador de elite.

Curiosamente, não é apenas a idade da criança que pode levar a uma vantagem. O lugar onde a criança nasce também pode ser uma chave para seu sucesso posterior. Um grupo de cientistas do esporte no Canadá descobriu recentemente esse *efeito do local de nascimento* ao analisar as estatísticas dos atletas da National Hockey League (NHL, Liga Nacional de Hóquei), National Basketball Association (NBA, Associação Nacional de Basquete), Major League Baseball (MLB, Liga de Beisebol) e do golfe profissional (PGA).[7] Usando os dados de mais de dois mil atletas profissionais, nos Estados Unidos e no Canadá, os cientistas descobriram que a porcentagem de atletas oriundos de cidades com menos de meio milhão de habitantes era maior do que seria esperado contando apenas com o acaso. Em contrapartida, a porcentagem de atletas profissionais procedentes de cidades com mais de meio milhão de habitantes foi muito menor do que seria esperado por acaso. Embora quase 52% da população dos Estados Unidos residam em cidades com mais de meio milhão de habitantes, essas cidades produzem apenas cerca de 13% dos jogadores da NHL, 29% dos jogadores da NBA, 15% dos jogadores da MLB e 13% na PGA.

> Embora quase 52% da população dos Estados Unidos resida em cidades com mais de meio milhão de habitantes, essas cidades produzem apenas cerca de 13% dos jogadores da NHL, 29% dos jogadores da NBA, 15% dos jogadores da MLB e 13% na PGA.

Cidades menores oferecem mais oportunidades para jogos não estruturados, o que leva a mais horas de prática e ao envolvimento com o esporte na juventude. Uma criança de uma cidade pequena pode passar horas no parque sozinha ou chutando bola na garagem de seus pais, algo que é difícil de ocorrer em uma grande cidade. A prática vem em muitas formas.

Talvez porque haja menos competição para entrar para determinado time, as crianças nas cidades menores também têm oportunidade de experimentar diversas atividades. Experimentar uma variedade de atividades reduz o risco de desinteresse por determinado esporte e aumenta o sentimento de confiança da criança, porque ela começa a ver os resultados de seu árduo trabalho em diferentes contextos. Praticar esportes diferentes também diminui a ocorrência de lesões esportivas que podem encerrar uma carreira atlética. Por exemplo, é comum hoje em dia que um jogador de beisebol com dez anos de experiência necessite de uma cirurgia de substituição do tendão de um cotovelo machucado — no passado essas lesões estavam restritas aos jogadores universitários e da liga principal de beisebol. Este é o tipo de lesão que, segundo muitos médicos de medicina esportiva, é resultado direto do uso excessivo do braço e da especialização esportiva em uma idade muito tenra.

Achados como o do efeito do local de nascimento sugerem que precisamos repensar a tendência crescente de as crianças receberem treinamento intensivo o ano inteiro em um só esporte desde cedo. Em vez disso, um treinamento menos direcionado a um esporte específico e jogos recreativos mais diversificados parecem ser preferíveis para o desenvolvimento de habilidades e aptidões atléticas.

> Um treinamento menos direcionado a um esporte específico e jogos recreativos mais diversificados parecem ser preferíveis para o desenvolvimento de habilidades e aptidões atléticas.

Claro, isso não significa limitar a prática global. Isso significa, no entanto, que há maneiras melhores do que a especialização esportiva precoce para aperfeiçoar a própria técnica. Para a campeã australiana Steele, praticar sua capacidade de correr no ginásio quando muito jovem pode ter sido a passagem para o seu sucesso nas pistas de *skeleton*. Quem sabe o que teria acontecido se ela tivesse se especializado em *skeleton* na infância — ela poderia ter sido ferida, perdido o interesse, ou ambos.

PRÁTICA, PRÁTICA, PRÁTICA

Apesar do fato de que o local ou a data de nascimento da criança podem afetar seu eventual sucesso, os principais fatores que separam estrelas extraordinárias dos atletas comuns são o tempo e o esforço dedicados ao desenvolvimento de habilidades de que vão necessitar para se destacarem. Embora possa parecer que algumas pessoas não treinem muito para vencer, é provável que estejam dedicando milhares de horas às sessões de treinamento. Esse treinamento talvez nem sempre seja em um ambiente de equipe formal e, como vimos acima, isso, provavelmente, é uma coisa boa. Mas isso não significa que a prática não é importante. Na verdade, a prática é fundamental em todos os tipos de atividades, mesmo aquelas que, à primeira vista, podem parecer, em grande parte, impulsionadas por capacidades inatas.

Pense sobre as aptidões dos jogadores de um jogo como o xadrez. Os amadores no parque que jogam xadrez rápido parecem lembrar de um número ilimitado de possíveis movimentos no intervalo de alguns segundos. Outro tipo de competidor, o mestre de xadrez profissional, pode levar mais tempo para movimentar qualquer peça do que os jogadores do parque, mas ao ponderar sobre sua próxima jogada o mestre também está repassando mentalmente vários cenários possíveis do jogo. Certamente você pode pensar que os mestres de xadrez que atuam nas mais altas esferas de um dos jogos mais populares do mundo, ou até mesmo os habilidosos jogadores do parque, têm memórias extraordinárias que os ajudam. No entanto, assim como na pista de *skeleton* ou no campo de futebol, a prática (e não qualquer tipo de capacidade inata ou herdada) leva ao sucesso no xadrez.

Na década de 1960, um psicólogo holandês, que também era mestre de xadrez, Adrianus Dingeman de Groot, realizou uma série de experimentos que revelaram que a prática era um dos principais determinantes do sucesso no xadrez.[8] É interessante notar que essa descoberta não foi fácil para ele. De Groot, inicialmente, foi incapaz de encontrar as diferenças óbvias entre mestres de xadrez e jogadores menos habilidosos em aspectos importantes do jogo de xadrez. Mestres e jogadores moderadamente qualificados, por exemplo, não diferiam no número de movimentos que consideravam durante o jogo ou a persistência com que pesquisavam suas memórias para os próximos passos possíveis. Mas, então, De Groot fez um experimento que revelou algo sobre o que é preciso para ser um mestre de xadrez.

De Groot mostrava aos mestres de xadrez e aos jogadores mais fracos um tabuleiro de xadrez em que as peças eram dispostas como poderiam estar no meio de um jogo real. Após cerca de cinco segundos, De Groot removia as peças e pedia aos jogadores que remontassem o tabuleiro exatamente como haviam visto — de memória. Mesmo que tivessem visto o tabuleiro apenas por alguns segundos, os mestres de xadrez conseguiam reconstituí-lo quase que perfeitamente, mas os jogadores abaixo do nível de mestre tinham muitas dificuldades.

De Groot, em seguida, mostrava aos mestres e aos jogadores mais fracos um tabuleiro que não era representativo de um jogo real e em que todas as peças de xadrez estavam misturadas aleatoriamente. A capacidade de mestres de xadrez de remontar os tabuleiros era tão ruim quanto a dos jogadores menos habilidosos. Os mestres *só* demonstravam memória extraordinária para situações de xadrez que eles podiam ver em um jogo real. Em outras palavras, os mestres de xadrez não têm memórias sobre-humanas que apoiem seu raciocínio, estratégia e seleção de movimentos no xadrez. Em vez disso, eles parecem ter aprendido truques específicos que os ajudam a lembrar e aplicam esse conhecimento em jogos realistas.

Em 1973, dois psicólogos da Universidade Carnegie Mellon, William Chase e Herbert Simon, descobriram exatamente quais eram esses "truques". Ou seja, eles aprenderam como os mestres de xadrez eram capazes de reconstituir um tabuleiro inteiro de memória quando as peças eram posicionadas em uma situação que poderiam realmente ocorrer em um jogo *e* por que sua memória falhava quando as peças estavam dispostas aleatoriamente. Esses pesquisadores levaram a sério os jogadores que entrevistaram que disseram: "Eu só vejo os movimentos corretos" e procuraram avaliar como os mestres e os jogadores menos habilidosos examinavam visualmente o tabuleiro.

Os pesquisadores convidaram um mestre de xadrez e um jogador mais fraco para visitar seu laboratório de psicologia na Carnegie Mellon.[9] Quando os jogadores chegaram, pediram que eles se sentassem diante de dois tabuleiros colocados à sua frente. À esquerda estava um tabuleiro que retratava um cenário realista de xadrez no meio do jogo e, à direita, um tabuleiro vazio. Os pesquisadores pediram que os jogadores recolocassem as peças de xadrez que estavam no tabuleiro do lado esquerdo no tabuleiro vazio à direita. Enquanto os jogadores faziam isso, os pesquisadores observavam, na esperança de inferir, a partir de como os jogadores olhavam para um tabuleiro e para outro, o que os jogadores realmente viam.

Observar os jogadores olhar para os tabuleiros provou ser surpreendentemente informativo. Os pesquisadores descobriram que, quanto melhor o jogador de xadrez, menos vezes ele precisava olhar para um tabuleiro e para o outro para recolocar as peças. A cada olhar, o mestre de xadrez parecia captar várias peças de xadrez diferentes, como um grupo. Porque é mais fácil de lembrar um grupo de peças do que nove peças individuais; por exemplo, o mestre de xadrez era capaz de reconstituir o tabuleiro inteiro em menos tempo e com menos esforço do que o jogador menos habilidoso. O mestre de xadrez via peças de xadrez individuais organizadas em algum tipo de forma significativa, por exemplo, determinada sequência de ataque criada para capturar a torre do adversário. Ao fazer isso, ele precisava manter menos informação na memória, o que tornava mais fácil reter ainda mais. Como o mestre de xadrez trabalhava encontrando significado nessas peças, quando elas eram apresentadas de forma aleatória e não podiam ser agrupadas em padrões específicos de jogo, a memória do mestre parecia com a memória do jogador menos habilidoso.

O enorme número de horas de prática dos mestres de xadrez, e não apenas suas memórias extraordinárias, permite que eles enxerguem padrões significativos no tabuleiro que os jogadores menos experientes não conseguem enxergar. Esses padrões podem ajudar os mestres a se anteciparem dez movimentos, enquanto um jogador menos experiente só pode prever três jogadas adiante. Perceber padrões pode até ajudar o mestre de xadrez a antecipar o próximo movimento do oponente antes de o próprio adversário perceber como ele vai jogar.

Os mestres de xadrez não estão sozinhos no uso de truques para contornar limitações normais de memória. Garçons que podem lembrar de vários pedidos sem escrever uma única linha também se valem de auxílios para a memória. Tomemos o caso famoso de um garçom apelidado JC e que conseguia se lembrar de até vinte pedidos consecutivos sem anotar nada.[10] Os psicólogos que estudam a capacidade de memória ficaram bastante interessados nele e descobriram que a memória extraordinária de JC não era um dom inato, mas devido a alguns truques que ele tinha aprendido para guardar muita informação de uma só vez. Vamos dizer que JC estivesse atendendo uma mesa de quatro, o que era fácil para ele. Em vez de tentar se lembrar de cada pedido separadamente, JC organizava os pedidos em uma tabela em grupos significativos, de forma que ele não precisava se lembrar de cada pequeno detalhe. Por exemplo, se todos na mesa pedissem uma salada, uma pessoa pedisse molho de mostarda, outra pedisse italiano, uma terceira pedisse molho tradicional e uma quarta pedisse vinagrete, JC se lembraria de MITV. JC desenvolveu um processo mnemônico para o molho de salada que exigia menos da sua memória do que ter que lembrar de cada molho separadamente. Assim como ver nove peças separadas em um tabuleiro, como parte de uma significatia sequência de ataque permite que um mestre de xadrez transforme muitas informações em um só, JC criava padrões para os pedidos que o ajudavam a reunir uma série de informações em grupos gerenciáveis.

Esse tipo de estratégia mnemônica pode ajudar qualquer um que tenta se lembrar de informações para um teste ou apresentação importante. Encontrar maneiras significativas de agrupar blocos de informações separadas em pacotes menores pode aliviar a carga da memória de curto prazo e ajudá-lo a lembrar de mais coisas.

> Agrupe as informações em pacotes para ajudá-lo a memorizá-las.

Agrupar informações também pode ser vantajoso para alcançar alto desempenho sob pressão, digamos, em um teste importante ou uma apresentação crítica a um cliente. Preocupações e dúvidas inundam o cérebro quando a pressão é grande e comprometem os componentes de memória que usamos para manter o controle sobre informações diferentes. Combinar o que você precisa lembrar em blocos significativos ajuda a garantir que algumas partes não serão perdidas quando mais for necessário.

TREINANDO O CÉREBRO

A prática pode ajudá-lo a treinar suas habilidades perceptivas, cognitivas e motoras básicas em seu proveito. Pode auxiliar a memória, ajudando-o a encontrar as relações entre informações que podem parecer muito díspares. A prática também pode alterar a forma como seu cérebro está estruturado para apoiar desempenho excepcional.

Veja o exemplo dos motoristas de táxi. Eles sabem todas as ruas de uma cidade porque praticam. Os taxistas das grandes cidades americanas passam vários anos memorizando diferentes maneiras de navegar por sua área metropolitana congestionada antes de ter autorização para colocar os pés em seu próprio táxi. Os cientistas demonstraram que essa prática de encontrar novas rotas modifica os cérebros desses taxistas.

O hipocampo, que é importante para navegar e recordar rotas complexas, é ampliado nos taxistas londrinos, por exemplo, em comparação com quem não dirige.[11] Ainda mais revelador sobre o papel da prática na mudança das estruturas do cérebro é que o tamanho do hipocampo dos taxistas varia com os anos que eles passam no volante do táxi. Quanto mais tempo um motorista de Londres está nas ruas, maior é a parte do hipocampo envolvida em encontrar o caminho correto. O treinamento cerebral produz efeitos semelhantes na arte do malabarismo.[12] Vários meses de prática de malabarismo aumenta a massa cinzenta (onde os corpos celulares dos neurônios estão alojados), o que geralmente significa maior comunicação entre as células cerebrais, nas partes do cérebro envolvidas na compreensão do movimento. Curiosamente, quando as pessoas paravam a prática intensiva de malabarismo, as áreas do cérebro voltadas para a compreensão do movimento, que haviam mudado de densidade, voltavam ao seu estado menos denso. Assim como o levantamento de peso ajuda a desenvolver seus bíceps, a prática molda o seu cérebro. No entanto, essas alterações relacionadas com a prática muitas vezes só existem enquanto você continuar a exercitar o cérebro, assim como acontece com os bíceps.

As mudanças cerebrais induzidas pela prática também ocorrem no mundo musical. Muitos instrumentos musicais exigem coordenação aperfeiçoada de ambas as mãos. Como cada metade do cérebro (ou hemisfério) em grande parte controla o lado oposto do corpo, os dois hemisférios cerebrais precisam conversar entre si a fim de coordenar os movimentos das mãos. Essa conversa é feita principalmente através de um feixe de células nervosas que ligam as duas metades do cérebro: o corpo caloso.

> Assim como o levantamento de peso ajuda a desenvolver seus bíceps, a prática molda o seu cérebro.

Curiosamente, os músicos que começaram sua formação no início da vida têm um corpo caloso maior do que aqueles que começaram a treinar mais tarde. A formação musical, e especialmente a prática musical precoce, pode aumentar a interação entre os dois hemisférios do cérebro. Uma formação musical precoce também está relacionada com o alcance do tom perfeito ou absoluto — a capacidade de reproduzir e reconhecer notas musicais, sem qualquer tipo de referente externo.[13]

Por que isso acontece? Uma ideia é que a aprendizagem precoce de instrumentos como o violino ou o piano depende menos do córtex pré-frontal, que se torna mais envolvido, quando esses mesmos instrumentos são aprendidos mais tarde na vida. Como o córtex pré-frontal se desenvolve com a idade (acredita-se que essa área do cérebro atinja a plena maturidade bem mais tarde, no início da idade adulta), quando as pessoas aprendem habilidades cedo, outras áreas do cérebro, como o córtex motor e sensorial, assumem. Aprender mais cedo ajuda com a aquisição de competências, por exemplo, o tom absoluto — que podem ser realizadas com uma forte dose de apoio das áreas cerebrais sensoriais e motoras.

Esses mesmos mecanismos de aprendizagem entram em ação na aquisição dos sotaques de determinada língua.[14] Não é nenhum segredo que tendemos a ter melhor sotaque nas línguas que aprendemos quando criança. Os cientistas acreditam que isso acontece, em parte, porque as palavras que aprendemos quando crianças são mais estreitamente ligadas às áreas cerebrais sensoriais e motoras do que as palavras aprendidas quando adultos. Como essas áreas sensoriais e motoras estão envolvidas no processamento dos sons das palavras e na pronúncia das palavras, reproduzir as palavras corretas e seus sotaques é mais fácil quando essas áreas do cérebro fazem boa parte do trabalho.

Nos esportes, meu colaborador Arturo Hernandez e eu demonstramos que a idade em que se inicia o treinamento no golfe desempenha um papel importante na forma como o cérebro estrutura o *putting*, a tacada leve na bola. Descobrimos que os jogadores habilidosos que começaram a jogar golfe depois dos 10 anos de idade confiam mais na memória de curto prazo durante a execução de uma tacada simples do que aqueles que começaram mais cedo. Apesar de termos escolhido a dedo todos os nossos jogadores para que todos fossem igualmente bons (*handicaps*

PGA de um único dígito), a idade em que os jogadores começam a aprender e a praticar afeta a forma como seus cérebros os ajudam a jogar.

> A formação musical e, especialmente a prática musical precoce, pode aumentar a interação entre os dois hemisférios do cérebro.

Pensamos também que, quanto mais tarde os jogadores de golfe aprendem, mais vulneráveis estão de sofrer bloqueios sob pressão. Como veremos nos próximos capítulos, os atletas sob pressão, por vezes, tentam controlar seu desempenho de uma maneira que acaba atrapalhando. Esse controle, muitas vezes chamado de "paralisia por análise", decorre de um córtex pré-frontal hiperativo. Uma maneira de contornar este tipo de paralisia é empregar técnicas de aprendizagem que minimizem a dependência na memória de curto prazo. Quando começamos a jogar cedo na vida, nosso córtex pré-frontal talvez não esteja tão propenso a ficar sobrecarregado quando sob pressão. Aqueles

> Quanto mais tarde os jogadores de golfe aprendem, mais vulneráveis estão de sofrer bloqueios sob pressão.

que começam a jogar golfe nos primeiros anos de vida podem estar em melhor posição para o sucesso sob pressão. Claro que, como forma de contornar alguns dos problemas que surgem devido à especialização precoce, é provavelmente melhor começar esse treinamento de golfe cedo, paralelamente a outros esportes também.

O Dr. Richard Masters e seus colegas que dirigem o Instituto de Performance Humana da Universidade de Hong Kong acreditam que a tendência de um atleta a pensar demais em seu desempenho é um grande indicador para saber se ele sofrerá algum bloqueio em jogos ou partidas importantes.

Masters pede aos atletas que respondam as perguntas apresentadas na caixa a seguir com as opções *Discordo totalmente* a *Concordo inteiramente*. Ele demonstrou que a forma como as pessoas respondem a estas perguntas indica sua propensão para o fraco desempenho sob pressão.[15]

Por exemplo, Masters descobriu que jogadores universitários de *squash* e tênis que foram classificados pelos seus treinadores com tendo mais chances de "bloquear sob pressão" estavam mais propensos a concordar com as perguntas apresentadas do que aqueles cujos técnicos consideravam que se manteriam firmes sob estresse.

> A tendência dos atletas de pensar demais em seu desempenho é um grande indicador para saber se eles vão sofrer algum bloqueio em jogos ou partidas importantes.

Recentemente, Masters e seus colegas demonstraram que pessoas com mal de Parkinson concordam mais com essas perguntas do que aquelas que não têm essa doença neurológica degenerativa. Quanto mais tempo as pessoas sofrem de Parkinson, mais endossam as afirmações acima. O mal de Parkinson é caracterizado pela dificuldade em iniciar e executar movimentos, o que muitas vezes faz com que os pacientes controlem conscientemente suas ações. No esporte, esse tipo de monitoramento de desempenho pode ser uma das causas de movimentos gravemente prejudicados, como os espasmos no golfe. Voltaremos a esta ideia no Capítulo 7.[16]

1. Dificilmente me esqueço quando não consigo fazer algum movimento, por mais insignificante que seja.
2. Estou sempre tentando descobrir por que não consegui realizar algum movimento.
3. Reflito muito sobre meus movimentos.
4. Estou sempre tentando pensar sobre os meus movimentos quando os executo.
5. Tenho consciência do meu aspecto quando estou em movimento.
6. Às vezes, tenho a sensação de que estou me vendo em movimento.
7. Estou ciente da maneira como o meu corpo e minha mente funcionam quando estou realizando um movimento.
8. Estou preocupado com meu estilo de movimento.
9. Se eu vejo meu reflexo na vitrine de uma loja, analiso os meus movimentos.
10. Estou preocupado com o que as pessoas pensam de mim quando estou em movimento.

ONDE ESTAMOS AGORA?

Dan, nosso craque de futebol, dedicou muito tempo nos campos aperfeiçoando suas habilidades para que pudesse usar a rapidez em seu proveito. Sua data de nascimento, sendo relativamente mais velho entre os seus colegas, deu-lhe vantagens, porque ele estava à frente das outras crianças em termos de coordenação motora e habilidade atlética, o que o levou a ser logo selecionado para sessões de treinamento de futebol e a obter mais experiência e a se adaptar melhor a competições importantes. Dan também teve muita oportunidade de participar de jogos informais, provavelmente limitando lesões específicas do esporte e a perda de interesse pela atividade, ou ambos.

Todos esses fatores relacionados com a prática têm um papel importante na definição de sucesso de uma criança. Compreender como se consegue ser o melhor em quadra, no palco, na sala de reuniões, ou em sala de aula é interessante em si, mas também é importante para revelar como e porque o desempenho piora sob pressão. Antes de explorarmos a falta de desempenho (e o que pode ser feito para reverter resultados decepcionantes) em detalhes, no entanto, temos que cobrir mais alguns tópicos sobre como adquirir altos níveis de habilidade.

Este capítulo enfatiza o papel da prática, mas todos podemos concordar que as pessoas diferem em suas capacidades inatas em termos cognitivos e motores. Por exemplo, o esquiador de *cross-country* finlandês e três vezes campeão olímpico Eero Mäntyranta tem uma mutação genética que aumenta sua concentração de hemoglobina e, em consequência, promove maior suprimento de oxigênio para o cérebro e para os músculos.[17] Certamente, a composição genética do esquiador finlandês ajudou-o a chegar ao topo de um esporte no qual a resistência é de extrema importância.

O que a ciência descobriu sobre essas diferenças genéticas e como elas influenciam o avanço nos esportes, na educação e no desempenho profissional? Mesmo se pudermos diminuir a variação natural com a prática, será que esta é sempre a melhor opção? Nos próximos capítulos vamos tratar dessas questões.

CAPÍTULO TRÊS

MENOS PODE SER MAIS

POR QUE EXERCITAR O CÓRTEX PRÉ-FRONTAL NEM SEMPRE É BENÉFICO

Sara cresceu nos montes de Oakland, no estado da Califórnia, em uma casa espaçosa que a família dela absolutamente adorava, em uma pacata rua sem saída, com uma maravilhosa vista da baía de São Francisco. Embora a família de Sara amasse a casa, no verão antes de ela entrar para o sétimo ano, eles se mudaram para a cidade de Piedmont, distante apenas poucos quilômetros dali. A mudança foi motivada por um único fator: as escolas públicas de Piedmont.

A menos que você viva na área da baía de São Francisco, provavelmente nunca ouviu falar de Piedmont — ou do seu sistema de ensino. Isso ocorre porque Piedmont é uma pequena comunidade de cerca de 11 mil habitantes totalmente cercada pela cidade de Oakland. Apesar de Oakland e Piedmont estarem geograficamente ligadas, em muitos aspectos não poderiam ser mais diferentes. Por um lado, o preço médio de uma casa em Piedmont é aproximadamente três vezes maior do que uma casa em Oakland. A principal razão para essa diferença de preços é o sistema escolar de cada cidade. As escolas de Piedmont estão no topo da lista de escolas públicas da Califórnia, enquanto as escolas de Oakland, consistentemente, estão no final da lista. Quando as pessoas compram uma casa em Piedmont, não estão pagando apenas pelo lugar em que vivem; também pagam pelo privilégio de enviar seus filhos a escolas de excelência.

Os pais de Sara, obviamente, consideraram o ambiente escolar como um dos principais determinantes do seu desempenho acadêmico. Como vimos no Capítulo 2, os méritos de treinamento e da prática são fundados. No entanto, apesar de uma boa educação ter inegáveis benefícios, é preciso ter uma ideia de exatamente *quanto* o ambiente influencia no sucesso. Assim como os pais de Sara, algumas pessoas gastam milhares de dólares para se mudar para bairros nobres, para que seus filhos possam frequentar boas escolas públicas; outros, pagam altas mensalidades em escolas particulares de renome. Nem todos têm condições de morar no distrito escolar "certo" ou de bancar as mensalidades de uma escola particular nos Estados Unidos, no entanto, e como resultado, as crianças crescem recebendo formação diferente, de qualidade variável.

Se a experiência educacional fosse o único indicador de realização acadêmica, seria de se esperar que Sara ingressasse em uma universidade de ponta quando concluísse a escola em Piedmont, enquanto os amigos que deixou para trás em Oakland frequentariam escolas de menor prestígio. Não foi isso que aconteceu. Após o ensino médio, Sara foi para a Universidade Estadual de Chico, que é menos academicamente rigorosa do que instituições como Stanford e Berkeley, onde vários de seus amigos de Oakland se matricularam.

Entretanto, as influências do ambiente não explicam tudo. Assim como existe variação de altura entre as pessoas, suas habilidades cognitivas inatas também sofrem variação. Este fator, além do nosso ambiente, pode influenciar o percurso acadêmico que provavelmente seguiremos. É importante ressaltar, no entanto, que embora Sara nunca tenha tido um desempenho academicamente excepcional em sua turma em Piedmont, nem tenha passado para as melhores universidades, isso não prejudicou seu sucesso profissional posterior. Hoje, Sara está na casa dos 30 anos de idade e é uma empresária bem-sucedida, cofundadora e CEO de uma proeminente agência de publicidade centrada em tecnologia e com sede na baía de São Francisco. A agência é muitas vezes elogiada por suas campanhas criativas e por seu estilo publicitário inovador e está sempre lotada de trabalho. Sara é realmente um sucesso, qualquer que seja a medida.

PENSAMENTO CRIATIVO

Sara gostava da maioria das disciplinas escolares, mas nunca foi muito fã de matemática. Memorizar respostas para os problemas de multiplicação e divisão ou resolver incansavelmente equações de álgebra simplesmente não era o que Sara considerava diversão. Felizmente, em sua aula de matemática na Piedmont Middle School, ela ficara contente em descobrir que boa parte do tempo da aula era gasto com problemas de lógica em vez de escrever fórmulas ou recitar tabuada.

O professor sabia das coisas. Ele sabia que ter boa capacidade de raciocínio era uma parte importante do desenvolvimento de competências matemáticas e por isso tentava aprimorar o conhecimento de seus alunos de matemática e lógica. O professor de Sara talvez não soubesse, no entanto, que os problemas de lógica que ele pedia que seus alunos resolvessem também eram utilizados por psicólogos para separar as pessoas que estão no polo mais baixo do contínuo cognitivo das que estão perto do topo.

Considere o seguinte problema:

(1) **Premissa:** Todos os mamíferos podem andar. Os cães são mamíferos.
Conclusão: Os cães podem andar.

A conclusão decorre, logicamente, da premissa?
E quanto a este problema?

(2) **Premissa:** Todos os mamíferos podem andar. Os golfinhos são mamíferos.
Conclusão: Os golfinhos podem andar.

Será que essa conclusão decorre logicamente da premissa?

Os golfinhos não podem andar. Mas se as duas premissas são verdadeiras, a resposta deve ser "sim" para ambas.

Quase todo mundo que resolve estes problemas acerta o primeiro, pois a conclusão que resulta da premissa no problema 1 é lógica (decorre das duas premissas) e crível (sabemos que, de fato, os cães podem andar). No entanto, algumas pessoas se saem melhor do que outras no segundo problema. Por quê? O segundo problema requer não só o uso de processos de raciocínio lógico, mas também a inibição de informações sobre a credibilidade da conclusão — informações que podem afetar o processo de tomada de decisão. Uma habilidade cognitiva que, sabidamente, prevê o desempenho nesse tipo de tarefa lógica é a memória de curto prazo.

Mas será que mais memória de curto prazo ou capacidade cognitiva é sempre melhor? Por um lado, pesquisas demonstraram que quanto maior a memória de curto prazo, melhor o desempenho nas tarefas acadêmicas que vão da compreensão da leitura à resolução de problemas de matemática. Por outro lado, algumas das coisas que fazem com que os indivíduos com mais memória de curto prazo se destaquem em problemas como o número 2 podem ser exatamente o que os atrapalha sempre que houver necessidade de pensar criativamente ou de forma original. A capacidade das pessoas de pensar sobre a informação de formas novas e inusitadas pode realmente ser prejudicada quando elas usam poder intelectual demais. Isso parece ser ainda mais verdadeiro quanto mais você sabe sobre determinado assunto. Quando pessoas que conhecem muito beisebol, por exemplo, são convidadas a enumerar palavras que formem termos compostos em inglês com as palavras *plate*, *broken* e *shot*, elas não se saem muito bem nesta tarefa. Os fanáticos por beisebol querem incluir a palavra *home*, que é um termo importante neste esporte (*home-plate*, *home-broken*, *home-shot*). Só que não funciona. A resposta certa envolve outra palavra: *glass* (*glass-plate*, *broken-glass*, *shot-glass* — termos compostos em inglês). O interessante é que os fãs de beisebol que também têm muito potencial cognitivo em relação aos seus colegas — fãs de beisebol com maior memória de curto prazo — são os mais propensos a dar uma resposta errada, justamente em função do beisebol. É como se esses meninos (e meninas) fossem bons demais em focar sua atenção nas informações erradas sobre beisebol. Como resultado, eles têm dificuldade de se libertar dos seus conhecimentos e chegar à resposta correta, que não tem nada a ver com o beisebol. Os fãs de beisebol com alta memória de curto prazo têm dificuldades em pensar fora do contexto do jogo.[1]

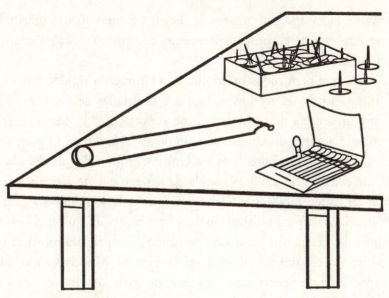

Problema da vela de Duncker[2]

Há muitos exemplos de pessoas que ficam sem ação, porque têm conhecimento e inteligência demais ao seu dispor. Vejamos o exemplo da caixa de velas desenvolvido pelo psicólogo alemão Karl Duncker em 1945. Duncker pediu às pessoas que descobrissem como prender uma vela a uma parede vertical utilizando apenas uma caixa de tachinhas, uma vela e uma caixa de fósforos. Como resolver o problema?

Para ter sucesso nessa tarefa é preciso perceber que a caixa de tachinhas não pode ser usada apenas como um recipiente, mas também, se esvaziada, como um suporte. Os adultos têm dificuldade em ver a caixa de tachinhas como algo diferente de um recipiente e são notoriamente ruins na resolução do problema. Curiosamente, crianças de 5 anos de idade não se saem tão mal. A razão é que a memória de curto prazo e o córtex pré-frontal em que ela está inserida se desenvolve com a idade. Os adultos estão em desvantagem no problema da caixa de vela, pois são muito bons em usar sua potência cognitiva para se concentrar no uso normal de uma caixa de tachinhas como um recipiente para tachinhas. Crianças de 5 anos de idade, por outro lado, porque ainda não estão tão limitadas por um córtex pré-frontal potente e não conhecem muito sobre caixas e tachinhas, são capazes de chegar a formas novas e inusitadas de usar o recipiente e, consequentemente, encontram soluções criativas para a tarefa.[3]

É claro que nem todos os adultos são vítimas da rigidez funcional — a incapacidade de ver formas novas e inusitadas de usar um objeto, como uma caixa de tachinhas como suporte. Em inglês, um verbo foi cunhado a partir do famoso seriado de TV *MacGyver*. O programa passava no canal ABC nos Estados Unidos, em meados da década de 1980, até o início de 1990. A estrela da série, o agente secreto Angus MacGyver (interpretado por Richard Dean Anderson), usava a ciência e sua inteligência para resolver qualquer problema. Ele usou chocolate para impedir vazamento de ácido e um clipe de papel para provocar um curto-circuito em um míssil nuclear. Ao fazê-lo, MacGyver mostrava sua capacidade de pensar além dos usos normais dos objetos comuns. Ele evitava a fixidez funcional.

O que dizer do cientista no controle da missão da *Apolo 13* que, em abril de 1970, teve de projetar uma solução rápida para manter seus astronautas vivos após um tanque de oxigênio ter explodido e danificado a nave em que os astronautas viajavam em direção à Lua? Toda uma vida bolando soluções criativas para diferentes problemas, provavelmente, ajudou esses cientistas, independentemente da quantidade de memória de curto prazo que tinham, a pensar em uma forma incomum de manter os astronautas fora de perigo. Para conservar a energia no módulo de comando danificado, os astronautas deslocaram para o módulo lunar o módulo de comando com o qual tinham pousado. Infelizmente, porém, não havia latas de hidróxido de lítio suficientes no módulo lunar para limpar o dióxido de carbono que os próprios astronautas expeliram (os cientistas não tinham previsto que toda a equipe da missão precisaria gastar tanto tempo no módulo lunar). Havia as latas utilizadas no módulo de comando, mas elas eram incompatíveis com o sistema no módulo lunar. Os cientistas no solo chegaram a uma solução que envolvia conectar as latas do módulo de comando ao sistema do módulo lunar, usando sacos de plástico, papelão e fita adesiva. Em resumo, os cientistas foram capazes de chegar a uma nova e inusitada forma de usar objetos comuns e disponíveis para ajudar seus astronautas a respirar.

Duas cordas estão penduradas do teto, mas a distância entre elas é grande demais para permitir que uma pessoa segure uma e caminhe até a outra. Em uma mesa sob as cordas estão uma caixa de fósforos, uma chave de fenda e alguns pedaços de algodão. Como é possível amarrar as cordas?

Perguntei a dois irmãos que conheço, um menino do segundo ano chamado Dean e uma menina do sétimo ano chamada Isabella, como eles poderiam resolver este problema e, depois de pensar cuidadosamente, cada um deles veio com uma resposta diferente. Isabella disse que uma possibilidade era usar a chave de fenda como um peso que poderia ser amarrado a uma das cordas. Ela propôs, então, balançar a chave de fenda e a corda em um movimento pendular para poder segurar a outra corda e pegar o pêndulo quando ele estivesse ao alcance. Dean pensou que esta era uma boa ideia, mas simplesmente decidiu ficar em pé na mesa para agarrar as duas cordas e amarrá-las, uma solução muito simples.

Quando as pessoas não conseguem ver a chave de fenda como um pêndulo, mas apenas como uma ferramenta para aparafusar as coisas, ficam presas em uma atitude mental que não lhes permite encontrar soluções criativas ou originais para os problemas. Nossa aluna do sétimo ano, Isabella, foi capaz de evitar esse tipo de fixação. Seu córtex pré-frontal avançado (pelo menos comparado ao de seu irmão do segundo ano), no entanto, não permitiu que ela visse uma solução ainda mais simples para o problema, que envolvia apenas ficar em pé sobre a mesa.

Quando indivíduos com mais memória de curto prazo resolvem um problema como a tarefa das cordas, que requer pensar sobre a situação de uma maneira incomum, muitas vezes lutam para encontrar uma solução rápida e fácil. Muitos adultos nunca pensam na chave de fenda como um pêndulo e, menos ainda, ficam de pé sobre a mesa. Pessoas com grande capacidade muitas vezes optam pela maneira mais difícil de realizar as tarefas e, mesmo quando apresentam a resposta correta, no final, perdem muito tempo e energia ao fazê-lo.

Alguns anos atrás, minha aluna de doutorado Marci e eu demonstramos muito claramente essa desvantagem da alta capacidade. Pedimos a estudantes universitários para resolver uma série de problemas de matemática conhecidos como a tarefa dos jarros de água de Luchins, e em seguida analisamos como os alunos conseguiram encontrar soluções para os problemas em função de terem maior ou menor memória de curto prazo.[4] A tarefa de Luchins apresenta uma imagem de três jarros de água de vários tamanhos e uma quantidade de água que deve ser atingida por quem solucionar o problemas.

A tarefa é descobrir uma fórmula matemática que usa o tamanho de cada jarro (o número embaixo da jarro) para obter a quantidade de água desejada. As pessoas têm a quantidade de água necessária para realizar esta tarefa, mas precisam trabalhar sob uma restrição importante: devem usar a estratégia mais *simples* possível para chegar a uma resposta.

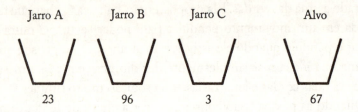

Marci e eu aplicamos a cerca de cem estudantes universitários o mesmo problema de seis jarros de água. Os primeiros problemas foram somente solucionáveis através de uma estratégia bastante difícil de múltiplos passos. Por exemplo, para resolver o exemplo acima, em primeiro lugar, você tem que encher o Jarro B com água (96 unidades), depois, derramar seu conteúdo no Jarro A (23 unidades) e, em seguida, despejar o que resta do Jarro B (ou seja, 96 − 23 ou seja, 73 unidades) no Jarro C... duas vezes (73 − 3 − 3 = 67 unidades, a quantidade de água desejada). A fórmula oficial para resolver o problema acima e os primeiros problemas que apresentamos aos alunos é "B − A − 2C" (ou seja, 96 − 23 − 3 − 3). Esta fórmula funciona também para o próximo problema (49 − 23 − 3 − 3 = 20 unidades, a quantidade de água desejada). Mas há outra maneira de resolver o problema abaixo que é muito mais simples.

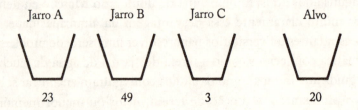

É "A – C" (ou 23 – 3). Marci e eu estávamos interessadas em saber se as pessoas eram capazes de encontrar este atalho quando ocorria (lembre-se, elas foram orientadas a resolver os problemas usando a estratégia mais simples possível) ou se elas continuaram a usar a estratégia difícil mesmo havendo uma opção menos trabalhosa.

Como já suspeitávamos, quanto mais memória de curto prazo tivessem nossos alunos universitários, menor a probabilidade de encontrarem a solução mais simples. Os alunos com mais memória de curto prazo não percebiam o enfoque econômico para a resolução de problemas. Os estudantes de baixa capacidade, por outro lado, iam direto para a solução fácil.

Por que mais memória de curto prazo se traduzia em maior probabilidade de não perceber a solução fácil para o problema dos jarros de água de Luchins? Ou, nesse sentido, por que significaria maior dificuldade em encontrar uma solução não relacionada com o beisebol na tarefa de associação de palavras ou para descobrir que uma caixa de tachinhas, se esvaziada, pode ser usada como um dispositivo de apoio?

Centrar nossa atenção nas informações mais importantes e ignorar dados menos relevantes é algo que as pessoas com mais memória de curto prazo fazem muito bem. Em muitas situações, esta capacidade de controlar o foco de atenção pode ser vantajosa. Isso certamente é verdade no segundo problema de lógica apresentado acima — quando é preciso ignorar a credibilidade da afirmação de que "Os golfinhos podem caminhar" para responder corretamente que a conclusão não decorre logicamente da premissa. Mas nem sempre esse é o caso. Um foco estreito de atenção pode impedir as pessoas de detectar soluções alternativas para um problema. Esse foco estreito pode até mesmo prejudicar sua capacidade de perceber acontecimentos inesperados à sua volta.

Considere um dos acontecimentos mais memoráveis da história do futebol universitário. A data era 20 de novembro de 1982 e o local era o Memorial Football Stadium, na Universidade da Califórnia. Esse é o lugar em que estava sendo disputada a partida entre uma das maiores rivalidades no futebol americano universitário — o Grande Jogo — entre os Golden Bears, da Universidade da Califórnia, e os Cardinals, da Universidade de Stanford. Com quatro segundos restantes no relógio, Stanford chutou um *field goal* para assumir a liderança por 20-19. A maioria das pessoas achava que o jogo tinha acabado, incluindo a banda de Stanford, que decidiu entrar no campo, se preparando para a vitória iminente de sua equipe, apesar de a última jogada ainda estar se desenrolando. Em uma das jogadas mais inacreditável de todos os tempos no futebol americano, o Golden Bears rebateu o *kickoff* de Stanford usando cinco passes laterais para fechar com uma vitória de 25-20.

No ano seguinte, a *Sports Illustrated* publicou uma matéria de 12 páginas sobre o lance, chamando-o de "The Anatomy of a Miracle" [Anatomia de um milagre]. A jogada, concluíram os peritos da *Sports Illustrated*, foi completamente legal, apesar do fato de a banda de Stanford ter tomado o campo antes do fim do jogo. Os membros da banda nem tinham visto que a equipe da Califórnia estava no ataque, como evidenciado pelo fato de que Kevin Moen, da Cal, que tinha atacado a zona de fim, depois de ter pego a bola na linha de 25 jardas, derrubou o tocador de trombone de Stanford, Gary Tyrrell, que estava parado no campo sem a menor ideia do que estava acontecendo.

O trombonista Tyrrell talvez não tenha visto o jogador de futebol que vinha em sua direção porque estava confiante demais em sua memória de curto prazo e em seu córtex pré-frontal. Quando o córtex pré-frontal assume, outras regiões do cérebro, tais como áreas sensoriais e motoras, têm menos espaço para atuar. Essas áreas cerebrais sensoriais e motoras são bastante sensíveis às ocorrências inesperadas no ambiente, enquanto o córtex pré-frontal, em geral, trabalha para manter as expectativas das pessoas sobre determinada situação. Aqueles que confiam demais em seu córtex pré-frontal podem perder acontecimentos inesperados, precisamente porque não estão se beneficiando tanto das áreas do cérebro mais bem equipadas para processar o mundo exterior.

Pense novamente na última vez que esteve em uma festa. Isso mesmo, em uma festa. Sua capacidade de ouvir seu nome ser pronunciado no salão — não quando alguém está gritando para chamar sua atenção, mas quando alguém está falando de você pelas costas — aumenta à medida que diminui sua potência cognitiva. Essa capacidade de detectar seu nome em uma conversa que você não está realmente ouvindo é chamada de *efeito coquetel*.[5] Sim, é realmente um termo de psicologia. Pessoas com menos memória de curto prazo demonstram um efeito coquetel mais forte do que aquelas com maior memória de curto prazo porque, quem tem menos capacidade cognitiva, tem dificuldade em se concentrar em apenas uma coisa e, em vez disso, está sempre prestando atenção a um pouco de tudo. Portanto, ouvem seu nome ser pronunciado mesmo quando não estão prestando atenção. Esta capacidade de captar eventos inesperados pode ter sido justamente o que faltou ao trombonista de Stanford, Gary Tyrrell.

Assim, a aquisição de novas informações — como, por exemplo, saber quando as pessoas estão conversando sobre você do outro lado do salão em uma festa —, às vezes, é mais bem-realizada com menos potência cognitiva. Reconhecidamente, a capacidade de bisbilhotar geralmente não é considerada um grande trunfo acadêmico. Mas não ser capaz de concentrar sua atenção por completo *é* útil para aprender algumas habilidades importantes na escola e no trabalho — tais como o aprendizado de línguas. Além disso, é uma suposição comum que pessoas com menos memória de curto prazo (por exemplo, pessoas com Transtorno de Déficit de Atenção e Hiperatividade, TDAH, em que os déficits de memória de curto prazo desempenham um papel fundamental) estão sempre em desvantagem em importantes situações de desempenho. No entanto, há determinadas atividades em que menos é mais, como veremos a seguir.

APRENDA COMO UMA CRIANÇA

As pessoas que falam duas línguas desde a infância têm um nível de proficiência da segunda língua que, em média, ultrapassa de longe a de quem começa a estudar uma língua mais tarde na vida, por mais que estude os livros didáticos quando adultos. Um dos motivos pelos quais as crianças são tão boas em aprender línguas é o fato de sua potência cognitiva se desenvolver com a idade. Como as crianças têm menor capacidade de memória de curto prazo do que os adultos, isso realmente ajuda na aquisição de línguas estrangeiras.

Para aprender um idioma é preciso saber selecionar corretamente muitos tipos diferentes de informação a partir do fluxo de uma conversa. Isso inclui as palavras que são faladas e suas combinações particulares. Também inclui alterações sutis em palavras que mudam de significado, como adicionar um *s* ao fim de uma palavra para mudar do singular para o plural. Ao analisar os erros que as pessoas cometem quando aprendem uma segunda língua, os psicólogos descobriram que os adultos cometem alguns erros que as crianças não, precisamente porque os adultos têm muito mais memória de curto prazo à sua disposição.

Por exemplo, os adultos são mais propensos a tratar palavras inteiras como unidades, levando combinações de letras, palavras ou frases que frequentemente aparecem juntas a um novo contexto, mesmo quando essas combinações não são adequadas. Assim, por exemplo, os adultos tendem a manter o *s* em uma palavra que supostamente denota singular porque a ouviram antes no plural. As crianças, por outro lado, são mais capazes de captar as partes individuais da língua às quais estão expostas, o que as ajuda a usar a língua de maneira flexível e correta. Como as crianças só podem compreender parte do que ouvem, isso as ajuda a captar os detalhes de uma língua.

Os pesquisadores Alan Kersten e Julie Earles demonstraram que os adultos que estudam uma língua inventada aprendem o significado da palavra e o uso das regras melhor quando são apresentados inicialmente apenas a palavras isoladas e, posteriormente, a frases mais complexas.[6] Os adultos têm pior desempenho quando são apresentados a todas as complexidades da língua desde o início. Os segmentos pequenos permitem que os adultos processem a língua como se a sua memória de curto prazo fosse mais limitada, em primeiro lugar, como se estivessem sob as mesmas restrições de desenvolvimento pré-frontal que as crianças, e isso, por sua vez, os ajuda a aprender a língua mais rapidamente.

Naturalmente, a potência cognitiva é benéfica, e não prejudicial ao desempenho em uma série de situações. Quando você está tentando resolver um problema de matemática complicado de cabeça, como descobrir qual item no supermercado é melhor comprar quando um está com o preço por quilo e o outro com preço por litro, quanto mais memória de curto prazo disponível, melhor. Mas quando você precisa pensar criativamente ou de flexibilidade na resolução de problemas, quanto mais potência cognitiva (ou se você não conseguir diminuir sua memória de curto prazo quando precisa), maior será a dificuldade encontrada. Pessoas com baixa memória de curto prazo, em geral, têm melhor desempenho nessa hora.

Se por acaso eu ainda não consegui convencê-lo de que menos pode ser mais, um estudo adicional revela que pessoas com danos no córtex pré-frontal do cérebro, área que abriga a memória de curto prazo, têm melhor desempenho do que indivíduos sem danos cerebrais. Um grupo de cientistas italianos pediu a pacientes com dano no córtex pré-frontal lateral resultante de lesão ou acidente vascular cerebral para resolver alguns problemas de matemática fora do comum. Eles também pediram a um grupo de adultos saudáveis sem danos cerebrais para resolver os mesmos problemas.[7]

Como aquecimento, ambos os pacientes e os adultos saudáveis receberam problemas aritméticos como indicados abaixo para resolver. Os problemas foram criados inteiramente a partir de palitos de fósforos, e o objetivo era tornar verdadeira a afirmação falsa, movendo um único palito:

$$IV = III + III$$

Para chegar a uma resposta para o problema acima é preciso mover o palito mais à esquerda do número IV para a direita imediata do V a fim de gerar:

$$VI = III + III$$

Mais de 90% dos adultos saudáveis e aproximadamente a mesma proporção de pacientes com lesões no córtex pré-frontal acertam problemas como o indicado acima. Isso não é tão surpreendente, pois o fósforo a ser movido é bastante óbvio.

No entanto, na hora de resolver o problema abaixo, onde era preciso pensar um pouco diferente sobre o que significava cada palito de fósforo, apenas 43% dos adultos saudáveis acertaram. Isso está em contraste com 82% dos pacientes com dano no córtex pré-frontal que acertaram o problema.

$$III = III + III$$

Desiste? A resposta para o problema envolve a mudança do sinal de adição, girando o palito 90 graus para se transformar em um sinal de igualdade. Essencialmente, essa ação transforma a equação de partida em uma tautologia:

$$||| = ||/ = |||$$

Pacientes com danos no córtex pré-frontal foram capazes de analisar o problema de forma inusitada, e sua nova perspectiva permitiu que enxergassem a possibilidade de transformar o sinal de mais em um sinal de igualdade. Os adultos com memória de curto prazo intacta, por outro lado, eram bons demais para se concentrar nas limitações normais do problema de matemática e não conseguiam enxergar a solução incomum que envolvia a troca de operador.

MAIS OU MENOS?

O que se entende disso tudo? Por um lado, ter mais memória de curto prazo é muitas vezes benéfico. De fato, quem alcança maior pontuação em testes de memória de curto prazo também tem melhor desempenho acadêmico. Por outro lado, acabamos de ver vários exemplos em que a capacidade de se concentrar em uma parte da informação e ignorar as outras, uma capacidade que está no cerne da memória de curto prazo, é realmente prejudicial ao pensamento criativo, à aprendizagem de línguas e ao raciocínio original.

Basta pensar em Sara, nossa aluna do sétimo ano, cujos pais a transferiram de Oakland para Piedmont para que frequentasse as melhores escolas públicas. Sara nunca brilhou em termos de realizações acadêmicas, em termos de notas e resultados de testes e avaliações escolares, e provavelmente estaria classificada na extremidade inferior do contínuo de memória de curto prazo.

Mesmo assim, ela era criativa e sempre encontrava maneiras novas e originais de analisar os problemas que encontrava, o que a levou ao sucesso na profissão de publicitária, uma profissão em que a originalidade não é apenas importante, mas necessária. Então, é melhor ter mais potência cognitiva ou não? A resposta é sim... e não. A chave é ter capacidade intelectual à sua disposição, mas ser capaz de "desativá-la" em situações em que pode ser desvantajoso.

Os psicólogos da Universidade Estadual da Louisiana parecem ter encontrado algumas pistas para fazer isso, pelo menos para o aprendizado de línguas. Os adultos são melhores na aquisição de uma nova língua, ou seja, os adultos parecem mais com crianças com córtex pré-frontal pouco desenvolvido quando estão distraídos e não se concentram demais no que estão aprendendo.[8] Os pesquisadores ensinaram aos estudantes universitários uma forma modificada da Língua de Sinais Americana (ASL), em que os alunos aprenderam a sinalizar frases simples como "Eu ajudo você" e "Você me ajuda". Para tal, os estudantes assistiram a um vídeo em que as frases apareciam, primeiro, com legendas em inglês e, depois, ditas por um intérprete de sinais. Alguns estudantes aprenderam as frases sem nenhuma outra ação em andamento.

Outros estudantes universitários assistiram ao vídeo de treinamento da língua de sinais e tiveram de fazer outra tarefa ao mesmo tempo, como, por exemplo, contar o número de tons agudos reproduzidos no vídeo. No final, todos tentavam produzir novas frases a partir dos sinais que tinham aprendido.

Os estudantes que aprenderam as frases sem distrações tiveram pior desempenho em sinalizar as novas frases do que os estudantes que haviam sido distraídos pelos tons durante o aprendizado. Os estudantes que não sofreram distrações tiveram problemas com a produção de sinais individuais a partir das frases que haviam aprendido de novas maneiras. Vale lembrar que saber uma língua envolve saber produzir combinações de novas palavras ou sinais. A distração durante o aprendizado de uma língua, por outro lado, forçou os alunos a aprender os sinais in-

> Os adultos são melhores na aquisição de uma nova língua, ou seja, os adultos parecem mais com crianças com córtex pré-frontal pouco desenvolvido quando estão distraídos e não se concentram demais no que estão aprendendo.

dividuais, porque não conseguiram guardar as frases inteiras apresentadas a eles na memória de curto prazo. Ter menos memória de curto prazo disponível ajudou os estudantes a generalizar o que haviam aprendido em novas combinações. Esses estudantes distraídos estavam funcionando mais como crianças e, como resultado, seu desempenho era melhor no aprendizado de línguas.

De forma semelhante, eu e minha equipe de pesquisa descobrimos que jogadores de golfe altamente qualificados são mais propensos a converter um *putt* simples quando têm condições de desativar seu córtex pré-frontal.[9]

É muito melhor quando não tentamos controlar todos os aspectos do desempenho. Limitar a memória de curto prazo e o controle consciente que precisa ser dedicado à execução da tarefa pode aumentar sua possibilidade de sucesso. Fazer um jogador de golfe contar de trás para a frente três vezes, por exemplo, ou fazer com que ele cantarole uma canção, consome memória de curto prazo que poderia, de outro modo, causar excesso de preocupação e prejudicar seu desempenho.

A ideia de que mais atenção consciente ou capacidade cognitiva é *sempre* melhor não se aplica — quer você esteja aprendendo uma língua nova ou fazendo um *putt* para o qual treinou centenas de vezes.

Na verdade, em alguns casos, é melhor colocar sua memória de curto prazo para dormir, literalmente. O sono REM (de movimentos oculares rápidos) caracteriza-se pela ativação reduzida do córtex pré-frontal e aumento da ativação das áreas do cérebro como o córtex sensorial. Estudos recentes demonstraram que, após o sono REM, as pessoas conseguem enxergar as ligações entre informações aparentemente díspares.[10]

> Fazer um jogador de golfe contar de trás para a frente três vezes, por exemplo, ou fazer com que ele cantarole uma canção, consome memória de curto prazo que poderia, de outro modo, causar excesso de preocupação e prejudicar seu desempenho.

Um motivo para isso pode ser o fato de que a memória de curto prazo e o córtex pré-frontal param de trabalhar, permitindo a formação do que eram ligações não óbvias à primeira vista.

Evidentemente, ter flexibilidade para usar a memória de curto prazo, conforme a necessidade, é mais fácil na teoria do que na prática. Um dos principais motivos pelos quais as pessoas sofrem bloqueios sob pressão é que não estão usando sua memória de curto prazo da forma certa: estão prestando atenção demais ao que estão fazendo ou não estão dedicando capacidade cerebral suficiente para a realização da tarefa em questão. Nos capítulos seguintes vamos explorar exatamente como a pressão atrapalha o desempenho e o que pode ser feito para garantir que você está usando a memória de curto prazo de forma ideal — especialmente quando o desempenho é muito importante.

Antes de nos voltarmos para falhas de memória de curto prazo sob pressão, no entanto, vamos abordar como as diferenças individuais na memória de curto prazo acontecem e o que você pode fazer para melhorar sua própria memória para que ela esteja disponível quando precisar.

GENES E CAPACIDADE COGNITIVA

Entrar em uma nova escola, especialmente na sétima série, não é fácil.

Felizmente, Sara formou um grupo bom de amigos, o que facilitou a transição para a Piedmont Middle School. Cinco deles, incluindo um par de gêmeos idênticos, um par de gêmeos fraternos e Sara, eram praticamente inseparáveis naquele ano.

Os gêmeos idênticos compartilham todos os genes; os gêmeos fraternos compartilham apenas cerca de metade dos seus genes. Isto era muito evidente na aparência física dos gêmeos. Era difícil distinguir os gêmeos idênticos se você não os conhecesse bem. Em contraste, um gêmeo fraterno era mais alto do que sua irmã e cada um tinha um tom diferente de cabelo loiro.

Quando ela estava no ensino médio, Sara não teria pensado em fazer um experimento de psicologia. Ela estava muito mais preocupada com rapazes, roupas e esportes. No entanto, Sara e seu grupo de amigos constituíam um estudo muito interessante sobre como as pessoas desenvolvem diferentes quantidades de memória de curto prazo ou potência cognitiva. Os amigos gêmeos idênticos de Sara cresceram no mesmo ambiente — eles compartilhavam a mesma casa, os mesmos pais, e ambos tiveram as mesmas oportunidades educacionais. Os gêmeos fraternos foram criados em uma situação bastante comum também. Isso significa que, se os genes desempenham importante papel na geração de diferenças entre as pessoas, as capacidades cognitivas dos gêmeos idênticos deveriam ser mais semelhantes entre si do que a dos gêmeos fraternos. Afinal, os gêmeos idênticos compartilham duas vezes mais genes do que os gêmeos fraternos.

Com apenas um exemplar de cada tipo de gêmeos para usar como modelo, Sara teria tido dificuldades em chegar a conclusões definitivas sobre as diferenças individuais e suas origens. Mas um grupo de pesquisadores da Universidade do Colorado transformou o experimento potencial de Sara em realidade. Ao longo dos últimos anos a psicóloga Naomi Friedman e seus colegas vêm trabalhando com adolescentes gêmeos para saber se as habilidades cognitivas de gêmeos idênticos são mais semelhantes entre si do que as habilidades de gêmeos fraternos. Seu objetivo é descobrir como os genes formam as diferenças entre as pessoas em termos de capacidade intelectual e acadêmica. Para isso os pesquisadores de Colorado selecionaram centenas de pares de gêmeos idênticos e fraternos que foram criados juntos no mesmo ambiente, em seguida, pediu-lhes para realizar tarefas para chegar a sua memória de curto prazo.

> A memória de curto prazo é mais do que apenas armazenamento; ela também reflete a capacidade de reter informações na memória, fazendo outra coisa ao mesmo tempo.

Só para lembrar: a memória de curto prazo é mais do que apenas armazenamento; ela também reflete a capacidade de reter informações na memória, fazendo outra coisa ao mesmo tempo. Controlar o foco de atenção é a chave para você não esquecer ou se confundir em relação ao que está tentando se lembrar. É por isso que a memória de curto prazo e a atenção merecem o mesmo destaque — a memória de curto prazo envolve ser capaz de prestar atenção em algumas coisas e ignorar outras, para que você possa guardar as informações que deseja lembrar. Diferenças na memória de curto prazo entre os indivíduos são responsáveis por 50% a 70% da variação na capacidade intelectual em geral. Em suma, a memória de curto prazo é um dos grandes pilares do Quociente de Inteligência. Assim, os pesquisadores estão interessados em saber como podemos adquiri-la.

O conceito de memória de curto prazo é reconhecidamente um pouco confuso. No entanto, torna-se mais claro quando analisamos algumas das tarefas utilizadas para medi-la. Como mencionado no Capítulo 1, uma tarefa comum utilizada para avaliar a memória de curto prazo é a tarefa que mede o tempo de leitura ou RSPAN. Nessa tarefa, os indivíduos são convidados a memorizar uma lista de palavras enquanto decidem se uma série de frases independentes faz algum sentido. A essência desta tarefa — reter informações na sua cabeça e ao mesmo tempo evitar que outros elementos atrapalhem a memória — é bem semelhante a algumas das tarefas que a equipe de pesquisa de Colorado pediu aos gêmeos para realizar.[11]

Em uma tarefa, a de *atualização das letras*, os gêmeos eram apresentados a uma sequência de letras no computador, uma de cada vez, e apenas durante alguns segundos cada. Enquanto isso acontecia, os gêmeos foram convidados a relembrar as *últimas* três letras que haviam acabado de ver. Assim, se você visse as letras "T... H... G... B... S... K... R", deveria pronunciá-las em voz alta, à medida que as letras iam aparecendo "T... T-H... T-H-G... H-G-B... G-B-S... B-S-K... S-K-R". Esta tarefa requer que você preste atenção contínua à nova letra que está aparecendo e que atualize apropriadamente as letras que está armazenando na memória, substituindo as letras mais antigas e irrelevantes pela mais nova letra que aparece na lista. Você tem que usar sua memória de curto prazo para não ficar completamente confuso com essa tarefa.

A equipe de pesquisa do Colorado descobriu que os gêmeos idênticos pareciam mais semelhantes entre si do que os gêmeos fraternos na tarefa de atualização das letras e na maioria das medidas de capacidade cognitiva que os investigadores usaram. Seus resultados não estão muito longe do que Sara se lembrava sobre seus amigos do sétimo ano. Seu amigos gêmeos idênticos sempre eram os primeiros da turma e competiam pelas melhores notas, resultados de testes e avaliações dos professores. Na verdade, suas notas na escola desde o maternal até o sétimo ano foram praticamente... idênticas. Os gêmeos fraternos são um pouco mais variáveis. Assim, a partir dos achados dos pesquisadores da Universidade do Colorado e das observações casuais de Sara sobre seus amigos, parece que quanto mais semelhantes geneticamente duas pessoas forem, mais semelhantes serão suas capacidades cognitivas. Em outras palavras, algumas das diferenças entre as pessoas em termos de capacidade cognitiva parecem ser de origem genética.

Você deve estar se perguntando como se dá essa influência inata, e não está sozinho nisso. Nas últimas décadas, os cientistas ficaram cada vez mais interessados nas relações entre os genes e o funcionamento cognitivo. Embora ainda haja muito trabalho a ser feito nessa seara, os cientistas estão fazendo progresso.

Por exemplo, os pesquisadores descobriram que o neurotransmissor dopamina (substância química que transmite sinais de um neurônio a outro) está envolvido na melhora da sua capacidade de atualizar informações na memória e também contribui para se concentrar diretamente na tarefa em questão sem distração. Esses processos de memória e atenção podem soar familiares, porque são muito semelhantes ao que você precisa para acertar todas as letras na tarefa de atualização e nas tarefas de RSPAN descritas até agora. De qualquer forma, estudos de genética molecular descobriram que pessoas diferentes têm diferentes versões do gene (chamado COMT) envolvido no metabolismo da dopamina.[12] Como versões diferentes do gene COMT (as duas principais formas são denominadas Val e Met) quebram a dopamina de forma mais ou menos eficiente, são consideradas como estando relacionadas à variação individual na capacidade cognitiva.

> Existem trabalhos novos e interessantes que mostram que a capacidade cognitiva ou a memória de curto prazo — que antes era considerada uma característica imutável inteiramente de origem hereditária — pode ser alterada de acordo com o tipo de prática exercida pelo cérebro.

Embora as evidências sobre a base genética do funcionamento cognitivo sejam atraentes, é importante lembrar que o ambiente desempenha importante papel no sucesso. Na verdade, há trabalhos novos e interessantes que mostram que a capacidade cognitiva ou a memória de curto prazo, que se pensava ser uma característica imutável inteiramente de origem hereditária, pode ser alterada de acordo com o tipo de prática exercida pelo cérebro.

TREINANDO A CAPACIDADE COGNITIVA

Jason sempre foi líder no futebol americano, mas seu desempenho em sala de aula era fraco. Na escola primária, vários professores notaram que Jason tinha dificuldade em permanecer sentado durante as aulas. Jason sempre foi um garoto um pouco hiperativo, o que seus pais aceitavam como parte de sua personalidade turbulenta. Mas quando ficou claro que Jason não era capaz de prestar atenção aos seus professores por períodos prolongados de tempo ou de manter sua atenção focada nos testes que fazia, os pais o levaram a um psiquiatra, que diagnosticou que o menino sofria de TDAH (transtorno do déficit de atenção e hiperatividade).

Na época, os pais de Jason ficaram frustrados, porque sentiam que não tinham muitas opções para lidar com o diagnóstico. Em vez de usar imediatamente os medicamentos disponíveis, eles optaram por comprar para Jason um novo par de chuteiras de futebol, na esperança que ele pudesse gastar parte da sua energia extra no campo de jogo. Essa tática não é incomum. O nadador Michael Phelps, 14 vezes campeão olímpico, é um exemplo claro. Como Jason, Michael foi diagnosticado com TDAH na escola primária, e esta foi uma das razões pelas quais a sua mãe o colocou na piscina, para que Michael pudesse canalizar sua energia em algo produtivo. Agora os psicólogos estão descobrindo que, assim como a prática pode melhorar sua braçada na natação ou chute no futebol, exercícios para o cérebro podem ser usados para diminuir os sintomas de TDAH.

A Associação Americana de Psiquiatria caracteriza o TDAH por desatenção, comportamento impulsivo e hiperatividade. Central entre os déficits que acompanham o TDAH está a deficiência na memória de curto prazo.

Por um longo tempo a memória de curto prazo foi considerada imutável, o que significa que ela não podia ser aprimorada por meio de exercícios ou prática. Alguns indivíduos tinham mais memória de curto prazo à sua disposição e outros, como crianças com TDAH, tinham menos. Felizmente, porém, nos últimos anos, pesquisadores como Torkel Klingberg, do Instituto Karolinska, em Estocolmo, na Suécia, assumiram a missão de abolir a noção de que existe uma memória de curto prazo com capacidade fixa. Klingberg estava especialmente interessado em saber se crianças com TDAH podem melhorar seu foco de atenção e diminuir suas tendências hiperativas com exercícios cerebrais.

Sua lógica: se uma deficiência na memória de curto prazo é um déficit central no TDAH, aprimorá-la por meio de exercícios deve diminuir os sintomas de TDAH.

Klingberg e seus colegas conduziram uma série de estudos para testar sua ideia; mas deixe-me descrever apenas um para você realmente entender a maleabilidade da memória de curto prazo. Nesse estudo,[13] Klingberg e sua equipe distribuíram as crianças com diagnóstico de TDAH aleatoriamente em dois grupos: um de tratamento e outro de placebo.

No grupo de tratamento, as crianças passaram por um programa intensivo de treinamento da memória de curto prazo que envolveu uma variedade de tarefas verbais e espaciais criadas para exercitar a memória das crianças durante cinco semanas consecutivas. Em uma tarefa, as crianças do grupo de tratamento viam letras, uma a uma, na tela de um computador. Depois, tinham de lembrar das letras à medida que apareciam e depois recitá-las na ordem inversa em que tinham sido apresentadas.

Esse tipo de tarefa de memória é muito difícil, porque você tem que memorizar o que lhe é apresentado e invertê-lo em sua cabeça. Essa inversão é parte de trabalho de memória de curto prazo. Criticamente, à medida que as crianças no grupo de tratamento aprimoravam cada vez mais seu desempenho na tarefa de memorização na ordem inversa, a dificuldade — ou seja, quantos itens tinham que memorizar e recitar na ordem inversa — aumentava. Em essência, o treinamento estava sempre levando as crianças a trabalhar melhor sua memória de curto prazo.

As crianças do grupo placebo também realizavam uma série de atividades no computador semelhantes às feitas por crianças no grupo de tratamento. No entanto, quando as crianças no grupo placebo faziam a tarefa de memorização descrita acima, só tinham que lembrar alguns itens, e o número de itens nunca aumentava.

As crianças do grupo placebo tiveram muito menos exercícios de memória de curto prazo.

Não por acaso, as crianças no grupo de tratamento de Klingberg tiveram melhor desempenho nas tarefas de memória de curto prazo que treinaram. Mas essas crianças também melhoraram outras tarefas de atenção e raciocínio que *não* haviam praticado. Ainda mais impressionante é que, em um estudo semelhante após o treinamento, as crianças no grupo de tratamento conseguiram até ficar sentadas por mais tempo e apresentaram menos hiperatividade do que a contrapartida do grupo placebo.

Exercitar a memória de curto prazo levou a uma redução dos sintomas associados com o TDAH.

Um aspecto importante é que Klingberg projetou sua experiência como um estudo duplo cego. As crianças, os pais e até mesmo os psicólogos que administravam a realização dos testes antes e depois do treinamento não sabiam qual a versão do programa de computador (ou seja, a versão tratamento ou a versão placebo) que as crianças tinham praticado. Isso garantia que não houvesse interferência dos pais ou dos psicólogos, ou, mesmo, das expectativas das crianças envolvidas no estudo nos resultados. Não é nenhum segredo que Michael Phelps beneficiou-se no mundo esportivo de seu treinamento intensivo nas piscinas. O trabalho de Klingberg sugere que Phelps poderia ter se beneficiado na sala de aula a partir de um esquema de treinamento do cérebro também.

Não são só as crianças com déficit de atenção que podem melhorar suas capacidades cognitivas essenciais com o treinamento. Michael Posner, um neurocientista do Instituto Sackler, em Nova York, que passou a maior parte de sua carreira acadêmica estudando o conceito de atenção, recentemente encontrou algumas maneiras interessantes de treinar a inteligência em crianças normais, a fim de melhorar sua aprendizagem e desempenho na escola. Muito parecido com Klingberg, Posner trata o cérebro como um músculo que precisa de treinamento para crescer.

Posner e seus colegas pediram que as crianças do jardim de infância aprendessem a usar um *joystick* para controlar o movimento de um objeto animado na tela do computador e previssem onde o objeto poderia ir considerando sua trajetória inicial. Muitas dessas tarefas foram modeladas a partir daquelas usadas para preparar os macacos resos nos Estados Unidos e na Rússia para a viagem espacial. Assim como no trabalho de Klingberg, em cada exercício as crianças avançavam do nível fácil para o mais difícil, de modo que eram levadas a expandir sua atenção e capacidade de memória com a prática.[14]

Com certeza, o treinamento do cérebro de Posner levou a melhorias nas tarefas que as crianças praticavam. Ainda mais impressionante, porém, foi o que Posner e sua equipe de pesquisa descobriram quando analisaram as funções do cérebro das crianças após a prática. A atividade neural das crianças nas áreas frontais do cérebro, como o córtex cingulado anterior, que, entre suas muitas funções, está envolvido no controle e na atenção, assemelhava-se à atividade do cérebro de adultos ao executar tarefas difíceis. Como as funções dessas áreas do cérebro se desenvolvem com a idade, o trabalho de Posner sugere que o treinamento da atenção pode ser um caminho para dar início ao processo de desenvolvimento.

Este tipo de exercício para a mente parece ajudar os adultos também. Recentemente, Klingberg pediu a jovens sadios de vinte e poucos anos para passar várias semanas treinando tarefas de memória de curto prazo semelhantes às que as crianças com TDAH tinham feito; por exemplo, lembrar-se das letras e depois repeti-las na ordem inversa.[15] Após o treinamento, os adultos não tiveram apenas melhor desempenho nas tarefas em que tinham treinado, mas a melhoria generalizou-se para várias tarefas que envolviam atenção e raciocínio que não haviam praticado. Klingberg usou a ressonância magnética funcional para ver como ocorreu essa melhora na memória de curto prazo e descobriu que as áreas do cérebro que apoiam a capacidade cognitiva, como o córtex pré-frontal, apresentaram maior atividade após o treinamento. Após um período intensivo de musculação, por exemplo, as pessoas são capazes de levantar pesos mais pesados do que no início do treinamento; da mesma forma, essas mudanças na atividade do córtex pré-frontal parecem indicar que o cérebro pode trabalhar melhor com a prática.

O córtex pré-frontal teve considerável expansão ao longo da evolução. Nossa capacidade de controlar a atenção e reter informações na memória com o poderoso córtex pré-frontal pode ser um dos fatores que nos distingue dos outros animais. Em geral, pensamos em pessoas que são naturalmente mais capazes de aproveitar seu córtex pré-frontal como tendo mais capacidade cognitiva. Agora, porém, sabemos que essa variabilidade do córtex pré-frontal não é estanque e que a capacidade cognitiva aumenta com o treinamento.

VIVA OS *VIDEO GAMES!*

Evidentemente, nem todos têm acesso aos tipos de regimes de treinamento sofisticado que Michael Posner e Torkel Klingberg usam para ajudar as pessoas a reforçar sua capacidade cognitiva. A boa notícia é que é possível exercitar sua memória de curto prazo de diversas maneiras. Jogar *games* de ação, por exemplo, pode melhorar sua capacidade intelectual. Isso mesmo, passar várias horas por semana jogando *Grand Theft Auto*, *Half-Life* ou *Halo* melhora as principais capacidades cognitivas que vão além da tela do computador.

Em um estudo, estudantes universitários com experiência prévia com jogos eletrônicos foram convidados a jogar o popular *game Medal of Honor* por dez dias seguidos.[16] O jogo se passa durante o final da Segunda Guerra Mundial e os jogadores assumem o papel do tenente Jimmy Patterson, que é recrutado pela OSS (Office of Strategic Services) para ajudar os Estados Unidos a cumprir sua missão. Os jogadores devem alcançar objetivos, como destruir posições inimigas e matar tantos soldados alemães quanto possível. Esses objetivos de guerra requerem memória de curto prazo.

Os jogadores devem mover constantemente a atenção de um aspecto do jogo para outro, para que não percam novos inimigos ou novos desenvolvimentos. Enquanto isso, eles também devem manter seus objetivos de missão atualizados e frescos em suas mentes. Em suma, os jogadores devem conciliar várias tarefas ao mesmo tempo, e para ter sucesso não podem deixar a bola cair em qualquer frente de combate.

Depois de jogar *Medal of Honor* uma hora por dia, durante dez dias, os estudantes universitários apresentaram melhora nas habilidades de memória e atenção em uma série de tarefas diferentes. Vale destacar que as pessoas melhoraram até mesmo em tarefas que não tinham sido diretamente praticadas. Quanto mais as pessoas praticavam o jogo, mais sua atenção e habilidades de memória aumentavam fora do ambiente do jogo.

Assim, pais, antes de proibir de vez seu filho de usar seu Nintendo DS, vocês talvez queiram pensar sobre os potenciais benefícios de algum jogo de *video game*. Tenham em mente, contudo, que esses benefícios ocorreram após apenas uma hora de jogo por dia. Oito horas por dia, todos os dias, provavelmente, terão resultados reduzidos em termos de melhorias da capacidade cognitiva.

No entanto, jogar um pouco de *video game* — especialmente se o jogo ajuda você a praticar importantes habilidades cognitivas — pode ser bom. A Força Aérea israelense concorda, e em meados da década de 1990 o psicólogo Daniel Gopher pediu aos cadetes que jogassem um *video game* que ele ajudara a desenvolver.[17] Chamado de Space Fortress, o jogo exercita as capacidades de memória e atenção, exigindo que os jogadores manobrem um avião, usando um *joystick*, em um ambiente hostil e árido, disparando mísseis para derrotar o inimigo e, ao mesmo tempo, evitando ser atingido. Depois de apenas dez horas de jogo, uma hora por dia, ao longo de dez dias, os cadetes mostraram uma melhora de quase 30% em seu desempenho em voos reais. A Força Aérea israelense ficou tão impressionada com os resultados que o *Space Fortress* agora é parte permanente de seu programa de formação da escola de voo.

Nos últimos anos, o uso do *Space Fortress* foi muito além do campo de batalha para o basquete, onde os jogadores também têm de tomar inúmeras decisões estratégicas importantes. Vários treinadores universitários e profissionais estão usando uma versão do jogo como parte do treinamento de suas equipes.

Muitos dos jogadores do campeão de 2006 da NCAA, Florida Gators, usaram o jogo para treinar, e a revista *Slam*, uma das principais publicações voltadas para os fãs do basquete universitário e da NBA, chama o jogo de "um exercício para a mente" que não deve ser desperdiçado. Claro que, em termos de treinamento da capacidade cognitiva, o *Space Fortress* pode melhorar as competências dos jogadores e o seu desempenho na quadra e na sala de aula.

UMA PERSPECTIVA PARA O FUTURO

Apesar de haver variação entre as pessoas em termos de capacidades inatas, o treinamento desempenha importante papel no que essas capacidades podem nos trazer. No entanto, mesmo se você não apresenta alta capacidade cognitiva, isto não significa que não possa se sobressair no meio acadêmico ou no mundo dos negócios. Na verdade, Priti Shah, a psicóloga da Universidade de Michigan, e seus colegas demonstraram que os estudantes universitários com diagnóstico de TDAH são realmente melhores do que os estudantes que não apresentam TDAH na hora de gerar soluções criativas para os problemas.

Alunos com TDAH, por exemplo, são capazes de gerar usos mais inusitados para objetos comuns do que aqueles que não sofrem com o transtorno. Um desdobramento possível no mundo dos negócios é que as pessoas com TDAH e com baixa memória de curto prazo, em geral, serão bem-sucedidas no desenvolvimento de aplicações criativas (aplicativos para o iPhone, por exemplo) para tecnologias existentes. Shah acredita que essa criatividade decorre, em parte, da falta de capacidade dos alunos com TDAH de inibir a entrada de informações na mente, o que leva a pensamentos mais divergentes.[18] Assim, embora você possa treinar sua memória de curto prazo, incluindo suas habilidades de inibição, às vezes menos é mais.

No entanto, apesar de trabalhos recentes mostrando que a potência cognitiva é maleável e que o que mais importa é sua capacidade de utilizar a memória de curto prazo quando precisar dela e diminuir sua influência quando não precisar, alguns cientistas ainda tentam medir as diferenças médias em termos de inteligência entre grupos de pessoas — separadas por sexo ou etnia, por exemplo. Essas diferenças percebidas (e mal-entendidas) no desempenho entre os sexos ou as raças são então utilizadas para justificar políticas sexistas ou racistas na educação e no emprego, o que, naturalmente, gera acalorados debates.

Nos últimos anos, diferenças naturais de habilidades receberam renovada atenção — despertada, em parte, por alguns comentários provocativos feitos pelo então reitor de Harvard, Larry Summers, em 2005. Nos próximos capítulos vamos analisar o que revelam as pesquisas sobre a influência dos fatores genéticos e do ambiente e sobre como as oportunidades de formação e prática podem contribuir para a divisão entre sexos e raças — principalmente quando essa divisão é medida por testes que envolvem alta pressão. Curiosamente, o próprio ato de demarcar diferenças entre os grupos em termos de funções cognitivas, tais como memória de curto prazo, com base no sexo ou na raça, pode criar uma situação estressante, onde os indivíduos colocados em xeque tendem a apresentar um desempenho abaixo de suas habilidades.

CAPÍTULO QUATRO

DIFERENÇAS CEREBRAIS ENTRE OS SEXOS

A PROFECIA QUE SE AUTORREALIZA?

Em uma tarde fria de inverno, em meados de janeiro de 2005, Lawrence (Larry) Summers pediu a palavra para dar uma palestra na hora do almoço na conferência do National Bureau of Economic Research (NBER) sobre a diversificação da força de trabalho nas áreas de ciência e engenharia. Realizada em Cambridge, no estado de Massachusetts, o berço da Universidade de Harvard, a conferência foi conveniente para Summers porque, na época, ele era o reitor de Harvard.

Embora a conferência do NBER tenha se concentrado em um tema importante, a diversidade da força de trabalho nas áreas de ciência e engenharia, o trabalho sendo apresentado a uma plateia composta principalmente por administradores e professores universitários não tinha intenção alguma de chegar às manchetes. Summers havia ressaltado no início da apresentação que os comentários iam ser provocativos.

Na verdade, ele afirmou de cara que não estava na conferência do NBER para falar em nome da Universidade de Harvard, mas para abordar "não oficialmente" a diversidade.

Ele perguntou por que as mulheres representam uma minoria dos cargos efetivos em ciência e engenharia nas universidades de ponta e enumerou várias razões para sua pouca representação nos campos de ciência, tecnologia, engenharia e matemática. Em resposta a essa pergunta, ele interpretou os dados de forma que a plateia imediatamente contestou como sexista.

Summers não discutiu se, em média, a capacidade acadêmica dos homens é superior à das mulheres, mas afirmou que os homens são mais *variáveis* em suas capacidades intelectuais do que as mulheres.[1]

Em outras palavras, mais homens alcançam níveis mais elevados de aptidão nessas disciplinas. Uma vez que mais variabilidade geralmente significa ter mais pessoas nos extremos de uma distribuição, o ponto de Summers era, em resumo, que há simplesmente mais homens do que mulheres no topo do *pool* de talentos de matemática e ciência, por isso eles estão mais presentes no mercado de trabalho. Para apoiar suas alegações Summers explicitamente mencionou a pesquisa que havia documentado a distribuição por sexo entre os 5% de alunos do terceiro ano do ensino médio com melhor desempenho, onde ele apontou que os meninos superam as meninas em uma razão de pelo menos 2 para 1. Pode-se criticar Summers por ter escolhido a dedo dados que fundamentam seus argumentos, mas a pesquisa revela também que, nos mais altos níveis de desempenho em matemática nos exames para admissão nas universidades americanas, os rapazes também superam as moças.[2]

Isso também se aplica aos testes de Advanced Placement (AP) que os alunos fazem na escola para obter créditos para as faculdades nos Estados Unidos. Apesar de as meninas completarem mais testes AP em termos globais, os meninos fazem o teste de cálculo e suas notas são mais altas do que as das meninas.[3] A explicação de Summers do motivo pelo qual as mulheres não chegaram ao topo em matemática e ciências baseia-se na ideia de que existem simplesmente mais homens com altas habilidades e competências disponíveis para preencher os postos de trabalho de maior prestígio. Ele minimiza a socialização entre os sexos que poderia levar a essa disparidade.

Você pode estar interessado em saber que o argumento de Summers não é novo. Esta hipótese de maior variabilidade pode ser encontrada até em Charles Darwin, que em *A descendência do homem* sugeriu que os homens variam mais em suas características físicas que as mulheres. Partir das características físicas para as intelectuais não custa muito e, no início da década de 1900, muitos psicólogos afirmavam que os homens são mais diferentes uns dos outros em termos de inteligência do que as mulheres. A conclusão "natural" dessa linha de pensamento é que haverá mais homens do que mulheres com níveis mais baixos de inteligência, mas o que mais importa para embasar as afirmações de Summers é que também haverá mais homens do que mulheres nos níveis mais altos.

Por causa dessas diferenças sexuais percebidas na variabilidade, em 1906, o psicólogo americano Edward Thorndike sugeriu que a educação das mulheres fosse voltada para profissões "como a enfermagem e o ensino... em que não há necessidade de indivíduos talentosos, uma vez que o nível médio é suficiente."[4] Afinal de contas, se existem mais homens com mais habilidades nos extremos da distribuição, então talvez faça sentido focalizar a atenção exclusivamente nos homens para encontrar os indivíduos que mais se destacam.

Agindo como um Thorndike moderno, Summers argumentou que as meninas e as mulheres estão mais propensas a demonstrar capacidade acadêmica de nível médio, enquanto os meninos e os homens tendem a estar abaixo ou acima da média, nos extremos de capacidade, especialmente em matemática e ciências.

Como simplesmente há mais homens no topo do *pool* de talentos, Summers afirmou, a probabilidade de um homem assumir cargos de destaque na área de ciências é maior. Segundo Summers, a disparidade entre homens e mulheres em instituições de pesquisa acadêmica reflete uma variação natural.

Summers é muitas vezes elogiado por seus discursos e intelecto, e já foi considerado uma das grandes mentes econômicas de sua época. No entanto, a fala dele naquela tarde não gerou as reações positivas esperadas. Muito pelo contrário. Nancy Hopkins, uma bióloga do Instituto de Tecnologia de Massachusetts (MIT), saiu da sala no meio dos comentários de Summers e depois disse que poderia ter "vomitado de desgosto" se não tivesse saído. Vários outros membros da plateia, decanos e reitores de universidades de ponta de todo o país, deixaram claro que ficaram profundamente ofendidos com os argumentos de Summers.[5]

Além disso, gostaria de saber se alguém pode falar "extraoficialmente" sobre diferenças entre os sexos que ele está chamando de inatas quando se é reitor de uma instituição de pesquisa de nível mundial. Considerando que Summers renunciou ao cargo de reitor de Harvard logo após seus comentários na conferência do NBER, é justo afirmar que não.

No entanto, é preciso saber em que fatos o reitor de Harvard se baseou para apresentar seu ponto de vista e que pesquisa apoia a ideia de que há "diferente disponibilidade de aptidões nos mais altos níveis de desempenho". Por que alguém na posição de Summers se sentiria confortável fazendo essas afirmações?

A noção de que existem diferenças naturais entre os grupos não é nova. Uma das visões mais notórias dessa perspectiva vem de Richard Herrnstein e Charles Murray, em seu livro *The Bell Curve*,[6] em que os autores defendem a visão de que a origem das diferenças de QI entre as raças é substancialmente genética. No entanto, como veremos mais adiante, há muitas evidências de que a defasagem de desempenho entre meninos e meninas em matemática está diminuindo, uma tendência que existe também em relação às diferenças das conquistas entre negros e brancos. É difícil explicar essas mudanças rápidas em termos de realização se você defende a ideia de que existem diferenças fixas e naturais entre os grupos. As mudanças são facilmente explicadas por um aumento das oportunidades educacionais para meninas e minorias nas últimas várias décadas. Claro que ter conhecimento e ser capaz de demonstrar o que você sabe em um teste importante não são a mesma coisa, e, do jeito que as coisas são, meramente apresentar os pontos de vista que Summers apresentou (e que encontram eco em termos de diferenças raciais em *The Bell Curve*) é suficiente para derrubar as estudantes de minorias e mulheres. Assim, os cientistas ainda precisam descobrir quando e onde as diferenças de desempenho entre os sexos e grupos raciais aparecem e o motivo disso, quando acontecem. Vamos nos concentrar na questão das diferenças entre os sexos.

No início da década de 1980, Camilla Benbow e Julian Stanley publicaram um artigo na revista *Science*, uma das mais prestigiadas publicações científicas do mundo. Seu trabalho detalha os resultados de um projeto que acompanhou o desempenho de quase 40 mil estudantes em todo o país, com cerca de 13 anos de idade, que fizeram o SAT.[7]

Antigamente, SAT queria dizer Scholastic Aptitude Test, um teste de aptidão acadêmica. Hoje, ele não tem um nome específico, mas é um dos principais exames utilizados para avaliar os alunos para admissão nas universidades dos Estados Unidos e do exterior. Uma das razões para essa mudança de nome é que o SAT realmente não avalia a aptidão dos alunos para o que eles vão aprender na faculdade. Em vez disso, a maioria dos itens no SAT baseia-se em raciocínio lógico sobre tópicos dados no currículo do ensino médio. Então, por que Benbow e Stanley estavam interessados no desempenho de adolescentes de 13 anos em um teste de admissão para a faculdade?

Os pesquisadores estavam envolvidos em um programa de identificação de talentos matemáticos destinado a reconhecer as mentes matemáticas mais brilhantes em uma idade precoce. Seu objetivo era usar a parte específica do SAT (SAT-M) para encontrar crianças com melhor desempenho em matemática, a fim de proporcionar a elas o apoio e a formação necessários para que se destacassem em matemática no ensino fundamental, no ensino médio e depois. É claro que ter acesso aos resultados de testes de um programa de identificação de talentos em matemática também deu a Benbow e Stanley uma oportunidade única de analisar o desempenho em matemática de meninas e meninos.

Eles descobriram que, aos 13 anos, existiam diferenças entre os sexos nos resultados do SAT-M. Mas, ainda mais surpreendente, os pesquisadores descobriram que essas diferenças entre os sexos foram particularmente pronunciadas na extremidade mais alta da distribuição de pontuação. De fato, entre os alunos que tiraram 700 ou mais no SAT-M (95% de rapazes no terceiro ano do ensino médio), a razão entre meninos e meninas era de 13 para 1.

Com base em conceitos de matemática em geral ensinados nos primeiros anos do ensino médio, o SAT-M é projetado para medir o raciocínio matemático dos alunos do segundo e terceiro anos desse segmento. A maioria dos alunos de 13 anos que fazem o SAT-M como parte do programa de identificação de talentos ainda não tinha sido exposta à matemática na qual estava sendo testada, tanto por conta própria ou em uma aula de matemática. Então, Benbow e Stanley pensaram que a alta pontuação desses jovens refletiria uma habilidade matemática geral, e não o que tinham aprendido na escola até aquele momento.

Com essa convicção em mente, foi fácil chegar à conclusão de que mais meninos do que meninas nascem com capacidades que impulsionarão seu desempenho em matemática. No entanto, sua conclusão não se baseia em uma avaliação clara de habilidades inatas, mas no desempenho desses alunos depois de vários anos de estudo, durante os quais as expectativas culturais e a pressão pela socialização estão em pleno vapor.

Larry Summers baseou-se nesse estudo quando afirmou que os meninos são naturalmente predispostos a estarem no topo da escala de talentos matemáticos. Mas ele e outras pessoas ignoraram alguns outros fatos importantes quando defendem essa visão de uma habilidade inata.

Desde este programa inicial de identificação de talentos na década de 1970, vários milhões de alunos do sétimo e oitavo anos realizaram o SAT-M. Curiosamente, o desequilíbrio de 13 meninos para 1 menina relatado no início da década de 1980 havia caído, no ano de 2005, para uma diferença de apenas 2,8 a 1.[8] Esse período de queda coincide com a aplicação da lei Título IX (a Lei da Igualdade de Oportunidades em Educação), que, *grosso modo*, foi projetada para assegurar que ambos os sexos tenham o mesmo acesso e apoio a atividades ligadas à educação. Embora essa legislação seja mais conhecida por seu impacto sobre as oportunidades para meninas e meninos nos esportes em nível escolar e universitário, o texto original realmente não fazia menção explícita ao atletismo. O objetivo da legislação era garantir igualdade de oportunidades para estudantes do sexo masculino e feminino em todas as áreas da vida acadêmica, incluindo ensino de matemática e ciências.[9]

O acesso equitativo à educação matemática parece ser uma das principais fontes da redução dos desequilíbrios entre os sexos em termos de realizações acadêmicas. Um exemplo a ser discutido é fornecido por dados provenientes da American Mathematics Competition (AMC), competições de matemática.[10]

A AMC é uma série de concursos patrocinados pela Associação Matemática da América, realizados anualmente em mais de 3 mil escolas de ensino médio nos Estados Unidos. Os alunos que têm um bom desempenho em um teste inicial AMC são convidados a participar do American Invitational Mathematics Examination. Os alunos que apresentam um bom desempenho nesse exame são convidados para participar da prestigiada Olimpíada de Matemática dos EUA.

Como parte inicial da AMC, os alunos são desafiados a completar 25 problemas em 75 minutos. Os problemas aumentam em dificuldade do início ao fim do teste e cobrem tópicos como álgebra, probabilidade, geometria e trigonometria.

Aqui estão alguns exemplos de um dos testes de 2007, o AMC 12 (para alunos do terceiro ano do ensino médio ou séries anteriores):

Não se sinta mal se você tiver dificuldades em resolver esses problemas, pois este teste AMC foi concebido para ser difícil a fim de identificar os estudantes com mais alto nível de desempenho em matemática. Para dar uma ideia de como o desempenho nos 12 testes AMC se traduz em termos de outros testes padronizados mais conhecidos, a maioria dos estudantes que pontuam no percentil 99 no SAT-M (780-800 pontos) acerta as primeiras três perguntas, mas a última pergunta é respondida corretamente apenas por 44% desses alunos com alto desempenho. Esses testes são criados especificamente para detectar habilidade matemática de alto nível. (As respostas e descrições detalhadas sobre como resolver os problemas podem ser encontradas em www.artofproblemsolving.com/wiki/index.php/2007_AMC_12A_Problems, em inglês.) Talvez o mais interessante, entretanto, é de onde vêm os meninos e as meninas com maior pontuação. Os meninos com melhor desempenho vêm de várias origens, mas as meninas com maior pontuação são todas provenientes de um pequeno grupo de escolas de elite. Com efeito, se olharmos especificamente para os dados da Olimpíada Internacional de Matemática e da Olimpíada de Matemática para meninas da China (para as quais os estudantes norte-americanos se qualificam após apresentar alto desempenho no teste inicial AMC, excelente desempenho no subsequente American Invitational Mathematics Examination, e depois de ter um bom desempenho na Olimpíada de Matemática nos EUA), o número de meninas provenientes das vinte melhores escolas segundo o teste AMC é igual ao número proveniente de todas as demais escolas dos Estados Unidos combinadas. A menos que você acredite que as meninas com o mais alto nível de capacidade matemática escolham frequentar apenas algumas escolas, esses dados sugerem que a maioria das meninas não está tendo oportunidade de atingir seu pleno potencial em matemática. Em outras palavras, apenas poucas escolas estão dando às meninas o apoio de que precisam para ter sucesso.

---

1. Um pedaço de queijo está localizado em (12, 10) em um plano de coordenadas. Um rato está em (4, –2) e está correndo pela linha y = –5x + 18. No ponto (a, b) o rato começa a ficar mais distante do queijo, em vez de mais perto dele. Qual é o valor de a + b?
   (A) 6 (B) 10 (C) 14 (D) 18 (E) 22

2. "a", "b", "c", "d" e "e" são inteiros diferentes de modo que (6 – a)(6 – b)(6 – c)(6 – d)(6 – e) = 45. Qual é o valor de a + b + c + d + e?
   (A) 5 (B) 17 (C) 25 (D) 27 (E) 30

3. O conjunto {3, 6, 9, 10} é aumentado por um quinto elemento n, que não é igual a qualquer um dos outros quatro. A mediana do conjunto resultante é igual à sua média. Qual é a soma de todos os valores possíveis de n?
   (A) 7 (B) 9 (C) 19 (D) 24 (E) 26

4. Quantos números de três dígitos são compostos por três dígitos distintos tais que um dígito é a média dos outros dois?
   (A) 96 (B) 104 (C) 112 (D) 120 (E) 256

Quando não têm oportunidade e apoio para sobressair, as meninas acabam não apresentando desempenho matemático elevado, e essa diferença de números por si só ajuda a perpetuar um estereótipo sobre a base genética das diferenças entre os sexos no desempenho em matemática. Podemos ter um ciclo vicioso em nossas mãos. Estar ciente dos estereótipos sobre como você deve agir como membro de um grupo particular — uma menina ciente dos estereótipos sobre gênero e matemática — pode degradar sua capacidade de apresentar bom desempenho em testes importantes. Limitar as oportunidades das meninas pode perpetuar estereótipos de gênero, o que, por sua vez, pode atrapalhar ainda mais os resultados das meninas, limitando oportunidades futuras e assim por diante.

Antes de explorarmos esse ciclo com mais detalhes, no entanto, vamos dar um passo atrás e analisar realmente o que as pessoas querem dizer quando afirmam que existem diferenças entre os sexos que são de origem genética.

CAPACIDADE INATA?

Quando a expressão "capacidade inata" é usada para falar sobre as diferenças entre os sexos em termos de habilidades intelectuais ou de raciocínio, geralmente significa que existem variações geneticamente determinadas nos cérebros de meninos e meninas, e que seus cérebros são diferentes na maneira como estão organizados e estruturados. Portanto, a conclusão geralmente tirada a partir dessa premissa é que os sexos diferem em sua capacidade inata de fazer, digamos, cálculos matemáticos ou científicos. Vamos analisar a base científica para algumas dessas alegações. Com relação à matemática, por exemplo, estudos de neuroimagem revelaram que, quando as pessoas realizam operações aritméticas e tarefas baseadas em números, elas envolvem a parte inferior do lobo parietal do cérebro.[11]

Alguns pesquisadores argumentam que essa região do cérebro é geralmente maior nos homens do que nas mulheres (mesmo quando há controle do volume total do cérebro). E porque fica bem ao lado e em estreita comunicação com as áreas do cérebro envolvidas na navegação espacial, raciocínio e atenção, os pesquisadores também sugerem que isso pode dar aos meninos mais condições de pensar sobre a matemática em termos espaciais. Ser bom em visualizar problemas de matemática ou girar mentalmente objetos, isto é, ser bom em combinar matemática e raciocínio espacial, vem a calhar para realizar vários tipos de cálculos e é especialmente útil em geometria ou trigonometria.[12]

Claro que antes de levar essas sugestões muito a sério é preciso saber que, para cada estudo que encontrou diferenças significativas entre os sexos no tamanho do cérebro e seu funcionamento, existem outros estudos que não comprovam ou apoiam esses achados. Ainda há outros estudos que encontram evidências que os contradizem. Uma das razões é que os estudos sobre as diferenças entre os sexos, muitas vezes, envolvem pequenos grupos de pessoas (por vezes menos de algumas dezenas de participantes), por isso, os resultados variam de um estudo para outro. Além disso, é difícil associar diretamente o funcionamento do cérebro com um desempenho complexo em matemática, porque a investigação sobre os sistemas cerebrais envolvidos até mesmo nos processos matemáticos mais básicos ainda está nos estágios iniciais. A maioria dos trabalhos direcionados à matemática até agora tem se concentrado em desvendar como nós entendemos os números e as quantidades (como 12 pontos) e, normalmente, não são encontradas diferenças entre os sexos nessas atividades numéricas básicas.

Alguns cientistas sugeriram que a exposição aos hormônios sexuais masculinizantes, especialmente os andrógenos, coloca os meninos em vantagem em habilidades matemáticas e espaciais, porque os andrógenos alteram a estrutura e a função do cérebro em desenvolvimento de modo a apoiar essas atividades. Uma maneira em que a hipótese dos andrógenos foi testada é estudar meninas com hiperplasia adrenal congênita (HAC), um distúrbio que envolve exposição pré-natal a excesso de andrógenos. Meninas que nasceram com HAC apresentam, frequentemente, comportamento social e recreacional mais típico de meninos do que de meninas e alguns estudos têm revelado uma vantagem para as meninas com CAH nas tarefas espaciais. Mas tenha em mente que os pais geralmente sabem dessa condição em uma idade muito precoce; quaisquer diferenças encontradas poderiam ser explicadas facilmente por um tratamento diferenciado dado pelos pais e outros adultos que sabem sobre a exposição a andrógenos no útero, assim como por uma mudança causada nos cérebros pelos hormônios sexuais masculinizantes das meninas que as preparou melhor para a matemática e a ciência. Além disso, outros estudos mostraram não haver diferenças entre meninas com HAC e meninas sem HAC.[13]

Ainda assim, se os cérebros das meninas e dos meninos estão organizados de forma diferente e esta é a razão por que os meninos têm vantagem tirando notas mais altas em testes como o SAT-M, então torna-se difícil explicar por que a razão 13:01 entre meninos e meninas caiu tão drasticamente em menos de um quarto de século.

A estrutura do cérebro simplesmente não evolui tão rápido. Uma explicação mais provável, e proposta por um dos pesquisadores do estudo original de talentos, o falecido Julian Stanley, é que a mudança da razão reflete o fato de que as meninas estão ficando expostas à matemática em idades mais precoces.[14] Em comparação com 25 anos atrás, o ensino de matemática está mais uniforme, e as meninas jovens de hoje são encorajadas a levar adiante seu interesse em matemática e ciências mais do que nas gerações anteriores.

Em contraste com 25 anos atrás, as meninas têm agora mais oportunidades para adquirir as ferramentas matemáticas de que precisam para ter sucesso. Como resultado, sua capacidade de alcançar os melhores resultados em testes como o SAT-M subiu rapidamente.

É claro, uma razão de 2,8:1 entre meninos e meninas ainda significa que os meninos superaram as meninas em quase 3 para 1 nos melhores resultados do SAT-M. Mas, antes de darmos importância demais a esse desequilíbrio, vamos parar um momento e reconhecer um ponto importante. Uma razão de 2,8 meninos para cada menina só faz sentido na hora de tirar conclusões sobre as diferenças de matemática se testes como o SAT-M também avaliarem as habilidades de meninos e meninas talentosas. Se, por alguma razão, tais testes não captam a capacidade matemática igualmente entre os sexos, quaisquer conclusões tiradas desse teste sobre quem tem mais ou menos talento serão falhas.

Isso seria verdadeiro se fôssemos calcular o desequilíbrio entre meninos e meninas de 13 para 1 ou de 2,8 para 1. Na verdade, existem evidências muito convincentes de que testes como o SAT-M não captam igualmente a capacidade intelectual.

Esse é um achado frequentemente negligenciado. O SAT-M não consegue prever o desempenho em matemática das meninas em relação ao desempenho dos meninos em nível universitário.[15] Em outras palavras, quando as notas do SAT-M de meninos e meninas são equivalentes, as meninas passam a tirar notas mais altas nas aulas de matemática em nível universitário do que seus colegas do sexo masculino.

Isso mesmo, o mesmo resultado no teste de admissão no final do ensino médio se traduz em uma subestimativa das notas de matemática das meninas e uma superestimativa das notas dos meninos de nível universitário.

Por que isso acontece? Uma das razões tem a ver com as estratégias que meninos e meninas com talento matemático tendem a favorecer ao resolver os tipos de problemas de matemática vistos no SAT-M.[16] As meninas são mais propensas a resolver um problema de matemática utilizando exatamente os mesmos procedimentos que aprenderam na escola. Como resultado, as meninas tendem a ter melhor desempenho do que os meninos em problemas em que seguir uma receita específica passo a passo para a solução é o caminho mais provável para o sucesso. Como resultado, os meninos tendem a superar as meninas em problemas não convencionais que requerem estratégias de solução inusitadas. Os meninos tendem a preferir atalhos mais do que as meninas e, em testes como o SAT, em que um grande número de questões devem ser concluídas em um curto espaço de tempo, ser capaz de aplicar seus conhecimentos de forma rápida e incomum tem algumas vantagens.

Como exemplo, vejamos o problema a seguir, que apareceu em um teste SAT-M de 1998.

Um *blend* de café é feito com a mistura de café colombiano a US$ 8 o quilo com café expresso a US$ 3 o quilo. Se a mistura vale US$ 5 por quilo, quantos quilos do café colombiano são necessários para fazer 50 quilos de *blend*?
(A) 20 (B) 25 (C) 30 (D) 35 (E) 40

Resposta: 20.

Resolver esse problema com uma fórmula algébrica padrão aprendida na escola é bastante difícil. Não só isso, também é demorado e deixa aberta a possibilidade de cometer erros matemáticos simples. No entanto, podemos usar um atalho para resolver esse problema. A lógica nos diz que mais de metade do *blend* deve ser do café expresso mais barato porque o preço por quilo (US$5) é inferior à metade da soma do preço por quilo para cada tipo: (US$ 8 + US$ 3)/2 seria US$ 5,5 e o café custa apenas US$ 5 por quilo.

Com essa informação, sabemos que apenas uma opção de resposta possível é correta, porque todas as outras são maiores ou iguais à metade dos 50 quilos (ou seja, 25).

Os meninos estão mais propensos a usar esse tipo de atalho lógico do que as meninas, uma estratégia evidentemente vantajosa em testes cronometrados.

A tendência dos meninos em confiar em abordagens mais flexíveis de resolução de problemas não ocorre apenas ao nível do ensino médio; aparece também no ensino fundamental. Apesar do fato de que normalmente não existem diferenças entre os sexos no desempenho matemático nas séries iniciais, a observação do comportamento em sala de aula mostra que as meninas estão mais propensas a usar métodos de cálculo padrão para aritmética enquanto os meninos usam abordagens mais flexíveis e não convencionais para a resolução de problemas. Por exemplo, quando solicitados a calcular 38 + 26, as meninas tendem a seguir o estilo passo a passo: primeiro, adicionar os dígitos das unidades, 8 e 6, obter 14, acresentar uma dezena aos dígitos das dezenas 3 e 2, e chegar ao resultado de 64. Os meninos, por outro lado, podem decidir que 30 mais 20 é 50, e com mais 8 é 58, depois somam mais 6 e chegam a 64.[17]

De onde vieram essas diferentes estratégias? Em outro estudo, quando alunos de terceira e quarta séries foram entrevistados sobre como poderiam resolver problemas de aritmética como os citados, todos relataram que conheciam ambos os métodos padrão e não convencional para a resolução de problemas, mas só os garotos realmente usavam as abordagens não convencionais.[18] Os estudantes aprendiam as estratégias convencionais principalmente na escola (em geral, de professoras do ensino fundamental) e os métodos não convencionais com seus irmãos, tios ou pais para tarefas que envolvem construção e medição. Na idade escolar, as crianças tendem a seguir comportamentos e atitudes dos adultos do mesmo sexo. Como as crianças tendem a seguir comportamentos que são específicos a seu sexo, isso pode colocar os meninos em vantagem em relação às meninas no desenvolvimento de um repertório diversificado de abordagens para a resolução de problemas.

Os próprios testes usados para medir a capacidade em matemática e ciências nem sempre avaliam igualmente os talentos de meninos e meninas. Testes como o SAT, que têm sido utilizados para avaliar o talento dos alunos há anos, preveem melhor o desempenho de alguns alunos do que outros. Durante as últimas décadas tem havido crescente preocupação sobre a precisão de testes padronizados na avaliação do conhecimento e das habilidades dos alunos. Essa preocupação tornou-se tão grande recentemente que o reitor da Universidade da Califórnia, o Dr. Richard Atkinson, corajosamente sugeriu em 2001 que o SAT em sua forma atual fosse descartado como requisito de admissão para a Universidade da Califórnia.[19] Atkinson e outros argumentaram que utilizar testes padronizados como o SAT para tomar decisões sobre a admissão de alunos à faculdade é perigoso, porque os testes não oferecem a todos os alunos a mesma oportunidade de demonstrar seus conhecimentos e habilidades.

Eu participei de um jogo de basquete da Universidade da Califórnia vários anos atrás, contra a Universidade de Stanford. O confronto entre as universidades de Stanford e Califórnia é uma das maiores rivalidades nos esportes universitários norte-americanos, então, os torcedores de cada equipe estavam fazendo de tudo para distrair os oponentes.

Fenômeno do basquete na área da baía de São Francisco e calouro na Universidade da Califórnia, Jason Kidd estava liderando a equipe de UC Berkeley esse ano e, apesar de Kidd ser um astro na quadra, era sabido que ele precisara de várias tentativas para obter a pontuação mínima necessária para ingressar na faculdade.

Quando Kidd se posicionou na linha de lance livre, os membros da banda de Stanford ergueram um cartaz que dizia: "Ei, Kidd, como se escreve S-A-T?" Kidd errou a cesta.

S-A-T talvez fossem as três letras mais assustadoras do alfabeto para Kidd na época em que estava tentando entrar para a faculdade. Mesmo aqueles que apresentam o mais alto desempenho se preocupam com o teste nos anos que o precedem, devido à importância de obter uma alta pontuação para ser admitido em uma boa universidade. Este foi uma dos aspectos que Atkinson comentou quando recomendou acabar com o teste como um dos critérios de admissão da universidade.

Conforme Atkinson disse: "Eu passei a acreditar que a ênfase excessiva em testes padronizados, em geral, e no SAT-I, em particular, está comprometendo o sistema educacional nos Estados Unidos." O fraco desempenho em testes como o SAT ocorre por vários motivos, alguns dos quais são relativamente desvinculados das reais capacidades e habilidades dos alunos.

A AMEAÇA DOS ESTEREÓTIPOS

Pense em uma jovem do terceiro ano do ensino médio (vamos chamá-la de Taylor), que não só é boa em matemática, mas manifestou interesse em continuar estudando matemática como uma das matérias principais na universidade. Como acabamos de ver, como ela é menina, Taylor tenderá a favorecer estratégias de resolução de problemas de matemática que nem sempre são vantajosas em testes cronometrados. Ela também enfrenta outras dificuldades na hora de prestar provas importantes, como o SAT--M, incluindo pressões para apresentar um bom desempenho porque ela é mulher — pressões que seus colegas do sexo masculino não enfrentam.

Considere o que acontecerá se, no meio da prova, Taylor pensar sobre o estereótipo bem conhecido e amplamente difundido de que "as meninas não são boas em matemática". Ela corre o risco de ser julgada pelo estereótipo, e as pesquisas mostram que apenas o fato de haver um estereótipo negativo já é suficiente para diminuir o desempenho. Curiosamente, o mau desempenho em face de estereótipos negativos, conhecido como *ameaça dos estereótipos*, é mais dramático para as meninas que estão mais interessadas em se sobressair na matéria em que estão sendo testadas. Pense nisso por alguns segundos.

Você pode esperar que as meninas com os mais altos níveis de habilidade matemática prontamente refutariam um estereótipo negativo, como "meninas não sabem matemática", mas este não parece ser o caso. Ao contrário, as meninas de alto desempenho são precisamente aquelas que, quando confrontadas com um estereótipo negativo sobre como *deveria* ser seu desempenho, se preocupam em confirmá-lo. Como resultado, suas notas caem.

Um dos melhores exemplos de como os estereótipos negativos em relação a gênero podem afetar os resultados dos testes vem de um estudo realizado no final da década de 1990 na Universidade de Michigan.[20] Os pesquisadores selecionaram universitários do sexo masculino e feminino que estavam entre os 10% a 15% de alunos com a mais alta pontuação no SAT ou no ACT (American College Test), aos quais foram submetidos

> Um estereótipo negativo é suficiente para diminuir o desempenho.

antes de se matricularem na faculdade, e pediram a esses alunos que fizessem uma difícil prova de matemática. O teste envolvia cálculos avançados e álgebra abstrata e foi um desafio até mesmo para os alunos mais proficientes em matemática.

Assim como no estudo original de identificação de talentos em matemática de Camilla Benbow e Julian Stanley, os pesquisadores encontraram diferenças entre os sexos no desempenho de matemática.

> A ameaça dos estereótipos é mais dramática para as meninas mais talentosas e as que estão mais interessadas em se sobressair na matéria em que estão sendo testadas.

Mas não foi só isso. Os rapazes apresentaram melhor desempenho do que as moças, quando, antes de fazer o teste, foram informados de que o teste que estavam prestes a realizar apresentou diferenças entre os sexos em termos de resultados passados. Por outro lado, quando os estudantes eram avisados de que o teste era neutro em termos de gênero, o que significa que homens e mulheres tinham a mesma probabilidade de apresentar bons resultados, não houve diferença no desempenho. Apenas realçar a possibilidade de haver um desequilíbrio entre meninos e meninas era suficiente para afetar negativamente as notas das alunas, e essas eram as alunas de uma universidade pública de ponta que, como demonstrado por suas conquistas anteriores, tinham as ferramentas necessárias para alcançar uma boa pontuação em matemática.

Curiosamente, experimentos semelhantes foram realizados com meninas que apresentaram baixo desempenho no SAT-M. Esse novo grupo de alunas não tinha bom desempenho em matemática e isso realmente não as incomodava; por isso, suas notas não foram afetadas quando o estereótipo de que "as meninas não sabem matemática" foi trazido à sua atenção. Dizer a alunas que não são nem tão talentosas nem estão tão interessadas em matemática que outras estudantes que fizeram o teste que elas estão prestes a fazer obtiveram resultados ruins, não tem muito efeito, talvez porque essas meninas não se importem realmente em confirmar o preconceito, em primeiro lugar. Em contrapartida, para alunas com a capacidade de vencer e interesse em chegar ao topo, destacar as expectativas de fraco desempenho é bastante ameaçador — daí o nome "*ameaça dos estereótipos*".[21]

Quando mulheres altamente capacitadas tomam conhecimento de como *deveria* ser seu desempenho, elas recrutam mais memória de curto prazo e centros emocionais do cérebro para lidar com essa informação.[22] Esses centros do cérebro, provavelmente, entram em cena para combater os pensamentos negativos e as preocupações que surgem a partir da ideia de que "as meninas não sabem matemática". Mais importante: essas mesmas áreas do cérebro relacionadas com a emoção não são tão ativas quando as diferenças entre os sexos em termos de desempenho matemático não são colocadas em primeiro plano da consciência dessas mulheres. Quando a inteligência que poderia ser dedicada à matemática é redirecionada para controlar preocupações, o aluno conta com menos recursos para apoiar a solução de problemas complexos e, como resultado, seu desempenho sofre.

Basear-se em testes como o SAT, especialmente como base para o tipo de argumento que Summers usou na conferência do NBER, ignora as questões de quais habilidades ou aptidões que tais testes efetivamente medem e se essas medidas são igualmente precisas para todos os examinandos.

As respostas a essas perguntas — que são ainda desconhecidas depois de quase seis décadas — proporcionariam uma visão mais equilibrada e realista da divisão entre as realizações de ambos os sexos em matemática e ciências.

MAIS CEDO NA VIDA

A maioria dos pesquisadores nas áreas de psicologia e do cérebro não teria grandes problemas com algumas das posições apresentadas por Summers, como a ideia de que o raciocínio matemático e científico dos humanos deriva de uma capacidade inata para representar objetos, espaço e números, que se manifesta no início da vida. A questão é: essas habilidades se manifestam com mais força nos meninos do que nas meninas?

Uma maneira de testar as observações de Summers é descobrir se as diferenças entre as habilidades de meninos e meninas que são importantes para matemática e ciências, tais como habilidades espaciais, estão presentes na natureza. Em outras palavras, há provas científicas para apoiar a ideia de que, independentemente do parâmetro analisado, meninas e meninos têm diferentes aptidões intrínsecas para matemática e ciências?

Alguns anos atrás, Susan Levine, uma colega minha da Universidade de Chicago, liderou uma tentativa de fazer exatamente isso.

Susan e sua equipe pediram a mais de 500 meninos e meninas do segundo e terceiro anos da região de Chicago que concluíssem diferentes tarefas espaciais.[23] Uma das tarefas, de rotação de quadrados, é um bom exemplo do que as crianças precisaram realizar. As crianças foram orientadas a selecionar a opção que poderia completar a figura indicada para formar um quadrado. Como podemos ver, para realizar essa tarefa, é preciso girar mentalmente cada uma das figuras para ver se ela realmente forma um quadrado.

A capacidade de girar objetos mentalmente é importante para o sucesso em matemática e ciências e é um aspecto crucial das tarefas que realizamos todos os dias. Basta pensar em como você tem que usar a rotação mental quando está perdido em uma cidade nova e tentando descobrir onde está em relação a uma determinada rua em um mapa, ou se seu carro vai caber em um pequeno espaço onde deseja estacioná-lo. O objetivo de Levine e seus colegas era verificar se existem diferenças entre os sexos nessa habilidade.

Mas os pesquisadores deram um passo à frente e fizeram algo que, à primeira vista, poderia parecer um pouco estranho. Eles analisaram os níveis de renda familiar, ou o que é muitas vezes chamado de status socioeconômico (SES), dos meninos e das meninas testados. A lógica de Levine era a de que, se existem diferenças na capacidade espacial que são inatas a meninos e meninas, os meninos deveriam, então, sempre superar as meninas nas tarefas espaciais. Mas se os meninos só superam as meninas em alguns níveis de renda familiar, mas não em outros, então torna-se difícil defender o argumento de que se tratam de aptidões inatas. Afinal de contas, se as diferenças na habilidade espacial forem determinadas no nascimento, elas não deveriam estar relacionadas com quanto dinheiro a família da criança ganha por ano.

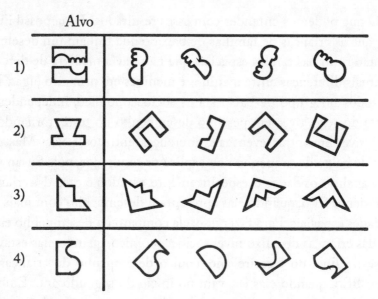

Tarefa de rotação dos quadrados[24]

Os pesquisadores agruparam as crianças testadas em níveis de renda baixa, média e alta, com base em sua renda familiar anual. Em 2000, a renda familiar média para uma família de quatro pessoas em Illinois era de US$ 46.064.

O grupo de renda média no estudo consistia em crianças cujas famílias tinham uma renda semelhante, de US$ 39.373 a US$ 50.733 por ano.

O nível de renda familiar das crianças que estavam no grupo de maior SES variava entre US$ 59.124 e US$ 124.855. Em flagrante contraste, a faixa de renda para o grupo com SES baixo era de US$ 19.371 a US$ 26.242. Um aspecto importante é que Levine garantiu que meninos e meninas estavam igualmente representados em cada um dos níveis de renda.

Ao calcular a média em todos os níveis de renda familiar, os meninos realmente tinham um desempenho melhor do que as meninas. Mas quando Levine analisou um pouco mais de perto seus dados, constatou que essa diferença entre meninos e meninas na habilidade espacial só ocorria com as crianças cujas famílias tinham *mais* dinheiro em termos anuais. Tanto os meninos quanto as meninas das famílias mais pobres apresentaram desempenho igualmente ruim.

O que podemos entender com esses resultados? Uma possibilidade é que as crianças de famílias de baixa renda tinham um desempenho tão ruim nas tarefas espaciais que não havia maneira de detectar eventuais diferenças entre meninos e meninas em primeiro lugar. Talvez todos no grupo de baixo status socioeconômico, independentemente do sexo, tivessem péssimo desempenho no teste, tornando-se impossível encontrar eventuais diferenças entre os sexos. Mas essa ideia de baixo desempenho não explica os resultados, pois Susan voltou a analisar os dados e, especificamente, estudou o caso das crianças com menor SES, quando elas apresentam desempenho com mais habilidades espaciais. Para fazer isso, ela comparou o desempenho espacial das crianças de baixo nível socioeconômico, quando elas estavam quase no final do terceiro ano, com o desempenho de crianças de maior SES, quando elas estavam no início do segundo ano. Embora essas crianças tivessem quase um ano de diferença na escola, esse ano ajudou a colocar todos em pé de igualdade com relação às suas habilidades espaciais. Apesar de todos estarem, em geral, em torno do mesmo nível de habilidade, Susan ainda encontrou o mesmo padrão de resultados: havia, ainda, um desequilíbrio entre meninos e meninas nas famílias de renda média e alta que não existia no nível de renda familiar mais baixo.

Embora os pesquisadores ainda estejam trabalhando para descobrir todos os motivos possíveis para esses achados, eles acham que talvez tenham uma ideia, e decorre das oportunidades que meninos e meninas têm de participar de brincadeiras espaciais. Na verdade, atividades como brincar com Legos, montar quebra-cabeças, explorar seu ambiente e até mesmo jogar *video games* podem ajudar as crianças a desenvolver habilidades espaciais, mas há diferenças entre os sexos e as classes em termos de quem se envolve nesse tipo de jogo.

Vamos usar o exemplo dos Legos. A maioria dos Legos vendidos nos Estados Unidos a cada ano destina-se aos meninos,[25] mas como são caros, são artigo raro entre meninos e meninas de baixa renda. Assim, garotos de famílias de classe média e alta aprimoram suas habilidades espaciais brincando com Legos, diferentemente do que acontece com crianças de famílias de baixa renda.

Os meninos mais novos normalmente também são autorizados a andar sozinhos mais do que as meninas, mas uma criança tem muito mais liberdade para explorar seu entorno e desenvolver habilidades espaciais quando vive em um bairro de classe média ou alta, onde é seguro andar sozinho e se afastar mais de casa. Em resumo, há amplas evidências de que as diferenças nas habilidades espaciais entre meninos e meninas — pelo menos no início da escola primária — são em grande parte ditadas pelas experiências vividas por essas crianças. E acontece que ambientes mais ricos oferecem mais oportunidades para meninos e meninas seguirem caminhos diferentes.

MUITO CEDO NA VIDA

Mostrar que a experiência molda a capacidade espacial na escola primária é informativo. Mas lembre-se de que estudos como o de Susan Levine ainda não nos dizem se as diferenças inatas em termos de habilidades espaciais — ou capacidades relacionadas com matemática e ciências em termos mais gerais — têm efeito muito cedo na vida *antes* da socialização ter alguma chance de assumir o controle. Esse é um problema difícil de lidar, porque o ambiente entra em jogo no segundo em que a criança nasce.

Uma forma de determinar se existem diferenças inatas entre os sexos em termos de aptidão para matemática e ciências é investigar nossos parentes macacos.

Pesquisadores do Yerkes National Primate Center de Atlanta descobriram que, quando têm escolha, os macacos resos machos estão mais predispostos a brincar com brinquedos mecânicos e com rodas, enquanto as fêmeas dedicam a mesma quantidade de tempo a brincadeiras com brinquedos de rodas, pelúcia e bonecas.[26] Se assumirmos que os macacos (tanto machos quanto fêmeas) não foram socializados de forma diferente, como provavelmente acontece com meninos e meninas, e de fato existem trabalhos sugerindo que isso seja verdade,[27] então, fica difícil explicar as diferenças nas preferências de machos e fêmeas somente em função de seu ambiente. Os pesquisadores de

Yerkes acham que as diferenças na exposição pré-natal a hormônios andrógenos masculinizantes explicam as preferências masculinas e femininas inatas dos macacos por brinquedos que desempenham funções diferentes, digamos, brinquedos mecânicos *versus* não mecânicos. Você pode pensar que os macacos bebês veem outros machos brincando assim e simplesmente imitam, mas, se fosse esse o caso, a diferença ainda teria de existir de algum modo.

Alguns pesquisadores acreditam que esses mesmos efeitos hormonais da fase pré-natal também se estendem às crianças. Foi sugerido que meninos recém-nascidos estão geralmente mais focados em objetos (como móbiles no berço) do que meninas recém-nascidas.[28] Esses bebês, provavelmente, não receberam tratamento diferenciado. Se os meninos demonstram preferência por objetos diferentes das meninas, então talvez as diferenças de interesses e de habilidades mecânicas entre os sexos tenha realmente uma base genética.

Claro, se for realmente verdade que os meninos têm um interesse inato por objetos e suas propriedades mecânicas e que as meninas não, então seria esperado que bebês um pouco mais velhos tivessem mais conhecimento espacial dos objetos e fossem mais hábeis na manipulação desses objetos do que as meninas. Afinal, a predisposição inata dos meninos por objetos deveria levá-los a interagir mais com esses objetos. Mas quase nunca é o caso.[29] Em vez disso, meninas recém-nascidas demonstram interesse em objetos e bebês (tanto meninos quanto meninas) exibem conhecimento espacial de objetos. Meninos e meninas, em grande parte, seguem o mesmo caminho de desenvolvimento.

Em suma, a partir de pesquisas com crianças em todas as faixas etárias, até o ensino médio, parece que meninos e meninas compartilham capacidades que permitem que ambos os sexos desenvolvam talentos para a matemática e para a ciência. É claro que a biologia é importante determinante da capacidade cognitiva. Como vimos no Capítulo 3, a genética pode explicar algumas das diferenças no funcionamento cognitivo nas pessoas, mas há pouca evidência para sugerir que essas diferenças inatas estão fortemente enraizadas no sexo. Também não pode ser provado que diferenças biológicas sejam a causa das diferenças no número de homens e mulheres em matemática, ciências e engenharia.

NÃO ACONTECE EM TODO LUGAR

Independentemente de você concordar ou não que existem diferenças inatas nas predisposições de meninas e meninos para desenvolver habilidades espaciais ou gostar de mecânica, certamente é difícil ignorar que as diferenças nos testes de matemática e ciências que Larry Summers identificou não são de natureza universal. Se essas diferenças entre os sexos não ocorrem em todos os lugares, será que as influências inatas podem realmente ser tão fortes?

Recentemente, os economistas da Universidade de Chicago e da Universidade Northwestern obtiveram dados do Programa Internacional de Avaliação de Alunos — PISA (Program for International Student Assessment) de 2003, no qual mais de 276 mil jovens de 15 anos de idade, em 40 países diferentes, realizaram testes de matemática idênticos.[30] Eles descobriram forte relação entre as atitudes de determinado país para com as mulheres e as diferenças entre o desempenho de meninos e meninas em matemática. Quanto mais emancipado o país em seus pontos de vista sobre a igualdade entre homens e mulheres e oportunidades iguais para as mulheres, menores eram as diferenças encontradas nos resultados dos testes entre meninos e meninas.

Em países como a Turquia, por exemplo, onde há enorme defasagem nas atitudes culturais em relação a homens e mulheres, houve marcadas diferenças entre os sexos no desempenho de matemática: os meninos superam as meninas. Mas em países com igualdade entre os sexos, como a Noruega e a Suécia, essa lacuna, essencialmente, desaparece.

Nos Estados Unidos, a desigualdade entre os sexos está bem viva e, como se poderia prever a partir de outros países com as mesmas atitudes, a diferença entre meninos e meninas no teste PISA de matemática é evidente.

Isso seria esperado de uma sociedade que, em pleno 1992, produziu uma boneca Barbie, a "Teen Talk Barbie", que dizia coisas como: "Será que algum dia terei roupas suficientes?" e "Matemática é difícil!".[31]

Considerando que os Estados Unidos lideram a lista em termos de desenvolvimento econômico dos países em que o estudo PISA foi aplicado, esses resultados sugerem que somente o avanço econômico de um país não leva à mesma proficiência em matemática entre os sexos. A eliminação da defasagem entre meninos e meninas no teste de matemática parece resultar da melhoria do papel da mulher na sociedade. Quanto mais emancipadas forem as mulheres, melhores serão as atitudes das suas respectivas sociedades para com as mulheres e a educação, a realização profissional e o sucesso, e menor será a distância entre os resultados de meninos e meninas em avaliações de matemática.

> Há fortes relações entre as atitudes de determinado país para com as mulheres e as diferenças entre o desempenho de meninos e meninas em matemática. Quanto mais emancipado o país em seus pontos de vista sobre a igualdade entre homens e mulheres e oportunidades iguais para as mulheres, menores são as diferenças encontradas nos resultados dos testes entre meninos e meninas.

Em muitos dos países onde as diferenças entre meninas e meninos em matemática *não* estavam evidentes, por exemplo, a Islândia, havia também mais meninas do que meninos com pontuação acima de 99% em matemática. É difícil concordar inteiramente com a visão de Larry Summers de que os homens são mais variáveis em suas habilidades do que as mulheres (e, portanto, têm mais chances de apresentar desempenho excepcional) quando o número de homens nos níveis mais elevados depende de marcos étnicos e culturais.

Estudos como os realizados com os dados do PISA tornam difícil argumentar que fatores genéticos desempenham importante papel na representação diferencial de homens e mulheres em termos de matemática e ciências.

> Se este fosse o caso, então, deveriam existir diferenças entre os sexos em termos de capacidade matemática em todos os países, mas elas não existem.

Em vez disso, os meninos têm melhor desempenho em matemática em países em que as oportunidades dos homens para a educação e o progresso superam as das mulheres e em que as atitudes diante do sucesso de homens e mulheres em matemática não são uniformes. A divisão entre os sexos é muito mais complicada do que Summers deixou transparecer.

O QUE HÁ EM UM NOME?

Taylor, uma veterana na Marin High, sempre assistiu a todas as aulas de matemática e de ciências disponíveis na escola. Ela gostava do material e achava as aulas interessantes em seus desafios. Uma das aulas que Taylor mais gostava era a de cálculo AP, exclusiva para os melhores alunos de matemática da escola. Consciente de que havia mais meninos do que meninas em sua turma, Taylor nunca tinha pensado muito nessa diferença. Como já vimos, as diferenças inatas entre os sexos não são uma causa provável da composição da aula de cálculo de Taylor e não explicam a ampla diferença existente entre homens e mulheres nas carreiras de matemática e ciências. Então, o que explica essa diferença? Já falamos sobre as oportunidades diferenciadas para meninos e meninas em termos de ensino de matemática e aptidões espaciais, e existem ainda fatores muito mais sutis do que esses que afetam o desequilíbrio nas carreiras em matemática e ciências.

Um fator é tão simples quanto o nome da menina. O economista David Figlio revelou que quanto mais feminino é o nome de uma menina, menor será a probabilidade de ela estudar cálculo no ensino médio.[32] Figlio argumenta que as meninas com mais nomes femininos (Isabella e Anna, por exemplo) associam-se mais com os ideais femininos e recebem tratamento sistematicamente diferenciado dos pais, professores e colegas do que as meninas com nomes menos femininos (Taylor ou Madison, por exemplo). O resultado final é que as meninas com nomes mais femininos são atraídas para os cursos tradicionalmente femininos, como humanidades e línguas estrangeiras, e se afastam de disciplinas como matemática e ciências.

Se os fatores genéticos desempenhassem um papel importante na representação diferencial de homens e mulheres em termos de matemática e ciências, existiriam diferenças na capacidade matemática entre os sexos em todos os países, mas elas não existem.

Claro, a ideia de que algo tão simples quanto o nome de uma menina possa contribuir para a divisão entre os sexos é ousada, por isso, quando Figlio a propôs, ele tinha de ter certeza de que tinha como fundamentá-la. Ele tem. Por exemplo, você pode estar pensando que um motivo óbvio pelo qual o nome de uma menina pode estar relacionado com sua tendência a ter aulas de cálculo e física é sua educação. Talvez as garotas com nomes mais femininos sejam criadas em lares em que os pais são mais propensos a criar um ambiente que segue orientação e identidade sexuais tradicionais, e por isso essas meninas não gostam de disciplinas tradicionalmente dominadas pelos homens. Mas a influência da família não pode realmente explicar os dados de Figlio, porque ele analisou especificamente como os nomes de *irmãs* com alto desempenho se correlacionavam com sua tendência de selecionar aulas avançadas de matemática e ciências no ensino médio. Felizmente, os pais, muitas vezes, dão nomes bem diferentes a irmãs, pelo menos no que diz respeito à sua feminilidade — o que permitiu a Figlio boa oportunidade para testar sua hipótese de que um nome pode influenciar a carreira acadêmica de uma menina, mesmo levando em conta o ambiente doméstico no qual ela foi criada.

Figlio avaliou todos os cursos escolhidos pelos estudantes do ensino médio matriculados em um distrito escolar grande da Flórida, entre 1995 e 2001. Ele, então, investigou se o nome das meninas (e especificamente a feminilidade de seu nome) tinha alguma relação com a escolha de aulas de cálculo e de física — cursos de matemática e ciências que geralmente são selecionados apenas pelos alunos com mais alto desempenho. Figlio descobriu que meninas com mais nomes femininos tinham de fato menos propensão a escolher cursos avançados de cálculo e física do que suas irmãs com nomes menos femininos.

Para realizar esse tipo de análise David Figlio tinha que descobrir o que tornava o nome de uma menina mais ou menos feminino. Esta não é uma tarefa fácil, especialmente se quisermos avaliar o grau feminilidade sem levar em conta sua própria subjetividade ou conotações culturais particulares do que torna um nome feminino. Mas Figlio encontrou uma maneira.

Em poucas palavras, ele separou os nomes mais populares para meninas nos Estados Unidos em seus fonemas.[33] Os fonemas são as combinações particulares de sons que compõem as palavras (por exemplo, o "a" de "Isabella"). Usando todos os nascimentos no estado da Flórida de 1989 a 1996, Figlio criou um modelo matemático que relacionava a probabilidade de determinado fonema estar associado com o sexo feminino. Alguns fonemas tendem a aparecer muito mais em nomes de meninas, como, por exemplo, o "a" de "Isabella". Quanto maior o número de fonemas em determinado nome que fossem indicativos do sexo feminino, mais feminino Figlio considerava aquele nome. No lado altamente feminino na classificação de Figlio estão nomes como Kayla e Isabella. No outro extremo, Taylor, Madison e Alexis.

De acordo com Figlio, então, um fator que contribui para explicar por que muitas meninas evitam matemática e ciências é simplesmente seu nome próprio.

Depois de reconhecer que o nome de uma menina pode afetar seu percurso acadêmico, basta um pequeno passo para procurar outras contribuições sutis para as diferenças entre os sexos em termos de matemática e ciências. Na verdade, apenas estar consciente do número de meninos e meninas em um ambiente pode de fato determinar se uma estudante vai querer se colocar nessa situação. Quanto maior a proporção de meninos para meninas, menor a probabilidade de que uma menina escolha participar. Isto é verdadeiro mesmo se a menina tem interesse na atividade em questão.

Quando alunos com especialização em matemática e ciências da Universidade de Stanford, por exemplo, foram convidados a assistir a um vídeo sobre uma conferência de liderança científica que a universidade supostamente ofereceria durante o verão e a responder se desejariam participar da conferência, as estudantes tendiam a ter menos interesse se o vídeo publicitário mostrasse evidente maioria de homens na plateia — apesar de o tema da conferência estar centrado em sua área de concentração. No entanto, quando o vídeo retratava um número igual de participantes na conferência, as mulheres de Stanford demonstravam interesse em participar também. A composição de homens e mulheres na conferência não tinha efeito algum sobre o número de estudantes do sexo masculino que queriam participar. A demografia dos vídeos publicitários só surtia efeito sobre as pessoas (mulheres) que já tinham consciência de um desequilíbrio em seus próprios cursos.[34]

De acordo com Claude Steele, um dos psicólogos da Universidade de Stanford que conduziu o estudo sobre a conferência científica, as pessoas tacitamente avaliam suas perspectivas de sucesso em áreas acadêmicas como matemática e ciências, e os seus interesses acompanham essas avaliações. Nosso interesse em uma área de estudo aumenta quando as perspectivas parecem favoráveis, quando vemos outras pessoas como nós terem sucesso. Quando há menos evidência de que podemos ser bem-sucedidos (como barreiras enfrentadas pelas mulheres em cursos de matemática e ciências de alto nível), o interesse e a vontade de participar diminuem.[35] Pense nisso por um segundo. O resultado final é que temos uma profecia forte que se autorrealiza. O desequilíbrio entre homens e mulheres nas ciências afeta negativamente o interesse que as mulheres têm em buscar oportunidades nessas áreas. Como resultado, as mulheres tendem a não participar muito, reforçando o desequilíbrio, e o ciclo continua. Você talvez esteja interessado em saber que quando a psicóloga Mary Murphy, outra autora que participou do estudo sobre a conferência científica, estava em Stanford, ela percebeu que o prédio onde o departamento de matemática fica só tinha um banheiro feminino — e era no porão. Quando existem pistas em toda parte de que as mulheres não estão representadas de forma significativa em termos de matemática e ciências, um número ainda menor de mulheres segue carreira nessas áreas, e nada muda.

E OS MENINOS?

Até agora temos focado principalmente em situações em que os meninos superam as meninas em ciências e matemática. E o contrário?

Durante várias décadas considerava-se que falar sobre as desvantagens educacionais que os meninos podem enfrentar na escola trazia conotações sexistas ou demonstrava uma atitude "antifeminina". Se você se concentrasse nas dificuldades escolares dos meninos, talvez fosse acusado de ignorar as meninas ou, no mínimo, correria o risco de cair nos estereótipos da década de 1950 de que os meninos são indisciplinados e não sossegam na escola, enquanto as meninas são boas em cumprir seus deveres. Mas esta atitude está mudando. Nos últimos anos tem havido um esforço para evidenciar as dificuldades que os meninos enfrentam na sala de aula e muitos dados comprovam que os meninos, por vezes, estão aquém das meninas, especialmente nos níveis do ensino fundamental.

Vamos considerar o distrito escolar de Wilmette, no subúrbio de Chicago, que Peg Tyre descreve em seu livro de 2008, *The Trouble with Boys*. Esse distrito decidiu analisar as "desigualdades de gênero ao inverso", quando o novo superintendente da escola, o Dr. Glenn "Max" McGee, assumiu e percebeu que os meninos não apenas tinham mais probabilidade de obter notas baixas, mas que as meninas estavam realmente superando os meninos nas séries iniciais, especialmente em matérias como interpretação de texto e redação.[36] Wilmette tomou uma série de medidas para tornar suas matérias mais agradáveis a todos os alunos e garantir que houvesse bastante tempo fora da sala de aula para gastar a energia que os alunos indisciplinados poderiam levar para as aulas. Os professores acham que está funcionando, mas, apesar do reconhecimento de que os meninos podem ficar atrás das meninas em alguns casos, o fato é que, à medida que os alunos avançam na escola, os meninos ainda conseguem melhores resultados do que as meninas em exames importantes.

Simplificando, os meninos alcançam maiores notas do que as meninas nos testes padronizados de matemática e ciências a partir do final do ensino médio e na faculdade. Basta dar uma olhada nas estatísticas dos testes de Advanced Placement (AP) divulgados pelo College Board todos os anos nos Estados Unidos. Os exames AP são testes realizados por alunos do ensino médio como forma de obter créditos antes mesmo de iniciarem seus cursos universitários.

Mais meninos do que meninas fazem os testes AP de matemática, física, cálculo e química, para citar alguns, e uma porcentagem maior de meninos consegue ótimo resultado. Em 2007, 46,5% dos rapazes que fizeram o teste AP de cálculo pontuaram acima da média — 4 ou mais na escala de 5 pontos — em comparação com apenas 37,4% das meninas.[37] A disparidade entre os resultados de rapazes e moças nos testes AP traz profundas implicações para o avanço dos campos da ciência e engenharia. No mínimo, se os meninos têm melhor desempenho do que as meninas, eles estão em vantagem na obtenção de créditos universitários e na hora de escolher cursos de nível mais avançado quando de fato se matricularem. Nos altos escalões da matemática e da ciência, pelo menos nos países onde a igualdade entre os sexos ainda não chegou a bom termo, parece haver significativa divisão, com os meninos superando as meninas.

ONDE ESTAMOS AGORA?

Apesar de as mulheres representarem mais da metade de todos os diplomas de graduação concedidos, elas estão muito menos representadas na maioria das disciplinas de ciência, tecnologia, engenharia e matemática e representam uma minoria nos cargos de docência acadêmica nessas áreas — uma proporção que diminui à medida que a hierarquia do corpo docente aumenta. Essas diferenças entre os sexos não é vista apenas no mundo acadêmico — se estendem a posições longe das torres de marfim também.

Os comentários de Larry Summers na conferência do NBER levaram cientistas e não cientistas a revisitarem questões de representação igual de homens e mulheres nas áreas de matemática e ciências. As mulheres estão muito mal-representadas nos mais altos níveis nesses domínios. Ainda que a biologia desempenhe um papel no desenvolvimento e no sucesso das pessoas, boa parte das provas sugere que (a) meninas e meninos vêm ao mundo com capacidades mais ou menos iguais para se tornarem cientistas e engenheiros e que (b) sutilezas do ambiente — que vão desde o nome da criança até a renda dos seus pais — podem ter grande efeito sobre se essa criança atingirá os mais altos níveis de capacidade e técnica.

Simplesmente fazer o tipo de comentário que Larry Summers fez durante sua palestra no NBER é suficiente para diminuir o desempenho das meninas em situações de testes importantes. Como vimos, se estudantes universitárias forem convidadas a fazer um teste de matemática difícil e forem lembradas sobre as diferenças existentes entre os sexos em termos de resultados e realizações na matemática, seu desempenho é prejudicado em relação ao dos alunos do sexo masculino. Trabalhos recentes do meu laboratório mostram que esse efeito de estereótipo é mais provável de ocorrer em testes importantes onde existe muita pressão e todos querem apresentar seu melhor desempenho desesperadamente. Situações de alta pressão ampliam as sutilezas do ambiente que já abordamos, e não apenas contribuem para a divisão entre os sexos, mas também para a lacuna de desempenho racial.

Trazer à tona estereótipos negativos sobre qual deve ser o desempenho do seu sexo ou grupo racial — meninas não sabem matemática; negros não são inteligentes; homens brancos não conseguem pular — é suficiente para dar origem a uma espiral de dúvida e baixa autoestima que consome recursos valiosos do cérebro que poderiam, de outro modo, ajudar na tarefa em questão — recursos esses que já são escassos em situações que envolvem alta tensão.

Resumindo, a mera consciência dos estereótipos pode levar a bloqueios em situações de intensa pressão.

No capítulo seguinte vamos apresentar mais detalhes sobre como ocorre o bloqueio sob pressão em testes importantes — independentemente das diferenças entre os sexos, raças ou desejo de realizar o seu melhor. Perguntamos que condições exacerbam o desempenho abaixo do esperado e exploramos como algumas pessoas se sobressaem enquanto outras falham quando há muito em jogo e tudo depende do seu próximo lance.

> A mera consciência dos estereótipos pode levar a bloqueios em situações de intensa pressão.

CAPÍTULO CINCO

LEVANDO BOMBA NO TESTE

POR QUE BLOQUEAMOS EM SITUAÇÕES DE PRESSÃO NA SALA DE AULA

Jared, do nono ano, nunca deu muita importância à matemática. Aluno nota 10 em matérias que vão do inglês à história, ele nunca se preocupou muito com sua capacidade de se destacar na escola. Matemática não era exceção, até ele começar a estudar para o pré-SAT, ou PSATs (PSAT é um exame preliminar para praticar para o exame SAT real, a ser realizado alguns anos mais adiante). Tirar uma boa nota no PSAT é um bom presságio para o resultado do SAT. Um desempenho excepcional no PSAT pode também transformar o aluno em "Finalista de Mérito Nacional", que aumenta muito suas chances de ser admitido na maioria das universidades de elite.

Os pais de Jared se conheceram quando ambos eram estudantes na Universidade de Princeton, e esperavam, desde o nascimento dele, que Jared também frequentasse a prestigiada instituição. No entanto, já no primeiro ano do ensino médio, Jared começou a se preocupar se aguentaria a pressão. Os pais de Jared sugeriram recentemente que ele se matriculasse em um curso preparatório para o teste PSAT para lhe dar um impulso extra do qual todo aluno pode se beneficiar na competição atual pelas melhores notas e escolas. Jared teve de admitir que realmente precisava de prática.

Cerca de dois meses antes do grande dia do teste PSAT, Jared, que é afro-americano, chegou para sua primeira aula de preparação para o teste. Jared encontrou um lugar vazio no fundo e sentou-se exatamente na hora que o instrutor, um rapaz esnobe com quase 30 anos, entrou na sala. O instrutor tinha aquele olhar de arrogância acadêmica que só caras com *pedigree* educacional perfeito têm (dos internatos só para brancos para as universidades da Ivy League), e apresentou-se como candidato ao doutorado em matemática. Ele disse a Jared e à turma que saber o básico e ser capaz de colocá-lo em prática rapidamente e sem dificuldades eram a chave para ir bem na parte de matemática do PSAT. Resolver as partes simples de um problema permite dedicar mais tempo e energia às partes complicadas, que se ocultam sob a superfície. Reconhecer essas partes complicadas, afirmou o instrutor de Jared com riso abafado, separava aqueles que ficariam nas escolas estaduais de quem iria cursar as melhores universidades do país (Ivy League).

O professor escreveu um problema no quadro na frente da sala e começou a chamar os alunos, um por um, para resolver os problemas o mais rápido que podiam. Quando o nome de Jared foi chamado e ele se posicionou na frente da classe, lembrou-se de que era o mestre do básico. "Tranquilo." Então, percebeu o instrutor e todos os seus colegas — todos brancos, aliás — olhando para ele. "Será que esses caras estão surpresos de ver um negro aqui?" Jared pensou, aborrecido. Ou será que eles estão imaginando se eu sei como somar e subtrair?

De repente, os sentimentos de irritação de Jared se transformaram em pânico e uma nova onda de pensamentos atravessou sua mente: E se eu não conseguir? E se eu não me lembrar como resolver sequer esses problemas mais simples? E se eu parecer um idiota na frente do meu instrutor gênio da matemática e todos esses caras brancos? E se eu não me sair bem no teste do próximo mês ou no SAT de verdade no ano que vem? E se eu não passar para Princeton? Quando o instrutor tossiu rudemente, interrompendo o momento de pânico de Jared, ele percebeu que estava em frente ao quadro, com a caneta na mão, com o problema "32 − 18 : 3 = ?" diante dele. Em vez de pensar se deveria primeiro subtrair ou dividir, tudo o que ele conseguia pensar era: "Que droga."

* * *

Qual é o primeiro passo para resolver o problema de matemática de Jared? Em certo sentido, a resposta é muito simples. As regras padrão da ordem das operações em matemática dizem que a divisão vem antes da subtração, de modo que o primeiro passo é dividir 18 por 3. E o seguinte? Subtrair esta resposta de 32. Bastante simples.

Mas se Jared se esquecer da ordem das operações e, em vez disso, por causa do pânico, automaticamente começar a trabalhar no problema da esquerda para a direita, porque está acostumado a ler neste sentido, vai errar o problema. Se Jared lembrar de computar 18 : 3 primeiro, e até chegar à resposta 6 com sucesso, mas, por causa de seu monólogo interno de preocupações, esquecer de que está com 6 na cabeça e, em vez disso, substituí-lo por 8, ele também terá errado o problema.

À primeira vista, tais erros podem parecer surpreendentes, uma vez que este é um problema bastante simples para um bom aluno do nono ano como Jared, que frequentou vários cursos de matemática na escola e sempre cumpriu de forma impecável as regras da ordem de operações desde que as aprendeu. No entanto, embora calcular a resposta à pergunta "32 − 18 / 3 = ?" possa funcionar sem problemas quando você está sozinho ou quando não há pressão para ter sucesso, sua reação pode ser completamente diferente quando você está na frente de um grupo de pessoas que esperam que você se dê mal.

Como resolver um problema de matemática diante de uma turma inteira afeta a capacidade do aluno de chegar a uma resposta correta? Como o fato de estar em uma situação de teste importante atrapalha o desempenho? O que dizer quando as pessoas não estão em uma situação de teste, mas têm dificuldades para calcular a gorjeta na conta do jantar, na presença de seus amigos ou colegas? Por que os olhares dos nossos amigos, especialmente dos bem-educados, podem perturbar a capacidade de calcular rapidamente 20% de 86 dólares, por exemplo? Ou, e se Jared não estivesse apenas recebendo olhares de seus colegas do exame preparatório, mas também ouvindo alguém dizer: "Talvez os homens brancos não saibam pular, mas pelo menos sabem fazer conta." Embora as pessoas certamente possam ser motivadas a dar o melhor de si sob pressão, esses ambientes podem levá-las ao extremo oposto. A expressão "bloquear sob pressão" foi usada para descrever o que acontece quando as pessoas apresentam desempenho inferior ao que são capazes em situações importantes. Mas esse bloqueio no desempenho pode ocorrer mesmo em situações de menos tensão, como em um exercício como o que Jared precisou fazer. Simplesmente estar ciente do fato de que os colegas de Jared podem realmente acreditar que existem diferenças raciais na capacidade matemática dele é suficiente para atrapalhar seu desempenho, mesmo que Jared não acredite nessas diferenças raciais.

Nos capítulos anteriores abordamos alguns fatores que influenciam o desempenho bem-sucedido nos esportes, nos estudos e nos negócios. Neste capítulo vamos analisar o outro lado da moeda; perguntamos por que, às vezes, não conseguimos ter êxito sob pressão. Nosso objetivo é desvendar os segredos por trás do fracasso para que possamos entender como evitar isso em situações de vida ou morte. Vamos também aprender alguma coisa sobre quem está mais propenso a bloquear sob pressão — conhecimento esse que virá a calhar para prever o desempenho em sala de aula, na sala de reuniões, no campo de jogo e praticamente em todas as situações da vida.

ANSIEDADE MATEMÁTICA

Então, por que Jared fica paralisado diante do quadro? Durante anos os pesquisadores vêm estudando por que as pessoas que são excessivamente preocupadas com a matemática acabam apresentando fraco desempenho, apesar de serem competentes nas tarefas em que a matemática não está envolvida. Indivíduos ansiosos em relação à matemática são tomados por sentimentos de medo quando estão diante de um quadro-negro tentando resolver um problema ou quando têm que fazer um teste de matemática. Pessoas com ansiedade matemática têm até mesmo pavor de assistirem uma aula de matemática; só pensar em fazer cálculos para pagar a conta do restaurante pode deixá-las em pânico.

Mas Jared não se enquadra na categoria "ansioso por causa da matemática". Ele gosta de matemática e é excelente nessa matéria. No entanto, seu desempenho é ruim por algumas das mesmas razões pelas quais a ansiedade matemática crônica impede que outras pessoas tenham capacidade de fazer contas. Isso significa que podemos estudar as pessoas que têm ansiedade matemática e, a partir do que aprendermos, descobrir como é estar na pele de Jared.

Até recentemente, a maioria dos especialistas em educação acreditava que as pessoas com ansiedade matemática apresentam desempenho ruim simplesmente porque não adquiriram as competências necessárias para ser bom em matemática. Pessoas com ansiedade matemática evitam cursos de matemática, aprendem menos quando são forçadas a frequentar aulas de matemática e fogem de carreiras relacionadas com a matemática. O resultado final são muitas pessoas com alta ansiedade matemática que não sabem muita matemática.

Mas a visão de que a ansiedade matemática é apenas uma desculpa para o mau desempenho na matéria está mudando, devido, em grande parte, ao trabalho do psicólogo Mark Ashcraft, que descobriu que um dos grandes motivos pelos quais as pessoas ansiosas se dão mal em testes de matemática é que as ansiedades que experimentam enquanto estão resolvendo contas desviam recursos intelectuais (como memória de curto prazo) da matemática em si. Quando preocupações e dúvidas sobre sua própria competência invadem o cérebro, é muito difícil para a pessoa funcionar corretamente. Naturalmente, quando você estiver executando uma atividade que é mais bem-realizada no piloto automático (como a *forehand*, ou a direita, no tênis, que você já bateu perfeitamente milhares de vezes no passado), talvez a distração não seja tão ruim assim — é o excesso de controle resultante da preocupação que realmente pode atrapalhá-lo nessas tarefas atléticas automatizadas (este tópico será retomado em mais detalhes nos próximos capítulos). Mas quando você lida com números e cálculos em sua cabeça, e as preocupações esgotam os recursos da memória de curto prazo necessários para que você se concentre efetivamente, seu desempenho pode ser prejudicado.

A preocupação também explica muitos dos problemas de Jared diante da turma. Jared está em uma situação em que deve demonstrar sua competência e, em vez de pensar sobre o problema de matemática em questão, ele está pensando que as pessoas ao seu redor esperam que ele se dê mal, porque é negro.

Assim como acontece com os avessos à matemática, a preocupação de Jared com a situação em si o leva ao fracasso.

Ashcraft começou a carreira estudando como as pessoas aprendem matemática, então, agora que sua pesquisa está centrada em entender o que causa a alta ansiedade matemática, ele está constantemente sendo questionado sobre o que levou à mudança de seus interesses. Para responder Mark conta a história da filha que estava fazendo sua lição de matemática da escola na mesa da cozinha um dia. Como pesquisador na área de matemática, ele estava, obviamente, muito interessado em saber o que ela aprendera, por isso Mark perguntou por que ela multiplicava antes de somar. Ela respondeu com raiva: "É assim que se faz."

Aparentemente, foi exatamente isso que a professora tinha dito quando um de seus colegas fez a mesma pergunta. A professora não deu nenhuma explicação para a ordem das operações; ela ficou na defensiva, porque, provavelmente, não sabia a resposta e estava nervosa com as contas. De fato, como Mark descobriu em seu trabalho, os estudantes das faculdades de letras e educação que depois passam a ser professores do ensino fundamental têm os maiores níveis de ansiedade matemática do que qualquer curso superior nos Estados Unidos.[1] Este fato nos faz questionar as habilidades de alguns professores e levou Mark a investigar a ansiedade matemática.

Mark Ashcraft concentrou grande parte de seu trabalho sobre ansiedade matemática em estudantes universitários. Isso se deve em grande parte ao fato de a faculdade ser o lugar onde são feitas as escolhas profissionais e onde a vontade de evitar aulas de matemática pode fazer com que os alunos sigam uma carreira específica. A propósito, quando um estudante opta por carreiras nas áreas de letras e educação, ele escolheu um currículo que, em geral, inclui pouca matemática. Para descobrir que alunos apresentam mais ou menos ansiedade matemática, Ashcraft pede às pessoas para responder a perguntas sobre seu grau de nervosismo diante de situações relacionadas com a matemática como "fazer um teste surpresa" ou "ler o cupom fiscal". Os alunos que relatam que odeiam essas situações são classificados como tendo alta ansiedade matemática. Os alunos que relatam que essas situações são "tranquilas" são classificados como tendo baixo nível de ansiedade matemática. As perguntas[2] estão indicadas a seguir:

Qual o seu grau de ansiedade sobre as seguintes atividades?

1. Ganhar um livro de matemática.
2. Assistir um professor resolver um problema de álgebra no quadro-negro.
3. Inscrever-se em um curso de matemática.
4. Ouvir outro aluno explicar uma fórmula matemática.
5. Caminhar para a aula de matemática.
6. Estudar para um teste de matemática.
7. Fazer a parte de matemática de um teste padronizado, como um teste de desempenho.
8. Ler um cupom fiscal depois de comprar algo.
9. Fazer um exame (teste) em um curso de matemática.
10. Fazer uma prova (final) em um curso de matemática.
11. Receber uma série de problemas de adição para resolver no papel.
12. Receber uma série de problemas de subtração para resolver no papel.
13. Receber uma série de problemas de multiplicação para resolver no papel.
14. Receber uma série de problemas de divisão para resolver no papel.
15. Pegar o livro de matemática para começar a trabalhar em uma tarefa de casa.
16. Receber como lição de casa muitos problemas difíceis de matemática, que deverão ser entregues na aula seguinte.
17. Pensar sobre um teste de matemática programado para a semana seguinte.
18. Pensar sobre um teste de matemática programado para o dia seguinte.
19. Pensar sobre um teste de matemática programado para daqui uma hora.
20. Perceber que você precisa assistir a determinado número de aulas de matemática para cumprir os requisitos para a formatura.
21. Pegar um livro de matemática para iniciar uma tarefa de leitura difícil.
22. Receber o boletim com sua nota final de matemática.
23. Abrir um livro de matemática ou estatística e ver uma página cheia de problemas.
24. Preparar-se para estudar para um teste de matemática.
25. Fazer um teste surpresa em uma aula de matemática.

Você talvez imagine que as pessoas hesitariam em admitir que sentem ansiedade em relação à matemática, mas não hesitam. Como Ashcraft explica, é socialmente aceitável nos Estados Unidos dizer que você é ruim em matemática.

Essa atitude é muito diferente das atitudes que os norte-americanos têm em relação a outras matérias acadêmicas. Ninguém se gaba de não saber ler. Talvez porque seja mais fácil evitar as tarefas relacionadas com a matemática do que as relacionadas com a leitura, as pessoas sentem que não há problema em admitir que não gostam de matemática, mas nossa fobia socialmente aceita da matemática é um problema. O ranking dos EUA em proficiência matemática em relação a outros países é baixo.[3] Claro, o fato de que as pessoas estão dispostas a falar sobre sua ansiedade matemática facilitou o trabalho de Ashcraft.

Em um estudo,[4] Ashcraft começou fazendo com que os estudantes universitários resolvessem problemas de adição simples de cabeça como "7 + 9 = ?" ou "16 + 8 = ?". Muito fácil. Mas, então, ele tornava o exercício um pouco mais interessante. Ashcraft pedia aos alunos para resolver mais alguns problemas, mas dessa vez eles recebiam seis letras aleatórias (como "BLFMCX") para guardar na memória enquanto descobriam as respostas de matemática. Depois de resolver os problemas de matemática, os alunos repetiam as letras que haviam memorizado para um examinador sentado ao lado deles.

Todo mundo apresentava ótimo desempenho na tarefa de matemática em si. Era bastante simples e eles eram estudantes universitários, afinal de contas. Mas quando tinham que realizar a tarefa de adição e a tarefa de memorizar as letras, o desempenho em matemática não foi tão bom. Fazer duas coisas ao mesmo tempo é geralmente mais difícil do que fazer uma coisa de cada vez, por isso, os resultados de Ashcraft não são tão surpreendentes, mas os alunos que tinham mais alta ansiedade matemática apresentaram mais erros de matemática quando resolviam os problemas de adição, tentando, ao mesmo tempo, lembrar as letras. Claro, os estudantes com baixa ansiedade matemática tiveram um desempenho um pouco pior quando tiveram de realizar os cálculos e memorizar as letras ao mesmo tempo, mas seu desempenho não foi tão ruim quanto o dos alunos com aversão à matemática. Dito de outro modo, aqueles com fobia de matemática, quando confrontados com problemas de adição e a memorização das letras, entravam em colapso.

Acontece que essa tarefa secundária não teria sido um problema se as pessoas estivessem tentando aprender um novo idioma em vez de realizar cálculos de cabeça. De fato, na aprendizagem de línguas, a distração pode ajudar. Conforme discutido no Capítulo 2, para tarefas que funcionam melhor fora da memória de curto prazo, tais como absorver uma nova língua ou bater um *putt* fácil em golfe, a distração pode nos ajudar a nos afastar das especificidades (como aprender apenas combinações de palavras específicas durante o aprendizado da segunda língua ou concentrar demasiada atenção no desenvolvimento da tacada do golfe). No entanto, quando as pessoas estão tentando conciliar várias coisas na mente ao mesmo tempo — digamos um problema de matemática, as preocupações sobre as contas em si e várias letras aleatórias —, algo dá errado. E começa com a matemática.

Voltando à matemática: como todos os alunos, independentemente da ansiedade matemática, tinham condições de resolver a adição simples com perfeição, quando a tarefa de memorização das letras não estava envolvida, esses resultados não podem simplesmente ser explicados pela premissa de que os indivíduos com ansiedade matemática sabem menos matemática. Em vez disso, Ashcraft acredita que, quando pessoas com ansiedade matemática fazem contas, elas se preocupam — com a matemática, com o seu desempenho, com seu status perante o grupo. Esses pensamentos consomem a memória de curto prazo de modo que eles não têm capacidade intelectual suficiente para concentrar-se na matemática em si.

Quando as pessoas com ansiedade matemática estão apenas fazendo contas, as preocupações que inundam seus cérebros não são um problema tão grande. As pessoas têm memória de curto prazo ou capacidade cognitiva suficiente para abarcar as preocupações e os cálculos matemáticos simples. Mas quando indivíduos com ansiedade matemática têm de executar uma tarefa de matemática e também memorizar letras, não há espaço para preocupações. Algo é sacrificado e, infelizmente, não é a preocupação, mas a matemática.

Embora Jared não sofra de ansiedade matemática em geral, quando ele está diante do quadro no curso preparatório, ele está se preocupando exatamente como alguém que é avesso à matemática. E apesar de Jared não ter que memorizar letras enquanto faz as contas, o problema que ele tem de resolver ("32 – 18 / 3 = ?") exige que ele memorize várias coisas ao mesmo tempo. Assim, quando as preocupações entram em cena, a capacidade matemática de Jared sofre.

REVELANDO O CÓRTEX PRÉ-FRONTAL

Meu Laboratório de Psicologia da Universidade de Chicago está disposto como a sala que Jared vai encontrar quando fizer seu simulado do SAT. Há mesas com computadores onde os alunos podem sentar-se sozinhos ou em grupo e há um examinador, geralmente um dos meus alunos de pós-graduação, que atua como inspetor.

Ultimamente, no meu laboratório, estamos muito interessados em testar situações como a de Jared. Meus alunos e eu queremos saber como a consciência das pessoas sobre um estereótipo negativo que os outros têm a seu respeito pode resultar em desempenho ruim — estereótipos tais como "Meninas não sabem fazer conta"; "Os pretos não são muito inteligentes" e até "Os brancos não conseguem pular". Como vimos no Capítulo 4, a expressão *ameaça dos estereótipos* foi cunhada para descrever esse fenômeno. Curiosamente, quando estereotipadas dessa maneira, as pessoas não têm um desempenho tão ruim por causa de alguma habilidade inerente inferior, mas porque estão conscientes de como *deveria* ser seu desempenho. Ainda mais perigoso é que quem está realizando a tarefa não tem que aprovar o estereótipo; basta pensar que os outros acreditam nele.

Em um dos primeiros estudos a explorar a ameaça dos estereótipos, os psicólogos Claude Steele e Joshua Aronson pediram a estudantes afro-americanos e brancos de alto desempenho na Universidade de Stanford que completassem uma parte do Graduate Record Exam (GRE).[5] Antes de fazê-lo, alguns alunos tinham de responder a algumas perguntas, incluindo sua raça. Outros alunos não precisavam informar sua raça.

Os investigadores não encontraram diferenças de desempenho no GRE entre brancos e negros quando a raça não era informada. Mas quando os alunos informavam sua raça antes do teste, o desempenho dos afro-americanos era pior do que o dos brancos. Fazer os alunos identificarem sua raça os fez pensar sobre o estereótipo de que "os negros não são tão inteligentes quanto os brancos". Essa ideia é suficiente para prejudicar o desempenho dos alunos negros em situações em que a inteligência está sendo avaliada.

O dano que ocorre quando as pessoas se tornam conscientes de um estereótipo negativo sobre sua capacidade é ainda mais pernicioso do que simplesmente causar mau desempenho. As pessoas que são altamente qualificadas e que dão grande importância à sua competência são as mais atingidas pelas suposições negativas sobre sua capacidade de alcançar o sucesso. Basta pensar nos alunos negros de Stanford. Você esperaria que os alunos de uma das mais prestigiadas universidades dos Estados Unidos tenderiam a desaprovar um estereótipo negativo sobre a inteligência em vez de revelá-lo. Como esses alunos de alta capacidade não querem perpetuar um estereótipo e como estão conscientes disso, essas preocupações comprometem seu desempenho, e essas pessoas altamente capazes são as que mais sofrem.

> Apenas estar ciente de um estereótipo pode prejudicar seu desempenho.

Na verdade, não é só o desempenho das pessoas constantemente conscientes dos preconceitos contra sua inteligência — como um garoto negro de uma sala cheia de alunos brancos ou uma menina prestes a fazer a prova de matemática do SAT — que é prejudicado quando surgem expectativas negativas. Os brancos têm pior desempenho no SAT quando são lembrados de que os asiáticos são bons em matemática ou quando a qualidade do seu currículo educacional é questionada.[6] Vamos dar um passo atrás por um segundo e analisar o cérebro para descobrir exatamente como surge esse desempenho debilitado.

Até este ponto, eu descrevi a memória de curto prazo como uma força motriz de capacidade geral, o que significa que ela sustenta nossa capacidade de trabalhar com a informação, independentemente do seu teor. Outra maneira de pensar sobre a memória de curto prazo é como um bloco de notas mental flexível. A memória de curto prazo ajuda a manter as informações relevantes (e a descartar as irrelevantes) quando você executa determinada tarefa. Quando as preocupações inundam o cérebro, quaisquer que sejam, elas esgotam os recursos da memória de curto prazo que, de outro modo, estariam disponíveis, e o seu desempenho pode ser prejudicado.

A memória de curto prazo encontra-se no córtex pré-frontal, que funciona com todos os diferentes tipos de informação, mas certas partes do córtex pré-frontal estão direcionadas para apoiar determinados tipos de informação.[7] Tarefas que são de natureza mais verbal, por exemplo, tendem a ativar áreas do córtex pré-frontal esquerdo. Isso ocorre porque fazer algo verbal, como lembrar de um número de telefone, envolve a linguagem e, na maioria dos adultos, as áreas do cérebro que apoiam a linguagem estão restritas, em grande parte, ao lado esquerdo do cérebro. Em contraste, acredita-se que as tarefas espaciais, como girar uma imagem em sua mente, ocorrem mais no córtex pré-frontal direito. Isto significa que, apesar de sua capacidade cognitiva poder ser considerada bastante geral por natureza, também é possível dividi-la em grupos separados de recursos mentais dedicados a trabalhar com tipos específicos de informação.

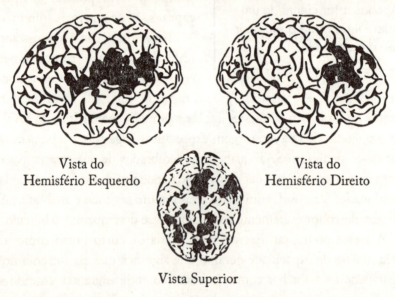

Vista do Hemisfério Esquerdo

Vista do Hemisfério Direito

Vista Superior

Regiões do cérebro mais ativas durante o desempenho de uma tarefa que envolve memória de curto prazo verbal (em sombreado escuro; observe a maior ativação do lado esquerdo) e regiões do cérebro mais ativas durante o desempenho de uma tarefa que envolve memória de curto prazo visual-espacial (em tonalidade clara, observe a maior ativação do lado direito).[8]

Quando situações de intensa pressão criam um monólogo interior de preocupações em sua cabeça que afeta sua inteligência verbal, realizar atividades que também dependem desses mesmos recursos verbais é mais difícil.

Fazer duas coisas, ao mesmo tempo, que dependem de regiões similares do cérebro geralmente é mais difícil do que fazer duas coisas que exigem grupos separados de recursos, porque, no primeiro caso, há apenas poucos recursos neurais disponíveis. Isso indica que problemas algébricos com palavras são bons candidatos para revelar o bloqueio — pelo menos em contraste com a matemática de base espacial como a geometria. Ainda mais impressionante é que apenas mudando a forma como determinado problema de matemática é apresentado pode alterar o quanto a inteligência verbal é afetada e se as pessoas vão errar o problema sob pressão.

Em geral, problemas matemáticos apresentados horizontalmente parecem ser mais dependentes de recursos cerebrais verbais do que exatamente os mesmos problemas apresentados em formato vertical.

```
Problema horizontal:
                    32 − 17 =
Problema vertical:
                    − 32
                       17
```

Quando resolvemos problemas de matemática horizontais, tendemos a manter *verbalmente* os passos intermediários em nossa cabeça, como faríamos se estivéssemos lendo uma linha de texto da esquerda para a direita. Em contraste, as pessoas tendem a resolver os problemas verticais em uma área de trabalho mental *espacial* semelhante à forma como esses problemas são resolvidos no papel. Neste último caso, realmente imaginamos a resolução do problema em nossa cabeça, como faríamos se tivéssemos um lápis na mão. Esses processos de visualização usam algumas das mesmas regiões pré-frontais direitas do cérebro utilizadas para executar tarefas espaciais, tais como a rotação mental. Assim, apenas mudar a forma como determinado problema de matemática é apresentado em uma página pode alterar a forma como seu cérebro o resolve, o que tem grandes consequências sobre o índice de acerto em situações de grande pressão.[9]

Alguns anos atrás, eu e meus alunos fizemos um estudo no qual pedimos a estudantes universitárias que resolvessem uma série de problemas de matemática de subtração e divisão. Alguns dos problemas que as alunas resolveram estavam orientados verticalmente e outros, horizontalmente, embora os problemas fossem *exatamente* os mesmos. A única coisa que mudava era sua forma de apresentação na tela do computador. Antes de as alunas resolverem os problemas, nós, aleatoriamente, dizíamos para metade do grupo que, na maioria das escolas, os homens superam as mulheres em cursos de matemática e em cursos em que a matemática é pré-requisito, e que há boa quantidade de evidências comprovando que os homens, consistentemente, obtêm melhores resultados do que as mulheres em testes padronizados de capacidade quantitativa. A outra metade das participantes no nosso estudo não recebiam essa informação.

As alunas que foram lembradas das diferenças existentes entre os sexos na matemática tiveram pior desempenho. No entanto, identificamos que o fraco desempenho se deu, principalmente, nos problemas com orientação horizontal.

Sabíamos que a resolução desses problemas exigiria grande quantidade de inteligência verbal. O desempenho nos mesmos problemas apresentados na orientação vertical, fazendo com que as alunas passassem a utilizar as partes mais visuais do cérebro para resolvê-los, não foi comprometido sob a pressão do estereótipo de que "as mulheres não sabem fazer conta". Esse padrão de desempenho ruim não se limita às mulheres e à matemática. Em um estudo de acompanhamento, pedimos a estudantes universitários de ambos os sexos que resolvessem os mesmos problemas de matemática do estudo anterior, conforme descrito acima — dispostos horizontalmente ou verticalmente.[10] Dessa vez, porém, um grupo foi estimulado a dar o melhor de si, enquanto o outro foi submetido à intensa pressão para que sentisse a tensão de uma prova importante. Como descrevi no Capítulo 1, aumentamos o nível de estresse em nosso laboratório de várias maneiras. Primeiro, oferecemos dinheiro aos alunos que obtivessem desempenho espetacular. Certamente, não é a mesma quantidade de dinheiro oferecida em uma bolsa de estudos, mas é suficiente para causar ansiedade nos universitários. Também dissemos aos alunos que outras pessoas estavam dependendo deles para ter sucesso, e que eles seriam filmados enquanto faziam as contas. Este sentimento de que "todos estão me encarando" é semelhante ao que os alunos sentem quando sabem que suas notas serão de conhecimento público.

Assim como as alunas que foram lembradas sobre as diferenças de desempenho existentes entre os sexos em matemática não tiveram bons resultados, os alunos que fizeram nosso teste sob alta pressão tiveram desempenho cerca de 10% pior nos problemas de matemática do que os alunos em situação de baixa pressão.

Novamente, esse desempenho ruim se limitava aos problemas de matemática orientados na horizontal, que envolvia mais inteligência verbal. Exatamente os mesmos problemas, quando orientados verticalmente, foram resolvidos igualmente bem pelos dois grupos.

Nesse estudo particular, também perguntamos aos alunos submetidos à alta pressão o que estavam pensando enquanto resolviam os problemas de matemática. Eles nos disseram que estavam muito preocupados. Pensamentos como "Não estrague tudo!", "Eu odeio matemática", "Não sou bom em fazer contas de cabeça" e "Ah... errei um!" passavam pela cabeça dos alunos pressionados durante a realização do teste. Quanto mais os estudantes se preocupavam sob pressão, pior era seu desempenho.

Esses resultados fornecem evidências muito claras de que um monólogo interior de preocupações é um dos grandes fatores que contribuem para o bloqueio sob pressão em termos acadêmicos. Eles também fornecem uma possível pista para saber como lidar com o estresse. Simplesmente reescrever um problema de matemática em um formato mais propício à resolução de problemas espaciais poderia tirar um pouco da carga dos recursos verbais do cérebro, o que poderia limitar os danos causados pelas preocupações. Como exemplo, em vez de fazer contas aritméticas muito simples de cabeça, reescrever 51 – 19 como

$$\begin{array}{r} 51 \\ -19 \\ \hline \end{array}$$

e depois fazer o cálculo em seu livro pode ajudá-los a evitar erros bobos que ocorrem quando as preocupações e os números competem por recursos verbais do cérebro. Além disso, reescrevendo os problemas dessa maneira você está fazendo a "transferência cognitiva" para o papel à sua frente de parte da informação que talvez estivesse confusa na memória. Ao deixar que o papel sirva como fonte de memória externa — que está relativamente mais livre de preocupações do que o córtex pré-frontal — seu desempenho tende a sofrer menos quando você está sob pressão para ter sucesso.

EFEITO INDIRETO DO ESTRESSE

As preocupações são as grandes culpadas do mau desempenho escolar — preocupações que resultam de uma ansiedade habitual com matemática, de não querer confirmar um estereótipo negativo ou, mesmo, do medo de ter desempenho insatisfatório quando alguém está dependendo de você. Essas preocupações são ainda mais problemáticas do que eu e meus colegas pensávamos inicialmente, porque não desaparecem imediatamente quando a situação de intensa pressão deixa de existir.

Como exemplo, uma colegial pode não só tropeçar na parte quantitativa do PSAT porque está pensando sobre o estereótipo de que "meninas não sabem fazer conta", mas essa preocupação com sua identidade sexual também pode se traduzir em dificuldades quando ela inicia a parte verbal desse mesmo teste. Logicamente, um estereótipo de matemática não se aplica a esse caso. As meninas poderiam esperar ter melhor resultado em um teste verbal uma vez que existe uma crença geral na cultura ocidental de que as mulheres têm habilidades verbais superiores aos homens. Mas não é isso o que acontece.

A capacidade intelectual comprometida com as preocupações ligadas às diferenças entre os sexos na matemática não é imediatamente recuperada quando acaba a prova de matemática. Como resultado, qualquer tipo de pensamento ou raciocínio difícil realizado após um período inicial de estresse pode ser prejudicado.

Basta pensar no que poderia acontecer se uma estudante no ensino médio tivesse álgebra II no primeiro tempo do dia e depois fosse para a aula de inglês no segundo tempo. Quaisquer preocupações ou estresse que porventura tivesse como consequência de ser menina e ter que resolver problemas de matemática poderia, inadvertidamente, comprometer a memória de curto prazo que ela teria condições de aproveitar para fazer análises literárias na aula de literatura inglesa.

Pesquisas recentes de imagens do cérebro nos explicam por que ocorre esse efeito indireto do estresse. Quando as pessoas são convidadas a realizar uma tarefa de matemática difícil diante de uma plateia, uma tarefa que envolve continuamente subtrair 13 de um número de quatro dígitos que começa em, 4.381, por exemplo, seu ritmo cardíaco aumenta, as palmas das mãos ficam suadas e elas relatam que se sentem ansiosas e estressadas. Isso é exatamente o que o neurocientista Jiongjiong Wang e seus colegas da Universidade da Pensilvânia queriam investigar quando pediram aos participantes no estudo para fazer essa tarefa de subtração, enquanto seus cérebros eram submetidos a uma ressonância magnética funcional.[11] Wang insistiu até que os alunos realizassem a tarefa de matemática de forma cada vez mais rápida, a fim de pressioná-los para ver o que aconteceria em seus cérebros quando houvesse muita pressão para alcançar um bom desempenho.

Sob tensão, várias regiões do cérebro revelaram um aumento da atividade neural que se assemelhava aos relatos das pessoas sobre seu nível de estresse, incluindo o córtex pré-frontal direito, associado com a experiência de emoções negativas como tristeza, medo e maior vigilância. Ainda mais interessante, no entanto, foi o comportamento do cérebro quando o elemento estressante deixava de existir. O aumento da atividade que ocorreu sob pressão no córtex pré-frontal não desapareceu imediatamente quando a tarefa de matemática foi concluída. Mesmo quando as pessoas eram informadas que deveriam apenas relaxar e manter a calma após a conclusão da estressante tarefa de subtração, as áreas de seu cérebro envolvidas com emoções negativas e atenção redobrada (como o córtex pré-frontal direito e o córtex cingulado anterior) ainda estavam trabalhando muito.

O córtex pré-frontal direito é um elemento importante no componente de "fuga" da nossa reação de "fuga ou luta" diante do estresse. Evolutivamente falando, não é tão difícil imaginar como um prolongado estado de vigilância redobrada seria bom — certamente benéfico se você precisa fugir de uma situação estressante e manter consciência do seu entorno, assim que tiver conseguido fugir. Mas lembre-se de que, quando o corpo desvia sangue extra para o córtex pré-frontal direito, a ativação das regiões pré-frontais esquerdas opostas às vezes diminui —

de fato, isso aconteceu quando as pessoas foram convidadas a contar de trás para frente a uma velocidade cada vez maior, no estudo de Wang. O resultado final é que as áreas do cérebro predominantemente envolvidas no pensamento e no raciocínio verbal não são totalmente ativadas, o que pode diminuir sua capacidade de executar tarefas de matemática complicadas que se baseiam nessa habilidade verbal. Infelizmente, como essa mudança não tem resultado imediato, sua capacidade cognitiva pode ficar atrofiada muito tempo depois que a situação de intensa pressão que inicialmente provocou a resposta de fuga tenha terminado.

VOCÊ PROSPERA OU AFUNDA SOB PRESSÃO?

No Capítulo 3 verificamos que algumas pessoas têm mais memória de curto prazo (capacidade cognitiva) do que outras e, assim, têm melhor desempenho em tarefas acadêmicas, como resolução de problemas, raciocínio lógico e compreensão de leitura.

No entanto, apesar do fato de que as pessoas com mais memória de curto prazo são geralmente muito bem-equipadas para alcançar desempenho superior, como já mencionado brevemente no Capítulo 1, elas realmente são as mais vulneráveis para falhar sob pressão.

Eu descobri esse fenômeno durante o doutorado na Universidade de Michigan, ao trabalhar com o meu orientador, o Dr. Thomas Carr. Tom foi extremamente gentil por me deixar criar uma sala de exames em seu laboratório para que pudéssemos realmente arregaçar as mangas e começar a descobrir por que só algumas pessoas bloqueiam sob pressão. Separamos aproximadamente 100 estudantes de graduação da Universidade de Michigan em grupos com base na classificação da sua memória de curto prazo. Em seguida, pedimos a todos os alunos que realizassem uma série de problemas de matemática — primeiro, em uma situação prática de baixa tensão e, depois, novamente em um teste sob intensa pressão.[12]

Não surpreendentemente, os alunos com alta capacidade tiveram melhor desempenho nos problemas de matemática, em condições práticas. No entanto, ao fazer o mesmo teste de matemática em uma situação de alta pressão, o desempenho das pessoas com maior capacidade cognitiva caiu e equiparou-se ao das pessoas com mais baixa capacidade.

O desempenho dos alunos com o mínimo de memória de curto prazo realmente não foi prejudicado pelo estresse.

Ficamos muito surpresos com nossos resultados. Pensávamos que os alunos com desempenho insatisfatório afundariam ainda mais quando sob intensa pressão. Afinal de contas, eles não tinham muitas ferramentas cognitivas ao seu dispor, então, achávamos que enfrentariam dificuldades quando a pressão comprometesse sua memória de curto prazo. No entanto, verificamos exatamente o oposto. Naturalmente, nossos resultados coincidiram com alguns dos trabalhos descritos até agora, tais como o dos universitários negros de Stanford, que, apesar de estarem em uma das principais instituições acadêmicas do país, tiveram pior desempenho quando indicaram sua raça, antes de fazerem um teste. Ou o das alunas da Universidade de Michigan que, quando foram lembradas das diferenças entre os sexos em matemática, tiveram pior desempenho do que aquelas que não receberam esta informação.

O que está acontecendo? Há várias razões pelas quais as pessoas com mais memória de curto prazo são tão suscetíveis ao bloqueio sob pressão. A primeira tem a ver com a forma como elas abordam as dificuldades.

Os melhores alunos geralmente dependem de estratégias de resolução de problemas difíceis (*versus* atalhos mais simples) para resolver problemas de matemática, como aqueles que aparecem nos exames de admissão SAT ou GRE. Se você tem capacidade intelectual para calcular corretamente as respostas de maneira complicada, tende a usar os recursos à sua disposição. Na maioria das situações, essa potência extra é vantajosa. No entanto, quando você se encontra em uma situação de intensa pressão, com tempo limitado e sem parte de seu poder computacional normal, sua capacidade de dar o melhor de si pode estar em perigo.

As escolhas de estratégia não são a única resposta para explicar por que situações de intensa pressão afetam as pessoas com mais memória de curto prazo.

Indivíduos com maior capacidade cognitiva tendem a ter dificuldade em minimizar a importância das situações de teste de alta tensão, quando se encontram pressionados, por isso, eles também sofrem para aliviar a tensão quando o estresse aumenta. As pessoas com alto desempenho realmente sentem a pressão, o que afeta sua capacidade de vencer.

Alguns anos atrás, um grupo de psicólogos franceses demonstrou essa desvantagem claramente.[13] Eles pediram a estudantes universitários na Universidade de Provence que realizassem uma tarefa de quebra-cabeça difícil frequentemente utilizada como medida de inteligência. Nessa tarefa, chamada de Matrizes Progressivas de Raven, as pessoas são apresentadas a padrões cada vez mais difíceis, que contêm um segmento a menos, e são convidadas a escolher qual o segmento que melhor completa o padrão de uma série de opções disponíveis. Para ter um bom resultado no teste de Raven você precisa ser capaz de raciocinar como todas as peças do quebra-cabeça se encaixam. Trata-se do armazenamento e manipulação de grande quantidade de informação na — você acertou — memória de curto prazo.

Para alguns dos estudantes da Universidade de Provence a tarefa foi descrita como uma medida da inteligência e da capacidade de raciocínio associadas ao sucesso global em matemática e ciências. Isso, certamente, aumentou a pressão, porque os alunos que apresentassem mau desempenho seriam considerados inadequados para uma carreira na área de ciências. Para a outra metade dos estudantes, a mesma tarefa foi descrita simplesmente como uma forma de medir a atenção e a percepção. Do ponto de vista desse último grupo, a tarefa realmente não avaliava muita coisa, de modo que não havia motivo para ansiedade.

De modo não surpreendente, quando os alunos não consideravam que seu desempenho na tarefa tinha alguma importância, quanto maior sua memória de curto prazo, melhores os resultados alcançados. Aqueles com mais capacidade cognitiva gabaritavam o teste quando a pressão era mínima. No entanto, quanto o teste era descrito como uma medida da aptidão do aluno para matemática e ciências — uma situação de alta pressão —, o desempenho das pessoas com maior capacidade cognitiva caía e equiparava-se ao das pessoas com mais baixa capacidade. Os alunos com alta e baixa capacidade tiveram um desempenho igualmente ruim.

Depois de completar a tarefa do quebra-cabeça, todos os alunos responderam a perguntas sobre seu desempenho. Se os estudantes quisessem, poderiam usar essas respostas para justificar o mau desempenho no teste que tinham acabado de fazer. As pessoas foram convidadas a relatar, por exemplo, se haviam dormido bem na noite anterior. Se um estudante relatasse que não tinha dormido bem, isso lhe dava uma boa desculpa para levar bomba no teste.

Os estudantes com alta capacidade tendem a não se valer de desculpas para explicar seu desempenho. Em certo sentido, essas pessoas não conseguem minimizar a importância de uma situação potencialmente estressante como a de um exame importante. Embora possamos pensar que uma postura que não admite "desculpas" seja sempre melhor, se formos capazes de tirar um pouco da pressão durante um teste importante reinterpretando a situação como algo menos estressante, menos crítico ou menos diagnosticador de nossas próprias capacidades, talvez sejamos capazes de transformar um desempenho potencialmente ruim. Os alunos com menos memória de curto prazo eram bons nisso. Eles prontamente criavam desculpas para si e, como resultado, transformavam uma situação de teste estressante em algo muito menos significativo.

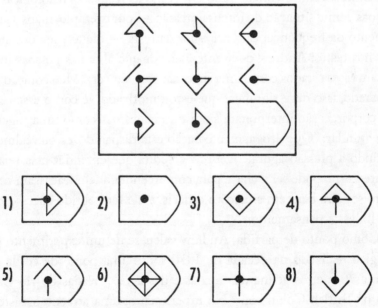

Exemplo de Raven: os alunos têm de escolher a peça que falta entre as opções apresentadas.[14]

Menos estresse significa menos preocupação e menor probabilidade de que seu desempenho será prejudicado em situações críticas. Menos experiência, em geral, também se traduz em menor probabilidade de que sua inteligência será comprometida por preocupações quando elas surgirem. Isso acontece porque as habilidades de pensamento e raciocínio dos indivíduos que sofrem com preocupações crônicas tendem a ser comprometidas quando eles começam a se preocupar.[15] Embora você possa imaginar que as pessoas que se preocupam o tempo todo estariam tão acostumadas com isso que não se importariam muito, quanto maior a tendência a se preocupar, menos memória de curto prazo a pessoa terá à sua disposição. É como se as pessoas que sofrem com preocupações crônicas fossem muito boas em se preocupar. Elas fazem isso tão bem que não têm inteligência suficiente para mais nada.

Essa ideia de que o estresse pode ter efeitos diferentes em pessoas diferentes, dependendo do seu nível de preocupação ou da forma como interpretam uma situação de intensa pressão é algo que interessou um de meus alunos de pós-graduação, Andrew, nos últimos tempos.

Andrew tem se concentrado em como as respostas fisiológicas das pessoas a uma situação de intensa pressão — por exemplo, mãos suadas, aumento da frequência cardíaca, suor da testa — afetam seu desempenho nos testes. Andrew quer entender por que algumas pessoas interpretam esses estados como uma sugestão para vencer: "Meu coração está disparado, isso deve significar que estou motivado", e como esses estados corporais são interpretados por outras pessoas como uma sugestão para afundar: "Que droga, meu coração está disparado, estou realmente sentindo a pressão agora." Andrew acredita que entender essa relação mente-corpo pode ser a chave para compreender quem fracassará *versus* quem se sairá bem em situações difíceis, e ele tem obtido sucesso com esta linha de pensamento.

Como ponto de partida, Andrew valeu-se de um experimento psicológico realizado na década de 1970 sobre uma ponte de corda que paira a 70 metros acima das rochas e das águas geladas do rio Capilano da British Columbia.[16] No experimento, uma atraente assistente interceptava os homens que saíam da ponte de corda e pedia ajuda para preencher um pequeno questionário. Ela também lhes dava seu número de telefone, caso quisessem ouvir mais sobre o projeto que ela estava conduzindo.

Embora esse tipo de pesquisa tenha, geralmente, uma taxa de retorno muito baixa, excepcionalmente, vários homens ligaram para ela. Os homens, tendo acabado de cruzar a ponte alta, que deixava seus corações palpitando e suas palmas suadas, interpretavam seu estímulo fisiológico como sinal de sua atração pela mulher. Assim, eles estavam mais propensos a pegar o telefone e a ligar para ela. Alguns dos rapazes chegaram mesmo a convidar a moça para sair. Quando esse experimento era realizado com a mesma mulher em uma ponte muito mais baixa (onde a altura não provocava grandes emoções), a taxa de retorno era baixa, como de costume. Então, sabemos que não era a mulher, mas a ponte, que levava os homens a responderem.

Meu aluno Andrew imaginou se a maneira como as pessoas interpretam a resposta de seus organismos a fatores de estresse talvez não se limitasse apenas ao namoro, mas também pudesse ser aplicada em situações de teste sob intensa pressão. Assim, ele pediu que os alunos fizessem um teste de matemática bastante difícil. Depois de fazer o teste, Andrew pedia a todos que cuspissem em um pequeno tubo para que ele pudesse medir os níveis de cortisol de cada aluno.[17] Hormônio produzido pela glândula adrenal, o cortisol está associado a várias alterações relacionadas com o estresse no corpo, tais como menor sensibilidade à dor e uma rápida onda de energia sob pressão. Quando as pessoas estão em situações de estresse, o cortisol é secretado em níveis mais elevados e, por isso, é muitas vezes chamado de "hormônio do estresse". Isso significa que o cortisol é uma maneira rápida e fácil de detectar o nível de estresse em determinado momento.

Para alguns dos estudantes, quanto maior o nível de cortisol, pior o desempenho em matemática. Outros, no entanto, demonstraram um padrão muito diferente de resultado: quanto maiores os níveis de cortisol, melhores eram os resultados!

Quando Andrew analisou o que estava levando a essa diferença, descobriu algo bastante interessante: as pessoas com o pior desempenho quando seu nível de cortisol era maior foram também as que tinham afirmado, em uma sessão experimental anterior, que ficaram extremamente ansiosas quando precisavam fazer contas. As pessoas que tiveram melhor desempenho quando seu nível de cortisol subia eram as que não sofriam de ansiedade matemática.

Já sabemos que as pessoas que são excessivamente preocupadas com a matemática tendem a ficar estressadas quando diante de uma situação de teste de matemática.

Afinal de contas, os indivíduos com alta ansiedade matemática são classificados como tal porque ficam com as palmas das mãos suadas, sentem enjoo e seus níveis de cortisol sobem, quando são confrontados com a perspectiva de fazer contas.

Os alunos com baixa ansiedade matemática também apresentaram o mesmo alto nível de cortisol e reações corporais concomitantes na situação de teste, mas interpretavam sua reação fisiológica de forma diferente. Interpretar a situação e sua resposta corporal de forma positiva em vez de uma luz negativa pode ser a chave para um bom desempenho nos momentos críticos.

Esta é uma boa notícia, especialmente para um estudante prestes a resolver um problema na sala de aula, e até mesmo para você, quando estiver em uma situação altamente estressante, digamos, quando estiver se preparando para fazer uma palestra importante ou negociando um acordo comercial. Se você consegue interpretar a resposta do seu organismo de forma positiva, como um chamado para ação, suas chances de sucesso aumentam. Mas se você interpretar a resposta do seu corpo como um sinal de que está sem saída, as preocupações e reflexões resultantes podem fazer você bloquear.

O QUE OS TESTES IMPORTANTES NOS DIZEM

Em março de 1999 a Assembleia Legislativa do estado da Califórnia aprovou uma lei exigindo que todas as escolas públicas do estado aplicassem um exame final para os seus formandos. A lógica por trás do exame final era "garantir que os alunos que concluíssem o ensino médio pudessem demonstrar competências básicas em leitura, redação e matemática". O exame final da Califórnia é um teste de duas partes que envolve matemática e língua inglesa. Os alunos aprovados nas duas partes do exame ganham o diploma.[18]

A Califórnia não é o único estado a ter implementado uma política de exame final nos últimos anos. Em 2007, 22 estados norte-americanos exigiam exames finais, e o número de estados norte-americanos a favor da política de exames está aumentando a cada ano. Logo, mais de 70% dos estudantes dos Estados Unidos terão de passar por algum tipo de exame para receber o diploma do ensino médio.

Na superfície, o exame final parece bastante lógico — uma ação positiva por parte dos estados para garantir que todos os alunos tenham um nível padrão de conhecimento e competência quando se formarem. Mas e se eu lhe dissesse que, como resultado da política de exame final na Califórnia, as taxas de graduação no estado caíram até 4,5% e que esse declínio concentra-se, principalmente, entre os alunos das minorias e do sexo feminino com baixo desempenho escolar?

Será que você ainda acharia que o exame é uma boa ideia?

Alguns podem tentar explicar esse declínio na taxa de conclusão, assumindo que as mulheres e as minorias estão menos preparadas para fazer os exames. Se os alunos menos capazes são reprovados a uma taxa mais elevada, então o exame final está funcionando. Certo? Mas essa lógica não funciona, porque, mesmo se você só analisar os estudantes do estado da Califórnia cujos resultados são igualmente baixos nos testes padronizados realizados durante o ensino médio — ou seja, alunos que apresentam baixo desempenho independentemente da raça e do sexo — ser minoria ou do sexo feminino nesse grupo de baixo desempenho ainda significa que seu índice de reprovação é maior do que o de meninos brancos. Ter a pressão adicional da graduação nesses exames finais parece atingir mais algumas pessoas do que outras.

A maioria dos estudantes, independentemente de sua origem, sente a pressão para passar no exame final. Afinal de contas, o fracasso significa não se formar. No entanto, as minorias e as meninas enfrentam um ônus adicional. Não só esses alunos temem o mau desempenho, mas também vivem sob o peso dos estereótipos negativos que questionam sua inteligência. E como vimos ao longo deste livro, essas ameaças do estereótipo podem afetar a capacidade dos alunos de mostrarem o que sabem. Usar um exame final que envolve muita pressão para determinar quem pode se formar, então, pode estar inadvertidamente colocando alguns alunos em real desvantagem, que não é necessariamente ditada por sua habilidade, mas sim por sua raça, etnia ou sexo.

Para ser justa, testes desse tipo não são utilizados apenas para medir o desempenho escolar.

Testes importantes existem em muitos contextos — nos esportes, na música e no mundo dos negócios, para citar apenas alguns. Por um lado, esses pequenos momentos de avaliação do desempenho são uma forma rápida, fácil e eficiente de aferir a capacidade individual. No entanto, se acabamos confiando demais em testes como porta de entrada para empregos, equipes esportivas, admissões escolares e assim por diante, poderemos, inadvertidamente, limitar o *pool* de talentos à nossa disposição. Em muitas situações, esse tipo de avaliação é considerado a *única* medida do potencial de determinado indivíduo. Isto está em contraste com o exame final do ensino médio — um obstáculo que deve ser superado para que o aluno possa prosseguir seu caminho.

Na NFL Scouting Combines, a feira anual para futuros jogadores da NFL, os atletas são submetidos a uma série de exercícios, testes e entrevistas com os treinadores, gerentes-gerais e olheiros da NFL todos os anos, antes da convocação. Você pode pensar que todos os testes que esses jogadores fazem no minicampo seriam considerados uma avaliação muito importante de sua habilidade e capacidade, mas não é assim que funciona. Quando os potenciais candidatos chegam aos campos, as equipes interessadas já compilaram uma enorme quantidade de dados sobre os jogadores, e para muitos treinadores os testes que os jogadores fazem no campo constituem apenas mais uma peça do quebra-cabeça. Nenhum teste é considerado o Santo Graal.

O Wonderlic Personnel Tests (chamado muitas vezes de Teste de Inteligência Wonderlic), por exemplo, tem sido utilizado na NFL desde 1968 para avaliar a capacidade dos jogadores de pensar rapidamente por conta própria e tomar decisões eficazes sob pressão.[19] O teste consiste em questões analíticas e numéricas realizadas de forma rápida e furiosa em 12 minutos.

Os jogadores respondem a perguntas do tipo:[20]

1. Olhe para os números abaixo. Qual deve ser o próximo número?
   8   4   2   1   1/2   1/4?

2. Considere que as duas primeiras afirmações são verdadeiras. A última afirmação é: o menino joga beisebol. Todos os jogadores de beisebol usam bonés. O menino usa boné.
   1. verdadeira, 2. falsa, 3. indeterminada?

3. O papel é vendido a 21 centavos o bloco. Qual será o preço de quatro blocos?

4. Quantos dos cinco pares de itens listados abaixo são duplicatas exatas?
   Nieman, K. M.   Neiman, K. M.
   Thomas, G. K.   Thomas, C. K.
   Hoff, J. P.   Hoff, J. P.
   Pino, L. R.   Pina, L. R.
   Warner, T. S.   Wanner, T. S.

5. RESSENTIR | RESERVAR
   Será que essas palavras 1. têm significados semelhantes, 2. têm significados contrários, 3. não são sinônimos nem antônimos?

6. Uma das figuras numeradas no desenho a seguir é mais diferente do que as outras. Qual é o número da figura?

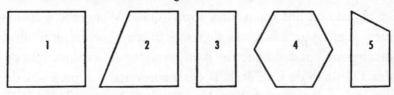

7. Um trem percorre 20 metros em 1/5 de segundo. Nessa mesma velocidade, quantos metros ele percorrerá em 3 segundos?

8. Quando a corda está sendo vendida a US$ 0,10 o metro, quantos metros você pode comprar por 60 centavos?

9. O nono mês do ano é
   1. Outubro,   2. Janeiro,   3. Junho,   4. Setembro,   5. Maio.

10. Que número no seguinte grupo de números representa a menor quantidade?
    7   0,8   31   0,33   2

11. Na impressão de um artigo de 48 mil palavras, o editor decide usar dois tamanhos de fonte. Usando a fonte maior, uma página impressa contém 1.800 palavras. Usando uma fonte menor, uma página contém 2.400 palavras. O artigo terá 21 páginas inteiras em uma revista. Quantas páginas devem estar em uma fonte menor?

12. O número de horas de luz e escuridão em SETEMBRO é quase igual ao número de horas de luz e escuridão no mês de: 1. Junho. 2. Março 3. Maio 4. Novembro

13. Três indivíduos formam uma sociedade e concordam em dividir os lucros igualmente. X investe US$ 9 mil dólares, Y investe US$ 7 mil dólares e Z investe US$ 4 mil dólares. Se os lucros forem de US$ 4.800, quanto menos X receberá do que se os lucros fossem divididos proporcionalmente ao montante investido?

14. Considere que as duas primeiras afirmações são verdadeiras. A última afirmação é: Tom cumprimentou Beth. Beth cumprimentou Dawn. Tom não cumprimentou Dawn.
1. verdadeira, 2. falsa, 3. indeterminada?

15. Um menino tem 17 anos e sua irmã tem o dobro da idade dele. Quando o menino tiver 23 anos, qual será a idade de sua irmã?

As respostas são: (1) 1/8, (2) Verdadeira, (3) 84 centavos, (4) 1, (5) 3, (6) 4, (7) 300m, (8) 6m, (9) Setembro, (10) 0,33, (11) 17, (12) Março, (13) US$ 560, (14) indeterminada, (15) 40 anos de idade.

A maioria dos treinadores afirma que o Wonderlic é apenas uma medida entre uma ladainha de testes físicos e mentais e resultados de desempenho passado que eles usam para decidir a convocação do jogador. O estado da Califórnia poderia aproveitar a experiência da NFL e fazer o mesmo ao avaliar quem deve receber um diploma. Em vez de apenas um teste, deveria ser possível contar com várias medidas de desempenho diferentes para determinar se os alunos têm ou não condições de se formar.

Uma das razões pelas quais os técnicos da NFL não dão muita importância ao Wonderlic é que os resultados mudam facilmente com a prática. Em 1999, quando questionado sobre o Wonderlic, o empresário do San Francisco 49ers, Bill Walsh, disse ao *Chicago Tribune*: "Acho que é bastante óbvio que o teste está sendo manipulado agora, então, eu não confio muito nele..."[21]

O ex-*quarterback* do Cincinnati, Akili Smith, é um bom exemplo do impacto que a prática pode ter sobre os resultados de determinado jogador no Wonderlic. Smith foi o terceiro a ser convocado da NFL em 1999. Ele tirou 12 na primeira vez que o fez (bem abaixo da média de 21) e 37 na segunda vez, um resultado impressionante. Essa mudança na nota criou muita celeuma na comunidade esportiva. Se o Wonderlic, supostamente, é uma medida estável de inteligência, como o resultado de determinado jogador poderia mudar tão rapidamente em função de um segundo teste? Os resultados desse único teste talvez não expliquem a capacidade mental de um jogador.[22]

Os treinadores da NFL parecem ter feito um bom trabalho de colocar em perspectiva as notas tiradas no Wonderlic. Outras instituições deveriam fazer o mesmo com os resultados dos testes que utilizam. Em outras palavras, sabemos que a prática faz grande diferença nos resultados dos alunos, por isso, talvez esses testes não estejam realmente avaliando as habilidades dos alunos igualmente.

Como o Wonderlic, efeitos significativos da prática podem ser sentidos em testes padronizados como o SAT ou o GRE. Na verdade, há um enorme mercado para cursos preparatórios onde a ênfase na prática é um dos grandes chamarizes de venda. Cursos que preparam para testes como o Princeton Review ou Kaplan não só ensinam truques aos alunos para que resolvam problemas específicos; esses cursos também permitem aos alunos muita prática com testes reais cronometrados.

> Praticar com o mesmo tipo de pressão que você irá enfrentar no dia do teste de verdade é uma das melhores maneiras de combater o bloqueio.

Praticar com o mesmo tipo de pressão que você irá enfrentar no dia do teste de verdade é uma das melhores maneiras de combater o bloqueio, mas nem todos têm oportunidade de ter aulas preparatórias. Esses cursos são muito caros.

Um curso preparatório para o SAT de seis semanas em Chicago, por exemplo, custa cerca de mil dólares. Os resultados desses testes importantes talvez não nos digam tudo o que queremos saber, porque alguns estudantes não têm oportunidade de se preparar para o teste, o que limita sua capacidade de dar o melhor de si quando é mais necessário.

As minorias não estão sequer realizando os testes, como os exames de Advanced Placement (AP), que ajudam os alunos do ensino médio a obter créditos universitários antes de se matricularem na universidade. Embora o programa tenha crescido ao longo dos últimos cinco anos, com quase 800 mil estudantes de escolas públicas dos EUA tendo realizado pelo menos um exame AP em 2009, a defasagem entre quem realiza o teste ainda é grande.[23] Aqui estão os números: 14,5% dos alunos que terminaram o ensino médio em 2009 eram afro-americanos, mas apenas 8,2% dos alunos que fizeram os exames AP eram negros. Em contraste, os estudantes brancos do ensino médio representavam cerca de 61% de todos os formandos em 2009, e fizeram os exames AP aproximadamente nessa proporção, o que significa que os estudantes brancos estão fazendo os testes AP a uma taxa proporcional à sua representação no ensino médio.

Muitas pessoas argumentam que o desempenho medido em testes realizados sob intensa pressão é justamente o modelo que deve ser usado para identificar talentos. Afinal, não queremos descobrir quem pode ter melhor desempenho sob estresse? Mas se as situações de alta pressão não afetam a todos igualmente, e as oportunidades para aprender a lidar com os fatores de estresse não estão disponíveis para todos, então aqueles que têm o talento ou a habilidade para ter sucesso nunca terão oportunidade de fazê-lo. Alguns estudantes sequer estão tendo acesso aos testes. A pressão não oferece oportunidades iguais a todos. Resultados de testes importantes e desempenhos em situações de vida ou morte nem sempre nos dão uma boa ideia de quem tem condições de vencer ou não.

Então, o que devemos fazer? Uma solução é minimizar a obsessão de nossa cultura com os testes, uma medida defendida por muitos professores, psicólogos e administradores há algum tempo. Na verdade, o meu grupo de pesquisa e eu indicamos que a própria situação de intensa pressão em que os testes padronizados são administrados explica grande parte do problema, porque essas situações de alta tensão afundam os melhores alunos. Outros concordaram com essas alegações, ressaltando que a incapacidade de o SAT e o GRE refletirem com precisão o desempenho de certos grupos sub-representados, tais como mulheres e minorias com bom resultado escolar, é especialmente preocupante. Na verdade, até mesmo o National Math Panel, convocado pelo presidente George W. Bush para ajudar a manter o país competitivo em matemática, reconheceu o papel negativo exercido pela ansiedade e pelo estresse em relação à matemática sobre o desempenho daqueles que, em situações de menos pressão, demonstram potencial para o sucesso.

Claro que, como as pessoas estão muito concentradas em encontrar uma medida, um teste, um resultado para utilizar como critério para admissões na universidade, concessão de bolsas de estudo, decisões de emprego, é importante buscar o que podemos fazer para garantir o melhor desempenho quando este é mais necessário. No Capítulo 6 abordaremos a questão de como aliviar a sensação de asfixia sob pressão em situações críticas ou em exames importantes.

CAPÍTULO SEIS

A CURA DO BLOQUEIO

Alguns anos atrás, em uma daquelas manhãs de janeiro terrivelmente frias de Chicago, quando nem mesmo os cães querem sair de casa, eu recebi um e-mail de uma mulher do Departamento de Educação da Califórnia me convidando para voar para o sul da Califórnia no mês seguinte, para dar uma palestra a um grupo de professores de matemática. Professores do ensino fundamental e administradores de quase todos os distritos escolares do estado estariam reunidos no fim de semana para discutir o desempenho no teste padronizado nas escolas públicas da Califórnia.

Os organizadores do encontro haviam estabelecido metas bastante otimistas para a conferência de três dias. Ao final da reunião, seu objetivo era chegar a um conjunto de instrumentos concretos que seriam rápidos, fáceis e baratos de usar em sala de aula para melhorar os resultados no teste de matemática dos estudantes do estado.

De particular interesse eram as notas dos alunos nos testes anuais realizados em cada série, porque resultados ruins comprometeriam o aporte de recursos federais para a educação do estado. Eles também queriam melhorar os resultados nos testes de avaliação em nível universitário, como SAT e ACT. Alcançar bons resultados nesses testes ajudaria a admissão dos alunos do estado da Califórnia nas melhores faculdades e universidades do país, o que, naturalmente, teria reflexos positivos sobre o sistema público de ensino no Estado do Ouro.

Nascida e criada na Costa Oeste, gosto de voltar à Califórnia quando posso, apesar de ter vivido a maior parte dos últimos 15 anos na região Centro-Oeste do país. Os céus cinzentos e gélidos e a neve incessante no auge do inverno podem ser difíceis de encarar, por isso sempre que tenho oportunidade de passar alguns dias em algum lugar quente, tento aproveitar. Também parecia especialmente importante compartilhar o que nós psicólogos sabemos sobre como melhorar o desempenho acadêmico com professores que passam seus dias preparando as crianças para fazer testes importantes.

Todos os anos, o Departamento de Educação dos EUA divulga um relatório nacional que classifica os 50 estados de acordo com os resultados acadêmicos de seus alunos.[1] A Califórnia constantemente aparece nas últimas colocações da lista. Para fazer justiça, nem sempre o estado é o pior: a magnitude da diferença de desempenho entre alunos brancos e negros, por exemplo, coloca a Califórnia no topo da lista.

A Califórnia tem uma das maiores defasagens de desempenho racial em todos os Estados Unidos. Do ensino fundamental ao ensino médio, o desempenho dos estudantes brancos na Califórnia é consistentemente mais alto do que a contrapartida das minorias. Como no golfe, quanto menor a pontuação, melhor. Eu não poderia dizer não a uma oportunidade de ajudar a melhorar a classificação da Califórnia e, ao mesmo tempo, diminuir a diferença de desempenho entre brancos e negros. E, sim, trocar o gorro de neve pelo protetor solar parecia um bom bônus. Então, aceitei o convite e comecei a trabalhar compilando os dados da pesquisa que eu iria compartilhar com os educadores que estariam presentes na reunião do sul da Califórnia.

Cheguei em San Diego na noite anterior à minha palestra na conferência e segui para um jantar que havia sido arranjado para os palestrantes do encontro no restaurante principal do hotel. Eu me sentei ao lado de um cara de vinte e poucos anos chamado Alex, que, logo descobri, estava em seu segundo ano como professor de álgebra no ensino médio da Union High School, em São Francisco, e, ao mesmo tempo, frequentava aulas à noite para obter seu diploma de mestrado em educação.

O diretor de Alex sugerira que ele participasse da conferência de matemática da Califórnia para conhecer outros professores do estado e da comunidade matemática. Participar de uma reunião era um alívio bem-vindo de sua agitada rotina diária e sua presença também lhe daria crédito que poderia ser aproveitado em seu mestrado. Alex comentou como se sentia aliviado de estar perto de acabar com a vida dupla de professor de dia e aluno de noite. Não era tanto a quantidade louca de trabalho que ele tinha, embora fosse muito. Ele estava realmente ansioso para reduzir o estresse de seus primeiros anos de vida profissional. Ele estava constantemente preocupado em saber se estava dando conta na sala de aula e sentia que o estresse afetava sua capacidade. Alex me disse que sentia que seu cérebro não estava respondendo bem recentemente. Suas impressões de que sua capacidade cognitiva tinha sido afetada provavelmente estavam corretas. Estar sobrecarregado e sob estresse pode afetar a capacidade cognitiva, mas, como eu disse ao Alex, nossos cérebros são muito bons em se recuperar, a longo prazo, assim que o fator estressante desaparece.

HORA DA PROVA

Alguns anos atrás um grupo de psicólogos da faculdade de medicina da Universidade de Cornell analisou duas dúzias de estudantes de medicina que dedicavam boa parte do mês à preparação intensiva para seus exames.[2] Passar nesses exames significava avançar na escola de medicina. Não alcançar um bom resultado significava correr o risco de abandonar a faculdade e tudo o que esses alunos tinham trabalhado tanto para conquistar.

Os estudantes de medicina foram convencidos a fazer uma pausa em seus estudos e passar algumas horas realizando tarefas de atenção e memória, enquanto seus cérebros eram submetidos a um exame de ressonância magnética funcional. Os psicólogos também iriam examinar outro grupo de pessoas que tinham a mesma idade que os estudantes de medicina, além de hábitos de sono e anos de escolaridade semelhantes. A grande diferença entre eles era que o segundo grupo (controle) não estava enfrentando a pressão dos exames médicos de fim de ano.

As tarefas cognitivas que todos realizaram no equipamento de ressonância magnética eram bastante simples, mas os estudantes de medicina estressados tiveram resultados ruins. Os estudantes de medicina demoraram para identificar a cor de um objeto apresentado na tela do computador (por exemplo, um triângulo vermelho) e para identificar a direção para onde ele estava se movendo. Os estudantes de medicina eram facilmente distraídos das tarefas que estavam realizando, o que não aconteceu com os alunos não médicos. Quando os pesquisadores examinaram os cérebros de todos para ver seu funcionamento, descobriram que o estresse vivido pelos estudantes de medicina acabava por reduzir a cooperação das diferentes partes do cérebro que normalmente trabalhavam juntas para apoiar o pensamento e o raciocínio. Em particular, o córtex pré-frontal não parecia estar atuando bem para os estudantes de medicina e não estava em sincronia com o resto do cérebro (por exemplo, partes do córtex parietal), como deveria estar.

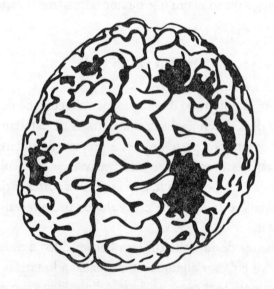

Representação da memória de curto prazo frontoparietal e da rede de atenção do cérebro que se destacou sob estresse. A parte frontal do cérebro (que fica acima dos olhos) está localizado na parte de baixo da figura.[3]

O córtex pré-frontal, entre as suas muitas funções, abriga a memória de curto prazo. As pessoas que podem usar seu córtex pré-frontal em maior grau têm mais capacidade cognitiva. Mas os estudantes de medicina, que tinham memória de curto prazo ativa, não estavam usando seus recursos cerebrais a pleno potencial, provavelmente devido ao estresse que estavam enfrentando. Esta deveria ser a mesma razão pela qual Alex, o professor, não estava se sentindo totalmente funcional: o estresse estava prejudicando suas funções cerebrais.

Alex pareceu desanimado com esta informação, mas eu logo expliquei que o estudo de Cornell também mostrou que os efeitos do estresse sobre o cérebro são reversíveis. Mais ou menos um mês depois de os estudantes de medicina fazerem exames de fim de ano, seus cérebros foram examinados novamente. Dessa vez as funções do cérebro dos estudantes se pareciam com o do grupo de controle não estressado quando realizavam tarefas difíceis de raciocínio e lógica.

Esses resultados são intrigantes porque reforçam nosso entendimento das formas como o estresse muda o cérebro. Estar sob pressão altera a forma como as diferentes áreas do cérebro se comunicam. Em poucas palavras, o córtex pré-frontal funciona pior e se desliga de outras áreas do cérebro que também são importantes para a capacidade cognitiva máxima. O cérebro geralmente trabalha em conjunto, como uma rede. Quando uma área particular do cérebro para de se comunicar com outras áreas, isso pode ter consequências desastrosas para nosso pensamento e nossa capacidade de memória. Basta pensar no que acontece no meio de uma acalorada discussão sua, com sua esposa. De repente, sua cabeça parece não funcionar tão bem quanto deveria e você simplesmente não consegue se expressar. Talvez o estresse que você está enfrentando esteja impedindo seu cérebro de funcionar como uma rede e, como resultado, você está tendo dificuldade em encontrar os melhores exemplos para apoiar seu ponto de vista.

Felizmente, o cérebro parece ser capaz de se recuperar depois que o fator de estresse desaparece, embora isso não aconteça de imediato — assim que as preocupações começam, elas não desaparecem imediatamente, mesmo após a situação de estresse terminar. Mas, depois de algum tempo em ambientes não estressantes, nossa capacidade cerebral parece se recuperar. Naturalmente, essa recuperação só é possível se nós não estamos sempre sob pressão. Essa pode ser uma razão pela qual só conseguimos respostas ou contra-argumentos para nosso cônjuge horas depois de terminada a discussão estressante.

Alex ficou feliz ao ouvir que voltaria ao normal quando a pressão acabasse e assim que ele se sentisse mais confortável em seu papel como professor. Mas para algumas pessoas o estresse talvez não vá embora tão facilmente. Pense, por exemplo, sobre o estresse enfrentado por uma mulher que é uma das poucas alunas da graduação em nível de doutorado do programa de matemática da Universidade de Stanford. Se ela anda constantemente com medo de sua capacidade de ter sucesso em um campo dominado por homens, seu nível de estresse pode nunca diminuir. Até mesmo o ambiente físico mantém seu estresse elevado, porque, toda vez que ela tem de ir ao banheiro, tem de ir até o subsolo para usar o único banheiro para mulheres do prédio, um lembrete constante de que ela não se encaixa ali. Ou pense no caso de um contador latino em uma empresa em que todos são brancos que tem que combater os estereótipos dos colaboradores e dos clientes sobre as suas credenciais e o grau de inteligência de sua raça. Ele, provavelmente, está em um permanente estado de estresse. Se apenas um mês de estudo para um exame pode ter um impacto tão grande na capacidade cognitiva de estudantes de medicina, imagine o que o estresse constante faz com os cérebros das pessoas.

UMA AMEAÇA AO NOSSO REDOR

No pódio na reunião da Califórnia, perguntei para as duas centenas de professores quantos deles tinham ouvido falar de *ameaça dos estereótipos*. Eu me senti um pouco idiota por fazer a pergunta, porque Claude Steele, o professor que cunhou o termo, alguns anos antes, estava na Highway 1 na Universidade de Stanford, perto dali.

Apenas poucos professores levantaram a mão, então eu perguntei: quantos de vocês já viram casos em sala de aula onde os alunos têm pior desempenho em relação ao seu potencial simplesmente porque não confiam em sua capacidade de vencer? Desta vez quase todos levantaram a mão.

Eu expliquei que uma das razões pelas quais pensamos que esse mau desempenho ocorre é que os alunos estão conscientes dos estereótipos sobre a inteligência do seu sexo, raça e etnia. Na verdade, esse fraco desempenho pode ser importante fator que contribui para a defasagem no desempenho entre as raças na Califórnia, onde os grupos minoritários, como os afro-americanos, apresentam em média um desempenho inferior ao dos alunos brancos na sala de aula e em testes padronizados. No entanto, há algumas coisas surpreendentemente simples que podem ser feitas para diminuir essa diferença.

Vários anos atrás, o psicólogo Geoff Cohen e sua equipe de pesquisa da Universidade de Colorado analisaram alunos do sétimo ano por meio de uma intervenção destinada a reduzir a discrepância entre o desempenho de brancos e negros.[4] De forma muito semelhante a um ensaio de um fármaco que pode ser randomizado ou controlado, em que os médicos e seus pacientes não sabem quem faz parte do tratamento e quem está apenas recebendo um comprimido placebo, nem os professores nem os alunos sabiam muito sobre o que estava acontecendo. A intervenção foi simples, rápida e barata, tomando pouco tempo de aula e acabando por impulsionar o desempenho dos alunos das minorias, superando as expectativas até mesmo dos próprios pesquisadores.

Cohen e seu grupo alvo escolheram uma escola pública nos subúrbios da região Nordeste dos Estados Unidos, que consistia, principalmente, de estudantes das classes média e baixa. Era o lugar perfeito para conduzir a pesquisa porque o corpo estudantil era igualmente dividido entre afro-americanos e brancos e, infelizmente, também havia uma grande discrepância no desempenho de negros e brancos na sala de aula.

Logo no início do semestre letivo os pesquisadores pediram aos professores para administrar um "pacote de exercícios" a todos os alunos do sétimo ano. Todos os pacotes pareciam exatamente iguais, mas havia na verdade dois conjuntos diferentes de pacotes. Os alunos, aleatoriamente, recebiam o pacote de tratamento ou o pacote placebo. Um aspecto importante é que os professores não sabiam a qual grupo os alunos tinham sido designados, e os alunos sequer sabiam que o pacote de exercícios que estavam preenchendo fazia parte de uma intervenção.

Quando os alunos abriam os seus pacotes, encontravam um papel com uma lista de diferentes valores que as pessoas consideram importantes. Por exemplo, alguns podem valorizar seus relacionamentos com amigos ou parentes, sua aptidão artística ou capacidade atlética. Aos alunos do grupo de tratamento foi solicitado que indicassem o valor *mais* importante para eles e que escrevessem um breve parágrafo explicando por que consideravam tal valor importante. Os alunos do grupo placebo deveriam indicar o valor *menos* importante para eles e escrever um breve parágrafo explicando por que consideravam que aquele valor poderia ser importante para outra pessoa. Assim que os alunos acabavam de escrever, eram instruídos a colocar os seus pacotes de volta no envelope original, lacrá-lo e devolvê-lo ao professor. O professor, em seguida, retomava o plano de aula. O procedimento inteiro durava cerca de 15 minutos.

No final do semestre letivo, os pesquisadores tiveram acesso à transcrição oficial de todos os alunos. Os estudantes negros, no geral, ainda apresentaram um desempenho pior do que os brancos, mas os negros no grupo de tratamento (os alunos que escreveram sobre seus valores mais importantes) apresentaram melhor desempenho que os negros no grupo placebo em cerca de um quarto de um ponto. Essa melhoria não se limita a alguns alunos, o exercício do pacote beneficiou cerca de 70% dos estudantes negros no grupo de tratamento. Entre os alunos brancos, entretanto, não houve diferença no desempenho entre os grupos de tratamento e placebo.

Uma vez que a diferença média no desempenho escolar entre alunos negros e brancos era de cerca de 70% de um ponto, e que os negros no grupo de tratamento melhoraram cerca de 25% de um ponto, os resultados desse estudo representam cerca de 40% de redução das discrepâncias raciais em termos de desempenho.

Esse resultado foi por acaso? Para responder a esta pergunta Cohen e seus colegas realizaram o mesmo estudo um ano depois, com outros alunos. Eles obtiveram os mesmos resultados. A probabilidade de observar os mesmos efeitos de tratamento duas vezes por acaso é de 1 em 5 mil. Então, por que esse simples exercício de 15 minutos teve um efeito tão impressionante? A resposta parece se encontrar no fenômeno de ameaça dos estereótipos. A maioria dos professores na plateia tinha visto isso prejudicar seus alunos, mas não sabia que a questão estava sendo estudada de forma sistemática por psicólogos de todo o país.

No Capítulo 5 vimos que, quando afro-americanos são levados a pensar sobre os estereótipos negativos em relação à sua inteligência, os seus resultados em testes de desempenho são fracos. É provável, então, que estudantes das minorias que conhecem estereótipos negativos sejam afetados por eles. Esse conhecimento evita que os alunos dediquem toda a sua atenção e esforço ao que estão fazendo, afetando suas notas e os resultados dos testes.

Cohen acha que uma maneira de reverter esse peso dos estereótipos negativos quanto à inteligência é permitir que estudantes negros reafirmem sua integridade. Fazer com que estudantes afro-americanos escrevam sobre as qualidades importantes para eles pode aumentar seu sentido de autoestima e valor, o que, por sua vez, os protege contra as expectativas negativas e suas consequências. Embora só ocorra uma vez, a tarefa de escrever pode ter um grande efeito — os alunos apresentam melhor desempenho acadêmico depois de escrever, o que reduz o poder do estereótipo. Um ciclo negativo se transforma em um ciclo positivo de reforço.

Esses efeitos parecem ser duradouros. Cohen e seus colegas concluíram um período de dois anos de estudo de acompanhamento com o primeiro grupo de estudantes, e o tratamento que os estudantes negros receberam no sétimo ano continuou a exercer um efeito positivo sobre o seu desempenho durante todo o ensino médio.[5] A probabilidade de que um estudante negro entrasse em um dos programas de recuperação da escola ou repetisse de ano, durante os dois anos após a intervenção, foi bem menor se o estudante tivesse feito parte do grupo de tratamento de Cohen e escrito sobre suas qualidades afirmativas, em relação ao grupo placebo, no qual os estudantes escreveram sobre valores importantes para outras pessoas. Da mesma forma, o percentual de estudantes negros que foram colocados em cursos avançados após a intervenção de Cohen foi maior para os estudantes que faziam parte do grupo de tratamento do que os do grupo placebo.

A maioria dos professores no Fórum Álgebra pareceu impressionada com esses resultados. O maior desempenho envolve uma implicação difícil de refutar: a discrepância racial de desempenho não é um fenômeno intratável — e não é preciso milhões de dólares ou centenas de horas de trabalho para começar a mudar isso. Você pode começar simplesmente deixando de lado alguns minutos para que os alunos reflitam sobre suas qualidades positivas.

É claro que nem *sempre* são os alunos das minorias que precisam de ajuda na escola ou em testes importantes. Você pode estar se perguntando se há alguma coisa que vai ajudar a impulsionar os resultados dos testes de todos os alunos, independentemente de etnia, sexo ou raça. Minha equipe de pesquisa e eu fizemos a mesma pergunta e nosso trabalho sugere que a resposta é sim.

ESCREVER PODE FAZER MARAVILHAS

A intervenção realizada por Geoff Cohen e seus colegas sugere uma maneira fácil de ajudar a impulsionar o desempenho dos alunos das minorias na sala de aula. Se você vive assombrado por dúvidas provocadas pela simples consciência dos estereótipos sobre sua inteligência, escrever sobre seu próprio valor pode ajudar muito a diminuir essa má impressão. Como resultado, o rendimento escolar melhora, a autoestima aumenta novamente e assim por diante. Mas, e se determinado aluno não está preocupado com os estereótipos raciais propriamente ditos, mas ainda carrega esse peso nos ombros? Esse peso pode ser resultado das expectativas e pressões que a maioria dos alunos enfrenta no ambiente acadêmico competitivo de hoje. Podemos fazer alguma coisa sobre isso?

Você, certamente, já ouviu dizer que desabafar ajuda você a se sentir melhor. Você pode até ter experimentado o efeito catártico de falar sobre suas preocupações. Novas pesquisas realizadas no meu Laboratório de Performance Humana mostram que falar sobre o assunto faz mais do que apenas fazer com que você se sinta melhor: pode realmente mudar o funcionamento de seu cérebro quando a pressão é intensa. O resultado final é um melhor desempenho nos testes realizados sob pressão.

Meu aluno de pós-graduação Gerardo vinha acompanhando de perto o trabalho de Cohen com os alunos do sétimo ano há algum tempo, e percebi que um dos motivos pelos quais a intervenção funcionou tão bem foi o fato de que escrever sobre o próprio valor ajudou a desviar o foco das preocupações sobre os efeitos negativos e promover o engajamento com a escola. Se este fosse o caso, Gerardo considerou que um exercício geral que trabalhasse a escrita e ajudasse as pessoas a lidar com suas preocupações poderia servir como uma forma de aumentar o desempenho de todos os tipos de pessoas — indo além do desempenho dos negros em sala de aula.

Gerardo pediu a um grupo de alto desempenho, formado principalmente por estudantes brancos da Universidade de Chicago, para fazer um difícil exame de matemática, aumentando o nível de estresse. Utilizamos nossas técnicas usuais para aumentar a pressão sobre os alunos, inclusive oferecendo vinte dólares para quem alcançasse desempenho excepcional e lembrando que, se eles tivessem um desempenho ruim, comprometeriam a capacidade de um colega que também queria ganhar o dinheiro. Também gravamos os alunos e dissemos a eles que os professores de matemática e de outras disciplinas assistiriam as fitas para ver como se saíam.[6]

Imediatamente depois de dizer o que estava em jogo, pedimos a alguns alunos que escrevessem durante dez minutos sobre os seus pensamentos e sentimentos em relação ao teste que estavam prestes a fazer. Queríamos que os alunos falassem abertamente sobre os seus sentimentos, por isso, informamos que os depoimentos seriam anônimos, para que pudessem expressar livremente quaisquer preocupações. Outros alunos não tiveram a oportunidade de escrever e esperaram pacientemente durante dez minutos, enquanto o examinador recolhia os materiais de teste. O que encontramos foi bastante surpreendente. Os alunos que escreveram durante dez minutos sobre suas preocupações antes da prova de matemática tiveram um desempenho de cerca de 15% melhor do que os alunos que esperaram o início do exame.[7]

Tenha em mente que essa diferença não reflete apenas a variação na habilidade matemática entre os grupos que escreveram e os que não escreveram. Sabemos disso porque todos passaram por um teste de matemática prático antes do início do experimento e não havia diferença no desempenho entre os dois grupos. Os alunos que tiveram oportunidade de

> Escrever sobre as suas preocupações antes de uma prova ou apresentação impede bloqueios.

escrever sobre as suas preocupações antes da prova de matemática, realizada sob intensa pressão, acertaram tudo, enquanto aqueles que não escrevem sofreram com a pressão. Escrever sobre as suas preocupações antes de uma prova ou apresentação impede bloqueios.

Como isso funciona? Exatamente o oposto seria esperado, considerando que as pessoas estavam refletindo conscientemente sobre as pressões iminentes e que o aumento da pressão poderia piorar o desempenho em vez de melhorar. Mas não estamos sozinhos na busca por benefícios ao escrever sobre ansiedades e preocupações.

Durante várias décadas o psicólogo James Pennebaker vem exaltando as virtudes de escrever sobre eventos traumáticos em nossas vidas, como a morte de um parente próximo, uma separação difícil ou sair de casa pela primeira vez para frequentar a universidade. Um dos motivos pelos quais Pennebaker aprecia essa técnica é que ele e seus colegas verificaram repetidas vezes que, após várias semanas escrevendo sobre determinado fator de estresse na vida, as pessoas apresentam menos sintomas de doenças relacionadas e ainda uma redução no número de consultas médicas.[8]

Expressar seus pensamentos e sentimentos sobre um acontecimento perturbador — seja um trauma no passado ou um teste a ser realizado sob intensa pressão no futuro — é semelhante à "terapia de exposição", muitas vezes utilizada para tratar fobias e transtorno de estresse pós-traumático. Quando uma pessoa repetidamente enfrenta, descreve e revive pensamentos e sentimentos sobre as suas experiências negativas, o próprio ato de falar sobre eles diminui esses pensamentos. Isso é bom para o corpo, porque o estresse crônico que muitas vezes acompanha a preocupação é um catalisador para problemas de saúde.

Embora os benefícios da terapia de exposição sejam por vezes questionados, porque os psicólogos temem que essa exposição realmente prenda o corpo e a mente ao trauma e o reforce, tornando mais difícil superá-lo, o padrão-ouro para lidar com eventos traumáticos a longo prazo implica trazer o evento traumático à tona repetida e intencionalmente. Tentar esquecer, bloquear ou eliminar os incidentes emocionais sem tentar reorientar ou reavaliar o evento estressante em primeiro lugar não foi comprovado em pesquisas e na prática de psicopatologia como uma forma eficaz de lidar com lembranças com forte carga emocional.[9]

Simplificando: falar sobre o assunto parece ser bom para o corpo e para a mente. Quando os calouros da universidade, por exemplo, são convidados a escrever sobre o estresse de sair de casa pela primeira vez para estudar, eles relatam uma diminuição em suas preocupações e pensamentos perturbadores.

Escrever sobre as suas preocupações também resulta em uma memória de curto prazo melhorada ao longo do ano escolar.[10] A escrita expressiva reduz pensamentos negativos, o que libera capacidade cognitiva para enfrentar o que vier pela frente.

A palavra escrita pode ser tão poderosa porque, de acordo com o psicólogo Matthew Lieberman, da Universidade da Califórnia, Los Angeles, expressar seus sentimentos em palavras muda a forma como o cérebro lida com informações estressantes. Lieberman descobriu o poder das palavras alguns anos atrás, quando ele e sua equipe de pesquisa pediram às pessoas para olhar fotos de rostos que expressavam emoções e escolher a palavra, como *medo* ou *raiva*, que melhor descrevesse a expressão nos rostos.[11]

Quando as pessoas simplesmente olhavam para os rostos emocionais, mostravam muita atividade cerebral em áreas como a amígdala, que está envolvida com nossas experiências e reações emocionais. Quando a amígdala é altamente ativa, pode impedir que outras áreas do cérebro, necessárias para reforçar a capacidade cognitiva, trabalhem com eficiência. No entanto, quando as pessoas viam os rostos e escolhiam a palavra que melhor os descrevia — em outras palavras, quando identificavam o rosto emocional com uma palavra —, a atividade na amígdala diminuía. Na verdade, usar palavras para rotular os rostos levou ao aumento da atividade em áreas do cérebro como o córtex pré-frontal, o que, por sua vez, parecia reduzir a resposta da amígdala, contribuindo para aliviar a angústia emocional das pessoas.

> Colocar seus sentimentos em palavras muda a forma como o cérebro lida com informações estressantes.

As alterações cerebrais positivas evidentes a partir da identificação dos rostos emocionais com uma palavra não apareciam quando as pessoas tinham de escolher outro rosto que expressasse a mesma emoção, sem articular uma palavra que melhor descrevesse essa emoção. Não é só compreender a emoção que ajuda a impedir a reação excessiva dos centros emocionais do cérebro, é o fato de expressar esses sentimentos em palavras que faz diferença.

Expressar informações negativas e rotulá-las como tal libera a mente de pensamentos indesejados e ajuda a concentração em algo positivo. Além da expressão escrita que pode ajudar as pessoas a prosperar sob pressão, os psicólogos e neurocientistas descobriram recentemente que a prática milenar da meditação ajuda a eliminar pensamentos perturbadores e preocupantes que nos afligem em tempos estressantes. Meditadores experientes podem liberar suas mentes de informações indesejadas ao praticarem sua antiga arte, mas novas pesquisas sugerem que, mesmo quando não estão meditando, as pessoas que praticam essa tradição são melhores do que aquelas que não a fazem, pois ela facilita seus cérebros a voltarem a um estado calmo, tranquilo e controlado quando ocorrerem eventos estressantes.

O CÉREBRO CALMO, TRANQUILO E CONTROLADO

Richard Davidson, neurocientista da Universidade de Wisconsin, pratica meditação desde 1970, mas só recentemente começou a estudá-la. Avanços nas técnicas de imagem cerebral (por exemplo, a ressonância magnética funcional) permitiram analisar dentro dos cérebros dos adeptos e não adeptos da meditação para ver como eles são diferentes. Davidson tinha um palpite de que a meditação tem um poderoso efeito sobre o cérebro e, agora, a pesquisa confirmou isso.[12]

Recentemente, pessoas que praticam meditação zen diariamente, há vários anos, e pessoas que não meditam participaram de uma forma diluída de meditação enquanto seus cérebros eram examinados usando a ressonância magnética funcional.[13] Muitas vezes, na meditação zen, as pessoas focam sua atenção em uma ideia ou objeto (como a respiração) e liberam todo o resto. Quando estavam deitadas na máquina de ressonância, as pessoas olhavam para a tela de um computador em branco à sua frente e eram orientadas a se concentrar em sua respiração.

De vez em quando, uma palavra aparecia na tela (digamos, *jaqueta*), e as pessoas deveriam decidir se eram palavras da língua inglesa ou não, e depois deveriam prontamente "abandonar" o que tinham acabado de ler e concentrar-se novamente em sua respiração. O aparecimento súbito de palavras era projetado para imitar o surgimento de pensamentos espontâneos.

Os pesquisadores que conduziram o estudo de meditação zen queriam saber se a prática da meditação mudava a capacidade de as pessoas se recuperarem da invasão de uma palavra que aparecia inesperadamente na tela do computador, o que sugere fortemente que a meditação melhora a recuperação das distrações induzida pelo pensamento espontâneo também.

Após as interrupções, os cérebros dos adeptos da meditação mais experientes realmente voltam a um estado relaxado de forma mais rápida do que os cérebros de quem não medita. A prática intensiva da medicação parece reduzir o raciocínio elaborado que normalmente ocorre quando avaliamos um pensamento, e os meditadores conseguem liberar de suas mentes as distrações de forma mais rápida do que aqueles que não meditam.

Obviamente, esse tipo de controle do pensamento poderia ser útil para lidar com as preocupações que surgem em situações de testes realizados sob intensa pressão. As preocupações com o fracasso, em geral, são responsáveis pelo fraco desempenho, pois consomem valiosos recursos da memória de curto prazo que, de outro modo, estariam sendo dedicados ao próprio teste. Treinando a mente para descartar pensamentos negativos, é possível diminuir os efeitos negativos de estresse. Descartar esses pensamentos não equivale a tentar ignorá-los, afastá-los ou suprimi-los, o que consume a memória de curto prazo. Quando surge um pensamento preocupante, você o reconhece, dá um nome a ele (como se o identificasse e escrevesse sobre ele), mas o abandona. Não desperdiça capacidade cerebral com ele.

Não é nem mesmo necessário que você pratique meditação durante vários anos para aproveitar os benefícios trazidos pelo controle da mente. Um estudo recente por Davidson e colegas demonstrou que apenas três meses de meditação Vipassana intensiva (uma prática na qual você observa os pensamentos e as percepções em sua consciência, sem fazer juízos negativos a seu respeito), reduzem a tendência de as pessoas terem sua atenção voltada para pensamentos ou eventos indesejados.[14] A pesquisa de Davidson estava voltada para um fenômeno que os psicólogos chamam de "lapso de atenção". Quando dois elementos são apresentados em rápida sequência, as pessoas, muitas vezes, se fixam no primeiro item e esquecem do segundo. Vemos como um aluno poderia ficar centrado em um pensamento negativo sob pressão e passar direto pelo problema que tem diante de si, ou, pelo menos, dar menos atenção ao problema do que ele merece.

Davidson revelou que um curso de três meses em meditação ajudou as pessoas a limitarem seu foco no primeiro dos dois itens que lhe foi apresentado para que pudessem notar o segundo. As pessoas no estudo de Davidson não tinham anos de experiência em meditação, por isso, mesmo um pouco de treinamento as ajudou a reduzir sua propensão de "ficarem centradas" em pensamentos ou atividades perturbadoras. Essencialmente, o treinamento em meditação permite que as pessoas desenvolvam meios de se ligar e se desligar das suas experiências — algo extremamente útil para combater dúvidas em situações de intensa pressão.

Recentemente, em meu laboratório, mostramos que pessoas sem experiência em meditação podem se beneficiar de cerca de dez minutos de treinamento antes de fazer um importante teste de matemática.[15] Estudantes universitários que receberam um breve tutorial sobre como controlar sua atenção antes de fazer um teste importante, em média, tiraram B+ no teste (87% de acerto), enquanto os estudantes que não receberam treinamento de atenção tiraram B- (82%). Essa diferença, embora pequena, é notável, dado que ambos os grupos tiveram desempenho semelhante a um teste prático feito antes que a pressão aumentasse.

Tiger Woods é um entusiástico defensor das práticas budistas, incluindo meditação. Talvez seja por isso que ele parece balançar o taco de golfe tão facilmente diante das distrações dos fãs e da imprensa em torno dele.

Woods aprendeu a ter consciência não reativa dessas experiências e praticar o livre fluxo de pensamentos e sentimentos; ele, provavelmente, produziu mudanças duradouras em sua função cerebral. Claro que, mesmo como um dos maiores jogadores de golfe de todos os tempos, você vai ter seus altos e baixos. Tiger Woods pode ter um resultado ruim em um torneio ou jogar mal sob intensa pressão, como qualquer outra pessoa, no Torneio de Golfe. E mesmo a prática da meditação budista não nos tornará invencíveis contra o fracasso em todos os aspectos da vida.

Phil Jackson, treinador do Los Angeles Lakers, tornou-se conhecido quando era treinador de Michael Jordan e do Chicago Bulls em vários campeonatos seguidos, por defender as práticas de meditação como um meio de melhorar o desempenho dos seus jogadores. Pessoas bem-sucedidas, como os membros do conselho do Goldman Sachs e o presidente da Ford Motor Company, William Ford, também elogiaram os benefícios das práticas da meditação na vida pessoal e no trabalho.[16] Essas importantes presenças nos esportes e nos negócios estão, muitas vezes, usando a intuição sobre os benefícios psicológicos da sua prática, mas, como temos visto até agora, a pesquisa do cérebro sugere que essas intuições são pontuais. Guardar pensamentos e preocupações sob estresse leva a uma incapacidade para desempenhar as tarefas com que são confrontados, e aprender a controlar sua mente, para que sejam capazes de direcionar sua atenção para o que interessa (e só para o que interessa) é uma verdadeira chave para o sucesso sob pressão.

Na verdade, atrizes como Heather Graham e Goldie Hawn são ávidas adeptas da meditação. Hawn tem até uma sala dedicada à meditação em sua casa, cheia de elementos para ajudá-la a relaxar o corpo e, principalmente, a mente. Al Gore e Hillary Clinton, políticos que sempre trabalham sob pressão, confirmaram o poder da meditação para ajudar a reprogramar a mente. A ideia de que o cérebro e o corpo podem mudar como resultado da meditação é intrigante, pois significa que a meditação pode ajudá-lo a alcançar maior desempenho, especialmente quando mais precisar dele — em situações de estresse.[17]

PENSANDO DIFERENTE

Eu estava prestes a introduzir uma outra técnica para promover o sucesso acadêmico sob pressão para os professores na conferência de matemática da Califórnia quando notei que meus pais tinham entrado no salão e agora estavam sentados lá no fundo. Sim, isso mesmo, os meus pais. Quando ouviram que eu estava indo para a Califórnia para fazer uma apresentação, eles imediatamente deram um jeito de vir de São Francisco para me ouvir. Como qualquer casal "*baby boomer*", meus pais nunca perderam uma oportunidade de me acompanhar e a meus irmãos em nossas atividades escolares ou esportivas quando éramos crianças, e seu apoio não diminuíra agora que estamos todos crescidos e exercendo uma atividade profissional. A presença dos meus pais era certa sempre que eu estava de volta à Costa Oeste dando uma palestra, mas nos últimos anos eles tinham até viajado para a Europa e a Austrália para assistir meus seminários.

Eu adoro receber o apoio deles, mas também pode ser um pouco perturbador vê-los na plateia. Quando você vê o pai sorrindo para você do fundo da sala, pode ser difícil lembrar que você não é apenas filha de alguém, mas também uma excelente acadêmica. Se e quando isso acontece, penso imediatamente em minhas credenciais como pesquisadora, um truque que desenvolvi depois de descobrir que fazer com que as pessoas pensem sobre aspectos de si mesmos favoráveis ao sucesso pode realmente ser o suficiente para empurrá-las para um desempenho melhor e evitar bloqueios.

> Conseguir que as pessoas pensem sobre aspectos de si mesmas favoráveis ao sucesso pode ser o suficiente para estimulá-las para um desempenho melhor e evitar bloqueios.

Por exemplo, quando as estudantes universitárias asiáticas estão prestes a fazer um teste de matemática, mas são convidadas a preencher uma pesquisa que destaca sua identidade asiática primeiro ("Quantas gerações de sua família viveram na América?"), elas obtêm notas mais altas do que se a pergunta as tivesse feito refletir sobre o fato de serem mulheres ("Você prefere alojamentos mistos ou do mesmo sexo?").[18] Somente pensar sobre um aspecto seu que está associado a desempenho melhor *versus* pior pode ser suficiente para alterar seu desempenho. E quando uma estudante universitária é solicitada a descrever várias facetas diferentes de si mesma — dar uma descrição completa dela como mulher, atleta, amiga, parte de uma família, artista e atriz — é menos provável que ela estrague tudo em um teste de matemática importante do que se não foi convidada a pensar em todas as suas complexidades.[19] Vendo-se a partir de múltiplas perspectivas, não apenas como uma menina em uma situação onde as mulheres não costumam se destacar, pode ajudar a combater a espiral de dúvidas e preocupações que interferem com a capacidade das pessoas de obter melhor desempenho.

Mapear nossa natureza multifacetada pode funcionar para qualquer um de nós. Basta pensar no bem que poderia advir se um aluno do ensino médio dedicasse cinco minutos antes de fazer o SAT desenhando um diagrama de tudo o que o faz ser quem ele é. Talvez ele atue como tutor de crianças carentes, administre seu time de basquete e coma mais cachorros-quentes do que qualquer um de seus amigos em uma única oportunidade. A simples percepção de que não somos definidos por apenas uma dimensão — nossa nota no exame SAT, uma palestra ou uma apresentação solo — pode ajudar a reduzir as preocupações e os pensamentos negativos.

Em essência, pensar em si mesmo a partir de múltiplas perspectivas pode ajudar a aliviar a pressão que você sente.

Vamos dar um passo atrás por um momento e refletir sobre o que acontece quando os estudantes chegam para fazer um teste padronizado, como o SAT. Uma das primeiras coisas que os examinandos fazem é assinalar opções que indicam sua raça, sexo, média de notas na escola e até a faixa de renda familiar. O fornecimento dessas informações pode minar a autoconfiança dos alunos, especialmente se eles se sentem incluídos em um grupo estereotipado como academicamente inferior ou prejudicado. As consequências do preenchimento dessas informações para o desempenho no teste podem ser terríveis.

De fato, os psicólogos Kelly Danaher e Christian Crandall, da Universidade do Kansas, descobriram que simplesmente tirar as perguntas de praxe sobre a identidade sexual do início do teste e colocá-las no final levou a um desempenho significativamente melhor de mulheres no teste de cálculo AP.[20] Extrapolando os resultados do teste de cálculo AP apenas, os pesquisadores estimam que, anualmente, mais 4.700 estudantes do sexo feminino receberiam créditos AP, que poderiam fazer avançar sua posição nas aulas de matemática da faculdade, se as perguntas sobre sexo fossem sempre inseridas no fim. Se a Educational Testing Service (ETS) — a empresa especializada em testes padronizados, incluindo o SAT, o GRE e o Advanced Placement (AP) — implementasse essa mudança simples em todos os seus testes, acredito que a pontuação aumentaria em termos gerais.

Os professores na plateia pareciam impressionados. Na minha experiência, os educadores como grupo não gostam particularmente de testes padronizados, especialmente uma vez que, para muitos, seus empregos dependem do desempenho dos alunos nesses testes. Quando muito está em jogo, os professores acabam ensinando para o teste, os alunos aprendem menos em geral e essa nota e o teste se tornam uma medida que ameaça o sucesso de todos. Se os professores não achassem que seu desempenho em sala de aula fosse uma medida de sua própria capacidade de ensinar ou se os alunos não sentissem que suas notas determinassem seu nível de inteligência, eles poderiam obter resultados realmente melhores. Fazer com que um aluno se considere a partir de múltiplas perspectivas pode ajudar, e passar as perguntas sobre sexo, raça ou renda familiar para a parte final do teste funciona bem também. É tudo uma questão de tirar a ênfase do teste e abandonar a ideia de que determinada nota ou conceito reflete a inteligência do aluno, seu valor ou mesmo seu potencial para o sucesso.

VER PARA CRER

Durante um período de três meses na preparação para a eleição presidencial de 2008 nos Estados Unidos, psicólogos de diversas universidades de todo o país pediram a negros e brancos que fizessem um teste GRE padrão.[21] Em suma, quase 500 norte-americanos concluíram os exames. Quem fez o teste não estava tentando entrar para um programa de pós-graduação em psicologia e, na verdade, sabia muito pouco sobre por que estava fazendo as provas. Os examinandos, por bondade de seus corações, tinham se oferecido para o estudo porque os pesquisadores pediram ajuda.

Em um teste inicial realizado antes da Convenção Nacional Democrata (DNC), portanto, quando Barack Obama ainda não tinha aceito a indicação de seu partido à presidência, os examinandos brancos tiveram pontuação melhor, em média, do que os negros, apesar de brancos e negros no estudo terem o mesmo nível educacional. Esse achado representa a discrepância no desempenho entre as raças que pode ser encontrada na escola fundamental e que continua até a universidade nos Estados Unidos. No entanto, em um teste administrado imediatamente após o discurso de Obama aceitando sua nomeação, e em um teste feito logo após a vitória de Obama nas eleições presidenciais, os resultados mudaram. O desempenho dos examinandos negros melhorou a tal ponto que os seus resultados não diferem substancialmente dos resultado dos brancos.

Quando Obama assumiu o posto de líder do mundo livre, as preocupações que os negros sentiam em relação à sua capacidade de apresentar bom desempenho em um teste destinado a medir a inteligência pareciam ter desaparecido. Certamente, o estereótipo de que os negros não são tão inteligentes quanto os brancos não pode ser verdadeiro se um homem negro pode se tornar presidente dos Estados Unidos. Vendo que esses estereótipos não eram verdadeiros, os alunos não se preocupavam em confirmá-los.

Só o tempo dirá a extensão do efeito Obama. Uma coisa é certa: esse tipo de "modelo" não se limita apenas ao presidente. Um número crescente de evidências demonstra que ver pode ser crer para as pessoas que estão preocupadas com suas habilidades, porque pertencem a um grupo racial, étnico ou sexual que tem sido estereotipado negativamente.

Há alguns anos a psicóloga Nilanjana Dasgupta entrevistou mulheres no início do seu primeiro ano em duas faculdades de artes liberais na mesma cidade no Leste dos Estados Unidos. Ambas as faculdades atraíam alunos com origens semelhantes, mas havia uma grande diferença entre as duas instituições: uma das faculdades com as quais Dasgupta trabalhou era mista e a outra não era.[22]

Dasgupta entrevistou cerca de 80 estudantes do primeiro ano das duas universidades sobre suas opiniões quanto às condições das mulheres alcançarem sucesso em cargos de liderança. Em resumo, as alunas das duas instituições acreditavam que as qualidades que as mulheres possuem, como compaixão e cuidado, geralmente as tornavam seguidoras em vez de líderes, uma visão que é apoiada pela maioria das sociedades ocidentais. No entanto, quando foram entrevistadas sobre o mesmo tema, 12 meses depois, as estudantes na faculdade só para mulheres tinham abandonado completamente suas crenças de que os homens eram mais adequados para posições de liderança. Mas aquelas que estavam agora no segundo ano da faculdade mista realmente expressaram pontos de vista ainda mais favoráveis sobre os homens serem mais bem-ajustados para posições de poder do que tinham no ano anterior. As mulheres de ambas as faculdades possuíam crenças similares sobre os papéis tradicionalmente diferentes para homens e mulheres quando entravam na faculdade, mas suas crenças divergiam substancialmente um ano depois. Por quê?

> Em um teste administrado imediatamente após o discurso de Obama aceitando sua nomeação, e em um teste feito logo após a vitória de Obama nas eleições presidenciais, o desempenho dos negros melhorou, a tal ponto que os seus resultados não diferem substancialmente dos resultado dos brancos.

Surpreendentemente, a resposta não tem nada a ver com estar em uma instituição mista *versus* só de mulheres. Pelo contrário, tem a ver com as diferenças no número de mulheres em posições de liderança, executiva ou de chefia a quem as estudantes são expostas nessas duas faculdades. Em geral, as estudantes em faculdades só para mulheres veem muito mais mulheres em cargos de liderança — de reitoras a professoras universitárias — do que as estudantes em instituições mistas. E a exposição das alunas a mulheres em cargos de liderança muda sua opinião sobre as condições de as mulheres ocuparem posições de poder. Sabemos disso porque Dasgupta conseguiu mostrar que a mudança nas atitudes das alunas sobre seu próprio sexo e o seu potencial de liderança ao longo do primeiro ano da faculdade — independentemente de qual instituição eles frequentavam — era totalmente orientada pelo número de professoras da universidade. Quando as estudantes são expostas a professoras, suas atitudes sobre as mulheres muda. E a probabilidade de as alunas terem professoras é maior em uma faculdade só de mulheres.

Ainda mais surpreendente é que esses efeitos da exposição não se estendem apenas às atitudes das alunas. Podem afetar o desempenho das estudantes universitárias nas aulas de matemática e ciências. Para as estudantes da Academia da Força Aérea dos EUA, por exemplo, ter professoras em cursos introdutórios de matemática e ciências leva a um desempenho superior, especialmente entre aquelas com as mais altas notas da turma. E se os instrutores de matemática e ciências de nível introdutório forem exclusivamente do sexo feminino, é muito mais provável que a aluna prossiga estudando em um campo ligado a ciências do que estudantes com professores do sexo masculino nesses mesmos cursos.[23]

Na Academia da Força Aérea americana os alunos não podem escolher os cursos introdutórios de matemática e ciências nem os professores que lhes darão aula. Todos os professores da mesma disciplina usam um programa idêntico e ministram exatamente os mesmos exames durante um período de testes comum. Por causa disso, os estudantes não podem selecionar os cursos ou escolher determinados professores em detrimento de outros. Sempre que uma estudante tem a sorte de cair com uma professora nos cursos de matemática e ciências, porém, seu desempenho é substancialmente melhor nessas disciplinas que o de outras meninas.

Uma razão para isso é que, quando as mulheres são lembradas dos estereótipos sobre sua capacidade (parece provável que os estereótipos estejam sempre latentes em um lugar como a Academia da Força Aérea), *mas* também verificam que os estereótipos não são necessariamente indicativos das reais habilidades das mulheres (seja por ouvir explicitamente que os estereótipos não se aplicam ou por ver mulheres que conseguiram superar esses estereótipos), o mau desempenho sob estresse é reduzido. Quando as estudantes fizeram um teste de matemática como parte de um estudo que analisava diferenças entre os sexos no desempenho de matemática, mas ouviram dos examinadores que "é importante ter em mente que, se você estiver se sentindo ansiosa ao fazer o teste, essa ansiedade pode ser resultado dos estereótipos negativos que são amplamente difundidos na sociedade e nada têm a ver com sua real capacidade de ter um bom desempenho no teste", seus resultados não diferiram do dos homens.[24] Mas quando elas não recebem informações que minam a credibilidade dos estereótipos negativos em matemática (porque não veem mulheres que desafiam os estereótipos, ou porque não são explicitamente instruídas sobre a não fundamentação dos estereótipos), o desempenho das mulheres sofre em relação ao dos homens.

Infelizmente, considerando que o número de professoras catedráticas de matemática e ciências nos Estados Unidos é muito pequeno, a maioria das estudantes não fica exposta a um corpo docente feminino nessas disciplinas.

Como resultado, alguns grupos de mulheres têm se encarregado de ajudar as estudantes a encontrar mulheres em posições de destaque no meio acadêmico e empresarial. As mulheres representam mais da metade dos diplomas universitários de graduação nos Estados Unidos, contudo, esse percentual diminui no nível de mestrado e doutorado, e continua a diminuir à medida que aumenta a importância das posições, especialmente em matemática e ciências.[25] A esperança é que as estudantes que conhecem outras mulheres que desafiaram as probabilidades possam ajudar a mudar esses números.

Após as observações de Larry Summers em 2005, os professores da Universidade de Rice, em Houston, começaram a organizar uma conferência anual onde alunas promissoras de pós-graduação e pós-doutorado se reuniam para aprender com professoras de sucesso sobre as habilidades necessárias à excelência na busca por um emprego, como professora assistente, e ao longo de suas carreiras acadêmicas.[26] As alunas participantes da oficina também tomavam conhecimento da miríade de questões que poderiam enfrentar ao seguir uma carreira acadêmica, que inclui de tudo, do sexismo inconsciente ao problema de encontrar um emprego para o cônjuge, especialmente se ele também tem ambições científicas, mas a parte mais importante do programa provavelmente vem de ser capaz de interagir com exemplos femininos de sucesso acadêmico.

Programas como esses estão aparecendo mais cedo na escola primária. Um exemplo é a Winchester Thurston School em Pittsburgh, no estado da Pensilvânia.[27] Kelly Vignale, professora de ciência e tecnologia da WT, fundou um programa chamado "L3" ou "Ladies Who Lunch and Learn" [Mulheres que almoçam e aprendem] para a escola primária WT. A cada semana uma cientista diferente vem almoçar com as meninas para falar sobre sua carreira. O objetivo é que as alunas vejam mulheres em posições acadêmicas de destaque no campo das ciências e se interessem pelo trabalho em curso. O programa L3 mostra às garotas que seguir carreira em ciências, engenharia ou matemática não é algo só para garotos.

Há programas a nível do ensino médio também, como o Women in Science and Engineering (WISE, Mulheres na ciência e na engenharia), programa que começou em 2005 como uma parceria entre a Garrison Forest School, uma escola só para meninas, em Maryland, e a Universidade Johns Hopkins.

A Garrison Forest recruta suas próprias alunas, bem como estudantes de todo o país, para passar um semestre do seu primeiro ou último ano morando na escola. As alunas do WISE têm um currículo especial na GF, onde conhecem e trabalham com professoras de matemática e ciências de primeira linha em seu próprio campus. Essas alunas também passam vários dias por semana no campus da Universidade Johns Hopkins, trabalhando no laboratório e fazendo pesquisas práticas em química, ciência cognitiva e engenharia mecânica, para citar algumas áreas. Não só essas meninas do ensino médio começam a realizar pesquisas de verdade, mas também conhecem várias carreiras disponíveis nas áreas de matemática, ciências e engenharia e a uma gama de modelos a serem seguidos nessas ciências.[28]

Outro programa de modelagem de sucesso foi iniciado por Marnie Halpern e Lissa Rotundo.[29] Halpern é professora de biologia na Universidade Johns Hopkins e Rotundo ensina biologia em uma escola de ensino médio de Baltimore. Durante vários anos agora, elas têm realizado um programa semanal chamado Women Serious About Science (WSAS, Mulheres que levam a ciência a sério), programa em que mulheres cientistas visitam as escolas de ensino médio locais para se encontrar com as alunas e discutir sua formação e seus interesses de pesquisa, e partilhar histórias pessoais sobre como conseguiram chegar onde estão. No começo, as organizadoras convidavam amigas e colegas locais para falar, mas desde o início do programa as meninas das escolas de ensino médio têm tido oportunidade de ouvir engenheiras, astrônomas, químicas, físicas, pesquisadoras de câncer e neurocientistas.

O modelo é simples: Marnie encontra as oradoras, e uma professora na escola em que a palestra será feita organiza tudo. O sistema é bastante informal, e a cientista conversa com as meninas sobre suas experiências em um almoço, comendo pizza. Não só as meninas do ensino médio têm contato com mulheres cientistas de verdade, mas também tomam conhecimento das diferentes opções de carreira disponíveis nas áreas de matemática, ciências e engenharia. As cientistas também se beneficiam, porque o programa WSAS serve como poderosa ferramenta de recrutamento de talentosas jovens do ensino médio que passam os verões trabalhando em seus laboratórios.

ONDE ESTAMOS AGORA?

Os testes são um componente significativo do nosso sistema educativo, e hoje não é raro para os alunos fazerem testes até para entrar no jardim de infância. Esses testes continuam durante toda a vida escolar, até a pós-graduação, e testes para obter e manter seu emprego estão se tornando mais comuns.

Se você consegue dar o melhor de si em testes importantes, futuras oportunidades surgirão. Caso contrário, baixos resultados podem significar má avaliação por parte de mentores e professores, perda de bolsas de estudo e de outras oportunidades educacionais e de emprego.

Um mau desempenho em situações de teste sob intensa pressão também pode diminuir a confiança das pessoas em sua capacidade de vencer e em sua vontade de se aventurar mais em áreas específicas. Uma menina que leva bomba em uma prova de matemática pode decidir que meninas realmente não sabem fazer conta e, portanto, escolher um caminho acadêmico que limite sua exposição a essa matéria. É fácil ver como um ciclo recursivo poderia surgir aqui. O fraco desempenho em testes de matemática leva à evasão das aulas de matemática, o que, por sua vez, significa saber menos matemática, desempenho ainda mais fraco e assim por diante.

Aqui está um resumo das ferramentas rápidas mencionadas até aqui que poderão ajudá-lo a alcançar melhor desempenho, bem como algumas dicas extras que poderão ajudá-lo a superar situações acadêmicas estressantes:

Dicas para assegurar o sucesso sob estresse

Reafirme sua autoestima. Antes de um teste ou apresentação importante, dedique alguns minutos escrevendo seus interesses e atividades. O ato de escrever pode favorecer sua autoestima. Reafirmar seu valor, especialmente quando você questiona suas habilidades, pode impulsionar sua confiança e seu desempenho.

Mapeie suas complexidades. Antes de fazer um teste importante, dedique cinco minutos montando um diagrama de tudo o que faz de você uma pessoa multifacetada. Esse exercício pode ajudar a realçar o fato de que esse único teste não define quem você é, o que, por sua vez, pode aliviar um pouco a pressão.

Escreva sobre suas preocupações. Escrever sobre suas preocupações relativas a uma apresentação ou teste que você está prestes a fazer pode aliviar os anseios e as dúvidas que costumam surgir em situações de alta pressão.

Medite para fugir das preocupações. Você pode treinar seu cérebro a não se concentrar em pensamentos negativos e, ao contrário, reconhecê-los e, depois, descartá-los. O treinamento em meditação pode ajudá-lo a aproveitar toda a sua capacidade cognitiva para a tarefa.

Pense de forma diferente. Pense de forma a realçar sua propensão para o sucesso. Em vez de pensar, por exemplo, que você pertence a determinado grupo racial ou sexual que é injustamente estereotipado como sendo ruim em matemática, lembre-se de que tem as ferramentas para vencer: talvez você seja estudante de uma universidade de prestígio ou tenha tido bom desempenho escolar no passado. Concentre-se em suas credenciais para ajudar a transformar um desempenho ruim em sucesso.

Reinterprete suas reações. Se você fica com as palmas das mãos suadas e seu coração acelera sob pressão, lembre-se de que essas reações fisiológicas ocorrem também em circunstâncias mais agradáveis, como quando você encontra o amor da sua vida. Quando sob pressão, se você pode aprender a interpretar suas reações corporais de uma forma positiva ("Eu estou empolgado para o teste") em vez de negativa ("Estou surtando"), conseguirá transformar seu corpo a seu favor.

Interrompa o bloqueio. Afastar-se por alguns minutos de um problema desafiador que exige memória de curto prazo pode ajudá-lo a encontrar a solução mais adequada. Esse período de "incubação" ajuda você a mudar o foco de detalhes irrelevantes e, em vez disso, pensar de forma nova ou a partir de uma perspectiva alternativa —e pode produzir um momento revelador que, em última instância, leva a um avanço e ao sucesso.

Eduque as preocupações. Simplesmente chamar a atenção para os estereótipos que os alunos podem ter – por exemplo, "Meninas não sabem fazer conta" ou "Os brancos não são tão bons em matemática quanto os asiáticos" – e recordar que não passam de estereótipos e nada mais pode ajudar a impedir que as pessoas se preocupem com sua capacidade quando a pressão é intensa. Pode parecer contraditório que falar para as pessoas sobre determinado estereótipo em relação à sua capacidade aplacaria seus efeitos em vez de agravá-los, mas dar às pessoas uma desculpa para suas preocupações permite que elas considerem seu desempenho como algo menos representativo de sua inteligência.

O efeito Obama. Ver exemplos de pessoas que desafiam os estereótipos comuns sobre sexo, raça e capacidade pode contribuir para aumentar o desempenho das pessoas nesses grupos sociais. Afinal de contas, se um negro pode se tornar líder do mundo livre, certamente o estereótipo de que os afro-americanos não são inteligentes não pode ser verdadeiro.

Pratique sob pressão. O velho ditado de que a prática faz a perfeição funciona com alguns ajustes. Estudar nas mesmas condições em que será testado – por exemplo, com hora marcada e sem auxílios de estudo — ajuda você a se acostumar com o que vai enfrentar no dia do teste. Há também pesquisas que sugerem que fazer autotestes (em vez de simplesmente estudar o material) ajuda a memorizar a longo prazo. Afinal de contas, você vai ser testado durante o exame, então, pode muito bem simular uma situação de teste.

Transfira carga cognitiva. Anote os passos intermediários de um problema em vez de tentar guardar tudo na cabeça. Isto proporciona uma fonte de memória externa, que pode estar relativamente livre de preocupações em relação ao seu próprio córtex pré-frontal. Como resultado, existe menor probabilidade de você misturar informações ou esquecer detalhes importantes daquilo que está fazendo.

Organize o que você sabe. Garçons experientes como JC, de quem falamos no Capítulo 2, podem nos dar algumas dicas. Encontrar formas significativas de organizar as informações que você precisa lembrar para um teste ou apresentação importante pode ajudar a aliviar a carga fora de sua memória de curto prazo e realmente ajudá-lo a se lembrar mais.

UMA PERSPECTIVA PARA O FUTURO

Nos próximos capítulos vamos nos afastar do mundo acadêmico e analisar o bloqueio no mundo esportivo e empresarial. Estressar com um lápis na mão tem algumas semelhanças com a pressão que sentimos quando empunhamos um taco de golfe, mas há diferenças importantes, e têm implicações sobre como aliviar a sensação de bloqueio ou asfixia.

Vamos também analisar a universalidade do jogador que é capaz de decidir uma partida. Será que as mesmas pessoas brilham na sala de reuniões e no campo de jogo em situações de alta pressão? Finalmente, vamos usar o que sabemos sobre por que as pessoas bloqueiam sob pressão a fim de identificar as ferramentas para prevenir ou aliviar problemas de desempenho nos esportes e em outras atividades em geral.

CAPÍTULO SETE

BLOQUEAR SOB PRESSÃO
DO CAMPO AO PALCO

É fácil encontrar listas dos dez maiores "bloqueios" da história dos esportes, seja fazendo pesquisas na internet ou compilando nossos próprios casos. O New York Yankees de 2004 é um bom exemplo. Em meados de 2004, o Yankees vencia o Boston Red Sox por três jogos no Campeonato da Liga Americana de Beisebol. Todos esperavam que o Yankees continuasse a ganhar e passasse para a Série Mundial. No entanto, precisando apenas de mais uma vitória para chegar às finais, o Yankees perdeu esse jogo decisivo e mais três seguidos. O Red Sox avançou para conquistar sua primeira vitória na Série Mundial em 86 anos. Em praticamente qualquer aspecto, podemos dizer que o Yankees sofreu um bloqueio diante da pressão para alcançar o sucesso.

É claro que nenhum fã do golfe consegue esquecer a apresentação de Greg Norman no Masters de 1996. Seu desempenho sempre está entre os dez maiores bloqueios nos esportes. Depois de jogar de forma brilhante nos três primeiros dias do torneio, parecia quase inevitável que Norman levaria o prêmio concedido a todos os vencedores do Masters desde 1949. Mas o jogo sensacional de Norman desapareceu de repente naquele domingo em Augusta. Antes mesmo de os jogadores chegarem aos nove últimos buracos do jogo, Norman havia perdido sua grande vantagem para Nick Faldo e estava visivelmente ansioso. Todos ficaram chocados ao ver Norman sair de campo derrotado e terminando em segundo lugar. Alguns disseram que ele estava quase chorando.

Como é possível perder uma oportunidade de vitória certa? Era uma pergunta para a qual ninguém parece ter a resposta — incluindo o próprio Norman. Em uma entrevista para a *Golf Magazine* sobre o incidente, quase um ano depois, Norman afirmou: "Nunca na minha carreira eu havia sentido algo parecido com aquilo... Eu fiquei completamente fora de controle. Não consigo entender."[1]

Ainda sobre golfe: é interessante mencionar o caso do jogador francês Jean Van de Velde, que talvez seja mais conhecido pelo desempenho no Campeonato Aberto da Grã-Bretanha de 1999. Van de Velde estava tão perto de vencer que seu nome, praticamente, estava gravado no troféu, o Claret Jug. Tendo chegado ao 18º buraco com três tacadas à frente depois de jogar próximo à perfeição ao longo de todo o torneio, Van de Velde conseguiu a façanha de dar sete tacadas no último par 4. Por causa disso, ele acabou tendo que disputar mais um jogo, e perdeu. Mas não foi apenas o fato de ter perdido que ficou marcado, mas o modo como aconteceu.

Tudo começou com um percurso no 18º buraco que Van de Velde tentou corrigir indo para o *green* na segunda tacada. Em vez de acertar o *green*, no entanto, a bola atingiu o público que acompanhava o jogo e voltou para a grama alta. A próxima tacada lançou a bola no riacho. As páginas esportivas do dia seguinte no mundo inteiro mostraram a foto de Van de Velde confuso e atordoado no riacho, sem as meias e sem o tênis, decidindo se deveria tentar tirar a bola da água. Van de Velde foi penalizado e deixou a bola onde estava, mas era tarde demais. Seu bloqueio já era tema de livro.

Quando a pressão é intensa e muita coisa está em jogo no próximo lance, às vezes até mesmo os atletas mais experientes sucumbem ao estresse. Pessoas realizadas em todas as áreas apresentaram mau desempenho quando buscavam atingir o melhor.

Talvez seja por isso que tantas pessoas se identificaram com Norman durante o Masters e Van de Velde durante o Campeonato Aberto da Grã-Bretanha. Quem quer que já tenha enfrentado a mesma situação, simpatizou com a situação deles.

À primeira vista, o bloqueio em um esporte e em outras situações que exigem bom desempenho pode parecer fora da esfera do que podemos entender ou prever. Com novas tecnologias de imagens do cérebro e a sofisticação das técnicas para estudar problemas de desempenho no laboratório ou no campo de jogo, os psicólogos alcançaram progresso real nas pesquisas que explicam por que o fenômeno ocorre e como se livrar dele.

Evidentemente, muitas vezes é difícil para as pessoas concordarem sobre o que constitui um bloqueio nos esportes e em outras áreas de desempenho. No meu Laboratório de Performance Humana, reconhecer o fraco desempenho em situações de intensa pressão é simples, porque, intencionalmente, todos os participantes têm o mesmo nível acadêmico e o nível de estresse é aumentado para verificar quando e por que o desempenho das pessoas cai quando a pressão é intensa. No campo de jogo, entretanto, alguns atletas são mais habilidosos do que outros e o que pode parecer bloqueio para um jogador talvez seja simplesmente resultado da reação de um oponente. De fato, ao compilar uma lista de bloqueios nos esportes, tive calorosas discussões com amigos e colegas próximos sobre quais deveriam ser incluídos e quais deveriam ser retirados da seleção.

O bloqueio representa um desempenho abaixo do desejado, não apenas um desempenho fraco. É inferior ao que você pode fazer e já fez no passado. Todos nós temos nossos altos e baixos, mas o bloqueio ocorre quando as pessoas percebem que determinada situação é altamente estressante e, por causa do estresse, elas não conseguem prosseguir. Os bloqueios são mais observáveis quando se perde uma oportunidade de vencer, talvez porque seja nesse momento que a pressão para vencer está no auge. O bloqueio não é aleatório.

Tendo a definição acima em mente, o fraco desempenho sob pressão pode ocorrer em jogos individuais e de equipe, quando os atletas competem diretamente contra um oponente como no tênis, ou não, como no golfe. Com certeza, afirmar que ocorreu um bloqueio em uma situação de competição direta pode ser complicado, porque é preciso ter certeza de que você está diante de um desempenho ruim, em vez de uma virada do oponente. Ainda assim, como qualquer fã do Yankees pode atestar, o bloqueio ocorre em situações de jogo reais. Finalmente, o bloqueio pode acontecer com atletas que estão no meio de uma jogada ou antes de qualquer lance do jogo, como a decisão ruim tomada por Van de Velde no último buraco do Campeonato Aberto da Grã-Bretanha. No entanto, podem ocorrer tropeços de toda espécie pelos mais diversos motivos, que não estão ligados a uma decisão ruim quando a pressão é intensa. É por isso que, em seu próprio desempenho, você precisa descobrir o que há de errado e por que, e, assim, usar o elixir adequado para corrigi-lo. Mas, primeiro, aqui estão exemplos clássicos de bloqueios nos esportes:

> Greg Norman quando perdeu a liderança e o torneio para Nick Faldo no Masters de 1996.
>
> A decisão errada de Van de Velde no 18° buraco quando estava sob pressão para vencer o Campeonato Aberto da Grã-Bretanha de 1999.
>
> A perda do campeonato para o Boston Red Sox pelo Yankees na Série da Liga Americana de 2004.
>
> Lorena Ochoa no Campeonato Aberto Feminino de Golfe dos EUA de 2005. "Achei que venceria o torneio", Ochoa afirma ter pensando antes do 18° buraco. Em vez disso, ela lançou a bola na água e, a partir desse ponto, não conseguiu mais se recuperar. Ochoa terminou com quatro tacadas a mais, com um *quadruple bogey* no último buraco.
>
> Skip Dillard da DePaul University acertava tantos lances livres durante as temporadas de basquete que seus colegas de equipe o chamavam de "Money". Entretanto, com 12 segundos para terminar a partida e um ponto de vantagem contra o St. Joseph no segundo tempo do torneio da NCAA de 1981, Dillard errou a primeira cesta de uma cobrança de falta com dois arremessos. O St. Joseph marcou e ganhou o jogo.
>
> Na final do campeonato de hóquei no gelo de 1986 entre o Calgary Flames e o Edmonton Oilers, também chamada da Batalha de Alberta, o Edmonton Oilers deu um tiro no pé (literalmente) quando Steve Smith tentou passar a bola próximo de sua própria rede. O passe bateu no patim do goleiro e acabou entrando. O Oilers nunca se recuperou do gol contra, perdendo o jogo por 3 a 2, a série e a chance de ser bicampeão do mundo.
>
> O desempenho da Inglaterra nos pênaltis na final da Copa do Mundo talvez seja o bloqueio definitivo de uma equipe. Basta analisar as estatísticas: sem contar a Copa do Mundo mais recente, a Inglaterra participou de três decisões nos pênaltis em partidas da final da Copa, e perdeu as três. Catorze tentativas, sete acertos, 50% de taxa de sucesso em uma situação que está claramente a favor do jogador que chuta.

Jana Novotna vivenciou um dos maiores colapsos da história de Wimbledon nas finais de 1993. Novotna perdeu o primeiro *set* para Steffi Graf, 6-7, mas venceu o segundo, por 6-1. No terceiro e último *set*, Novotna estava a um ponto de chegar a 5-1, mas, em vez disso, cometeu falta dupla e perdeu o jogo. Ela perdeu os quatro *games* seguintes e deu adeus ao título do Grand Slam.

Quem quer que seja fã dos Jogos Olímpicos de Inverno vai se lembrar da queda de Lindsey Jacobellis em 2006 no *boardercross*. Jacobellis estava bem à frente na corrida final quando tomou uma decisão muito ruim. Com todos os olhos fixos nela, Jacobellis decidiu ser rápida no último salto. Ela caiu a alguns metros da linha de chegada, permitindo que a suíça Tanja Frieden levasse o ouro.

Michelle Kwan era a favorita dos fãs e dos juízes para ganhar a medalha de ouro na patinação artística nas Olimpíadas de Inverno de 2002. Apesar de liderar após o programa curto, na apresentação final longa ela estava visivelmente tensa, errou uma combinação com os pés e caiu no salto triplo. Sarah Hughes levou o ouro.

Até as Olimpíadas de Barcelona de 1992, a Reebok apresentava comerciais que mostravam Dan O'Brien e seu rival decatleta Dave Johnson competindo pelo ouro. A competição nunca ocorreu porque, nas provas de seleção para escalação da equipe norte-americana, Dan errou todas as tentativas no salto com vara e não participou dos jogos da Espanha.

O desempenho de Alicia Sacramone durante a competição nos Jogos Olímpicos de Pequim em 2008. Apesar de ser uma esperança para a equipe, Sacramone caiu da trave e apresentou um desempenho sofrível no solo, tirando dos Estados Unidos a chance de disputar o ouro na competição por equipe.

Em 17 de janeiro de 2010 o atacante do futebol americano Nate Kaeding, do San Diego Chargers, não perdeu apenas um ou dois, mas três chutes a gol na derrota de 17 a 14 para o New York Jets no jogo decisivo da divisão AFC. Ele perdeu um lance de 36 jardas e outro, de 40 jardas, tanto à esquerda quanto à direita do campo. Kaeding não havia perdido um gol assim durante toda a temporada. No entanto, na partida da decisão, quando a pressão pela vitória era intensa, seu tiro saiu pela culatra.

Kenny Perry tinha chances de se tornar o mais velho ganhador de um torneio importante de golfe (aos 48 anos de idade, em 2009), mas depois de jogar 70 buracos do Masters quase sem errar, ele não conseguiu manter sua liderança. Todos observaram, incrédulos, Perry fazer um *bogey* nos dois últimos buracos para terminar em segundo lugar. Perry também parecia estar chocado. "Eu simplesmente não consegui... Vou imaginar pelo resto da minha vida o que poderia ter sido", disse ele após o torneio.

* * *

Em dezembro passado, minha amiga Mia me convidou para passar um fim de semana prolongado na casa nova de seus pais em West Palm Beach, na Flórida. Era um inverno daqueles em Chicago, por isso, não havia a menor possibilidade de eu perder a chance de passar alguns dias aproveitando o sol da Flórida. Os pais de Mia tinham se aposentado recentemente e trocado sua semana de trabalho típica e os invernos de Nova York por um lugar com sol, areia e golfe o ano todo, em um dos melhores resorts de golfe do estado da Flórida.

Embora passar os dias em um campo de golfe possa parecer um alívio para o estresse da vida dura de trabalho, as coisas não são assim tão simples, de acordo com a mãe de Mia. Um dia, durante o almoço, começamos a conversar e, para minha surpresa, descobri que a vida de aposentado no Ibis Golf and Country Club poderia ser bem estressante. Ninguém estava jogando por um troféu como o Green Jacket, mas assim como Greg Norman no Masters, esse pessoal sentia tanta pressão para jogar bem que muitas vezes o resultado era o oposto.

Quando as pessoas se mudam para um lugar como o Ibis, trocam suas identidades como empresários de sucesso por novas personalidades, definidas tanto pelas realizações passadas quanto pelas conquistas no campo de golfe. Isso, certamente, se aplicava ao pai de Mia. Ele não estava mais preocupado com carteiras de ações e fusões, mas passava boa parte do tempo pensando em como poderia jogar nos primeiros nove buracos. A mãe de Mia tinha a complicação adicional advinda da pressão da sagrada Liga Feminina de Golfe do Ibis. O desempenho no campo determinava o status social das senhoras na comunidade, porque era ali que elas eram convidadas para cerimônias diversas e onde as datas dos jantares eram marcadas, e o cenário social explica porque muitas pessoas pagam caro para viver no Ibis. A mãe de Mia já fora malsucedida no primeiro jogo de golfe com as senhoras e estava esperando ansiosamente a próxima oportunidade para jogar. Ela até é uma jogadora razoável, mas não conseguia se concentrar quando mais precisava. Ela queria saber o motivo. O que estava acontecendo?

No Capítulo 1 eu mostrei como uma importante abordagem de vendas pode dar errado — especialmente quando as pessoas estão tentando improvisar diante de questões difíceis colocadas por um cliente — e nos últimos capítulos abordei importantes situações de testes que podem levar a um mau desempenho quando os alunos precisam que todo seu poder de raciocínio e lógica seja colocado em prática para vencer. Em resumo, tratamos de várias situações em que a memória de curto prazo é essencial para o bom desempenho e analisamos como situações estressantes podem comprometer nossa capacidade de utilizar a potência cognitiva quando mais precisamos.

Tratamos não apenas de situações em que o bloqueio acontece porque não temos memória de curto prazo disponível; também exploramos como evitar e aliviar a sensação de asfixia liberando obstáculos que impedem o uso de todas as nossas capacidades de pensamento e raciocínio. Neste capítulo avançamos dos matemáticos para os atletas e outros indivíduos que precisam apresentar bom desempenho em situações críticas. O bloqueio nos esportes e na música tem algumas semelhanças com o bloqueio sofrido em importantes situações de teste na escola, mas existem também diferenças. O objetivo principal é apresentar técnicas para aliviar o bloqueio que podem ser adaptadas para suas próprias atividades, seja uma situação estressante diante de uma jogada crítica ou a ansiedade vivida antes de fazer um solo no palco.

POR QUE BLOQUEAMOS NOS CAMPOS...
E EM OUTROS LUGARES

As pessoas bloqueiam sob pressão porque se preocupam. Elas se preocupam com a situação, suas consequências, sobre o que as outras pessoas vão pensar. Sobre o que vão perder se não conseguirem apresentar um bom desempenho e se terão condições de alcançar o sucesso. Podem até conjurar imagens do resultado indesejado — o fracasso na apresentação, o gol perdido, o tombo no gelo.

A maioria dos atletas profissionais dá a impressão de que são calmos, tranquilos e bem-controlados nas muitas entrevistas de televisão que concedem após um grande jogo, por isso, pode-se pensar que eles conseguem controlar bem seus pensamentos e preocupações relacionadas ao desempenho. No entanto, os atletas confessam que pensam na possibilidade de fracasso, e os cientistas do esporte demonstraram que, quando os atletas pensam em si mesmos como um fracassado, tendem a apresentar mau desempenho. No golfe, quando o jogador tem pensamentos negativos durante as jogadas, *putts* simples desandam. Nos dardos, quando os jogadores imaginam que estão errando o centro do alvo, eles erram. E no basquete, quanto mais os jogadores pensam que vão errar um lance livre importante, mais tendem a deixar a equipe na mão num lance livre, nos segundos finais de um jogo decisivo. Resumindo: a capacidade de controlar seus pensamentos e sua imaginação durante o jogo é crucial.[2]

As preocupações (e tentar suprimi-las) consomem memória de curto prazo que, de outro modo, seria utilizada para guardar inúmeras informações de modo a permitir a realização de uma apresentação impecável a um cliente ou a argumentação perfeita em defesa da reforma da cozinha. A memória de curto prazo também é essencial para um político que responde perguntas ao vivo de um repórter. O político precisa aproveitar toda a capacidade cognitiva à sua disposição para garantir que suas respostas serão precisas e não tenderão a causar desconforto. Caso contrário, a probabilidade de que os comentários do político sejam reproduzidos ininterruptamente nos noticiários é bastante alta. Na verdade, em muitas situações em que as pessoas enfrentam tarefas difíceis que envolvem raciocínio e pensamento lógico, as preocupações podem afetar o desempenho, por desviar recursos cognitivos.

> Quando atletas têm pensamentos negativos a seu respeito, tendem a errar.

No entanto, somente as preocupações não parecem ser a causa do fracasso nas quadras ou mesmo nos palcos — pelo menos para os melhores nessas searas. Isso ocorre porque a capacidade cognitiva não cria, necessariamente, sucesso nessas áreas. Em vez disso, o oposto parece ser verdadeiro.

No linguajar do basquete americano, *inconsciente* é o termo mais usado para descrever um jogador que parece nunca errar. E, de acordo com uma estrela do time San Antonio Spurs, Tim Duncan, "Quando paramos para pensar nos lances, dá tudo errado". Na dança, o grande coreógrafo George Balanchine era conhecido por pedir que seus dançarinos altamente qualificados "não pensassem, apenas dançassem". Esta recomendação também é seguida nos gramados de golfe. Como dizia o jogador de golfe profissional Padraig Harrington, nada de pensar nos *swings*; ele procurava manter sua mente vazia e pensar apenas na trajetória aérea da bola. Harrington, aliás, é conhecido pelo sucesso no *tour* PGA aos domingos, o último dia do torneio e, comprovadamente, o mais tenso. E o *snowboarder* medalhista de ouro olímpico Shaun White afirma que, quando faz um de seus movimentos peculiares, o *"frontside double cork* 1080", que significa nada menos do que dois saltos mortais e três revoluções de 360 graus, "Não há tempo para pensar". "A gente deixa nosso corpo falar. Eu faço isso há tanto tempo que, quando não estou pensando, meu desempenho é melhor." A chave para o ótimo desempenho nos esportes de alto nível parece ter sido muito bem-resumida pelo lema da Nike: *"Just do it."* (Faça!).

> "Não pense, só aja." – George Balanchine
>
> "Just do it." – Nike

Dizer que apenas as preocupações explicam as falhas nos esportes não procede, pois desempenhos excepcionais nesse campo não utilizam os recursos do córtex pré-frontal que são consumidos pelas inquietações. Nem todas as atividades usam a memória de curto prazo da mesma forma que o cálculo de complicados problemas de matemática ou argumentação improvisada. Habilidades motoras complexas, por exemplo, são motivadas por conhecimento procedural que reside em uma rede de regiões do cérebro, como os gânglios basais e o sistema motor, que contorna o córtex pré-frontal e a memória de curto prazo ali abrigada. Embora as preocupações pareçam estar relacionadas com o fracasso no esporte, provavelmente, não são a causa direta do mau desempenho. Então, qual é?

A resposta envolve o que as preocupações catalisam. Quando as pessoas estão preocupadas com seu próprio desempenho e suas inquietações, tendem a tentar controlar seus movimentos para garantir um resultado ideal. O que acontece é que o desempenho fluido — aquele que funciona melhor fora do âmbito da consciência — acaba não se concretizando. Se você está apenas aprendendo o básico — primeiro eu me aproximo da bola, posiciono meu taco aqui, coloco meus pés ali —, esse tipo de atenção aos detalhes pode ser bom. Mas, se estiver fazendo algo que já fez milhares de vezes no passado, o excesso de atenção necessária para dar o melhor de si é exatamente o que faz você se atrapalhar.

Pense em uma ação em que a maioria das pessoas é especialista — caminhar. Se você está descendo as escadas sozinho, não tem problema. Mas se eu pedir para você pensar como seu joelho dobra a cada degrau, talvez seja necessário diminuir a velocidade para pensar no processo físico, o que pode afetar seu ritmo da descida ou fazê-lo reduzir o passo. No final das contas, você poderia até cair da escada.

Vamos parar um pouco e analisar pesquisas recentes sobre como os cérebros de especialistas e novatos estão organizados para apoiar o desempenho atlético. Isso nos dará uma ideia melhor de como os atletas conseguem alcançar ótimo desempenho e que fatores causam sua derrota e desgaste.

ESPELHOS NA CABEÇA

Quando um torcedor de futebol americano que conhece bem o jogo está assistindo seu time favorito jogar — e não está segurando uma cerveja nem um saco de batata frita —, são boas as chances de ele imitar alguns dos movimentos de um *quarterback*. Talvez mantenha as mãos como se segurasse a bola ou mesmo se incline para a frente da mesma forma que o *quarterback* faz para correr pelo campo. À primeira vista, talvez você pense que este é apenas o comportamento de um torcedor ansioso, mas pesquisas recentes demonstram que esse tipo de imitação está ligado ao nível de habilidade que um dia o torcedor já teve.

Quando pessoas capazes observam outras em ação, não ficam apenas paradas observando — pelo menos no que se refere aos seus cérebros. Em vez disso, enquanto assistem outras pessoas jogando, esses atletas fazem o mesmo em suas próprias cabeças. Quando bailarinos experientes ligados a equipamento de ressonância magnética funcional assistiram vídeos de outros dançando, as áreas de seus cérebros envolvidas na produção das ações que eles estavam assistindo, tais como o córtex pré-motor e parietal, estavam ativas. Interessantemente, esse padrão de ativação só era encontrado quando os bailarinos veteranos observavam passos de dança de seu próprio repertório de habilidades — passos que eles mesmos poderiam realizar. Quando os mesmos bailarinos assistiam outros dançarinos fazendo passos que eles não conheciam, essas áreas do cérebro não estavam envolvidas.[3]

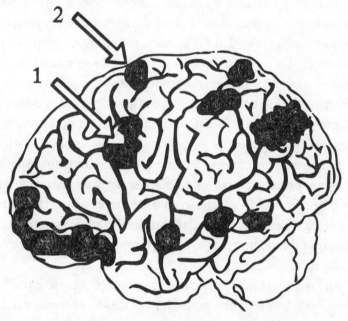

Áreas do cérebro que são mais ativas quando dançarinos profissionais observam seu próprio estilo *versus* um estilo de dança diferente. Esta imagem representa o hemisfério esquerdo do cérebro. As áreas ativas incluem (1) córtex pré-motor ventral e (2) córtex pré-motor dorsal, áreas do cérebro envolvidas na realização de ações.[4]

Quando as pessoas observam atividades para as quais estão altamente qualificadas, utilizam não só as áreas do cérebro especializadas na visão, mas aquelas envolvidas na produção das ações também. As redes cerebrais envolvidas na execução e na observação das ações foram chamadas de redes de espelhos, e acredita-se que os atletas altamente qualificados baseiam-se nesses tipos de espelhos no cérebro para prever as ações de terceiros e antecipar os resultados de suas próprias ações.[5] É por isso que os mais habilidosos sempre agem como se estivessem dois passos à frente dos demais. De alguma maneira, eles estão. Os cérebros dos especialistas foram reestruturados para realizar as ações nas suas próprias cabeças antes que essas ações aconteçam na realidade.

Pense sobre um *snowboarder* profissional que compete *boardercross* nas Olimpíadas. Este é um esporte em que os competidores devem competir entre si para que sejam os primeiros no curso da corrida, repleta de curvas fechadas e grandes saltos. Se você estiver no meio de uma multidão e precisar saltar, terá de saber onde vai pousar antes do próximo movimento. Esta é a única forma de se preparar para o próximo lance. Essa necessidade de antecipação se estende à maioria dos esportes em que é necessário produzir ações rapidamente a partir do ambiente. No futebol, os goleiros, em geral, precisam começar a se mexer antes que a bola saia do pé do artilheiro, e no esqui, os competidores precisam pensar pelo menos dois obstáculos antes para ter tempo de ajustar suas curvas. É como se os cérebros dos especialistas conseguissem prever o futuro de suas ações antes de completá-las, para que possam agir rápido e fazer os ajustes necessários. Por causa dos anos de prática e experiência, os atletas de alto nível podem analisar o que veem ou pretendem fazer e, assim, têm uma boa ideia de qual será o desfecho de suas ações.

Os atletas de sucesso não pensam em suas ações passo a passo usando o córtex pré-frontal como guia. Em vez disso, conseguem contornar essa etapa e, a partir do que veem ao seu redor, começam a imaginar o que acontecerá antes que o evento se realize de fato. Como resultado, quando atletas de elite se preocupam, não é tanto um problema que compromete a memória de curto prazo, porque esses indivíduos não precisam de tanta capacidade cognitiva para alcançar desempenho excepcional. A preocupação, no entanto, leva a problemas. Quando você está vencendo e, de repente, se preocupa com a possibilidade de perder, seu desejo de brilhar pode fazê-lo exercer o controle consciente do que está fazendo. Esse controle adicional pode contra-atacar, afetando o desempenho nos esportes e até mesmo na música, atividades que operam melhor fora do âmbito de ação do córtex pré-frontal.

UM ROSTO AMIGO NEM SEMPRE É UM BOM SINAL

Imagine a cena: a mãe de Mia está no gramado jogando na Liga Feminina de Golfe Ibis pela primeira vez. Ela precisou de praticamente quatro meses de conversa fiada no clube para receber o convite para jogar. Ela está em seu primeiro buraco. Para sua alegria, ela conseguiu acertar abaixo do par e agora só precisa fazer um *putt* simples de três pés para continuar indo bem. Este é um putt que ela já conseguiu fazer muitas vezes quando pratica sozinha. Este *putt* é conhecido, ela o executa sem pestanejar. No entanto, nesse dia, nesse *putt*, ela está com outras ideias na cabeça. Ela pensa que seu círculo social pelos próximos vários anos pode depender dessa tacada, e percebe também que as outras mulheres do grupo de quatro estão observando.

Assim, esse lance não é exatamente igual aos demais que ela praticou durante semanas. Quando ela se aproxima da bola, faz uma rotina pré-tacada e dá o golpe, fica evidente como esse *putt* é realmente diferente. A mãe de Mia começa a pensar sobre si mesma, seu *swing*, sua posição e, como resultado, ela faz o que parece inimaginável, considerando sua habilidade — ela perde o *putt*; ela bloqueia sob pressão. As mulheres que observavam a mãe de Mia não estavam torcendo para ela errar. Realmente, queriam que ela acertasse. A mãe de Mia sabia disso, mas seu apoio parecia não ajudar. Na verdade, até incomodava.

Durante vários anos os psicólogos sabem que colocar um espelho na frente de uma pessoa ou gravá-la enquanto realiza suas ações a tornará mais autoconsciente — mais ciente de si mesma e de suas ações. Isso também ocorre quando temos que fazer apresentações em público. Mais interessante, quanto mais simpática e encorajadora a plateia, mais autoconsciente ficamos de nosso próprio desempenho.

Entretanto, é muito gratificante contar com a presença de amigos ou de familiares, ou mesmo de um público camarada em geral em um momento importante. É preciso ter em mente que também é mais doloroso que seus amigos vejam você fracassar. É claro, algumas pessoas sobressaem em público, pois se alimentam com o entusiasmo da plateia e ficam ainda melhores com adulação, como o exibicionista, que fica ainda mais exibido quando as pessoas estão olhando. Mas, em geral, o oposto se aplica.

Pense sobre a cantora *pop* transformada em vocalista *country* Jessica Simpson. Em 2006, Simpson estava prestando homenagem à sua mentora, a idolatrada Dolly Parton, cantando a famosa canção "9 to 5" diante de um auditório lotado no Kennedy Center, incluindo a presença do presidente Bush, da primeira-dama Laura Bush e da própria Parton. Simpson ficou tão nervosa que errou a letra e acabou interrompendo a apresentação. Apresentar-se diante de seu ídolo e não querer errar foi o que bastou para Simpson deixar o palco aos prantos. "Dolly, você me deixa tão nervosa que nem consigo cantar direito", disse Simpson sobre seu fiasco no palco.

Auditórios entusiasmados podem aumentar sua consciência do que você está fazendo e, caso esteja realizando uma tarefa na qual tenha muita prática — um *putt* de três pés em um campo liso que você já fez inúmeras vezes no passado, ou cantar uma canção que vem ensaiando há séculos —, esse excesso de atenção aos detalhes pode acabar atrapalhando. Este, certamente, é o problema da mãe de Mia quando joga com as senhoras da Liga Ibis, mas também ocorre em algumas situações inesperadas.

Em meados da década de 1980, o psicólogo Roy Baumeister e seus colegas analisaram vários anos de estatísticas do beisebol profissional (MLB) de jogos de campeonatos, tentando compreender como a vitória ou a derrota era alcançada em jogos decisivos nas situações com maior nível de pressão. O que Baumeister descobriu foi bastante surpreendente: quando a equipe da casa estava apenas a um jogo de ganhar a série, ganhava cerca de um terço das vezes (38,5%).[6]

> Atenção exagerada ao detalhe pode acabar atrapalhando.

Você talvez imagine que essas estatísticas mostram apenas a melhora da equipe visitante que, de outro modo, seria eliminada, mas não foi isso que Baumeister descobriu. Quando ele analisou os dados um pouco melhor, descobriu que o time da casa jogava pior nas situações decisivas; não era o time visitante que jogava melhor. Quando o time de casa tinha chances de ganhar no beisebol, cometia erros bobos. O bloqueio vivido pelo New York Yankees em 2004 na ALCS é um exemplo típico dessa situação. Como mencionado, depois de estar à frente por três jogos a zero contra o Boston Red Sox, o Yankees perdeu os quatro jogos seguintes — os dois últimos em casa.

Realmente, os dados de Baumeister são um tanto contraintuitivos — especialmente quando pensamos sobre a noção geralmente aceita de que existe uma vantagem para a equipe de casa. No entanto, Baumeister acredita que essa vantagem pode desaparecer em jogos críticos quando as pressões para apresentar um ótimo desempenho diante de uma multidão em casa, um auditório entusiasmado, faz com que os jogadores tentem controlar aspectos de seu desempenho que acabam atrapalhando. Mais erros por parte da equipe da casa certamente apoiam os argumentos de Baumeister. Apesar de tudo, para acalmar os céticos, Baumeister partiu para o estudo no laboratório para obter ajuda adicional.

Em um experimento, Baumeister fez com que as pessoas praticassem um *video game* chamado Sky Jinks.[7] O objetivo é pilotar um avião com um *joystick* ao longo de uma pista de obstáculos o mais rápido possível. Esse jogo, semelhante à maioria das habilidades esportivas, requer coordenação precisa entre pés e mãos e reações rápidas. Baumeister começa fazendo com que os alunos pratiquem o jogo para garantir que sabiam como jogar, quando ele aumentasse a pressão. Assim que os jogadores dominavam o Sky Jinks, ele oferecia dinheiro caso melhorassem ainda mais. Além disso, um estranho entrava na sala, instruído para dar todo o seu apoio, incentivando o jogador a ter um ótimo desempenho, ou desinteressado, não demonstrando qualquer sinal de que se importava com o fracasso do jogador de Sky Jinks.

Os jogadores de *video game* estavam mais inclinados a prestar atenção em si mesmos e em seu desempenho diante de um público que o apoia, o que, por sua vez, levava a um desempenho mais fraco do que quando se apresentavam diante de um público neutro. Interessantemente, apesar de ter pior desempenho diante de um público entusiasmado do que neutro, as pessoas preferiram a plateia que oferece apoio, pois a consideravam menos estressante. Moral da história: embora possamos considerar que o apoio dos outros sempre se manifestará como uma vantagem, o oposto pode ser verdadeiro — pelo menos quando a pressão é intensa.

PARALISIA POR ANÁLISE

Por que estar na frente de um público simpático pode causar bloqueio? Voltamos aos perigos de racionalizar demais. Impressionar nossos amigos, treinadores, colegas de trabalho ou fãs é fonte de preocupações. Para lidar com elas, tentamos, muitas vezes, resolver tudo por conta própria. Nosso objetivo é garantir o sucesso, e começamos a tentar controlar aspectos específicos do que estamos fazendo.

Um jogador de basquete que converte 85% dos lances livres nos treinos pode errar a cesta decisiva porque, na tentativa de acertar o lançamento, ele começa a monitorar o ângulo do pulso ou o ponto em que a bola sai de sua mão. Depois de milhares de lances livres, esses detalhes, normalmente, não são percebidos pelo jogador experiente e, ao tentar passar para a memória de curto prazo partes dos movimentos que em geral estão fora dela, ele atrapalha seu desempenho. Nosso jogador de basquete está demonstrando o que nós psicólogos chamamos de *paralisia por análise*.[8] Da mesma forma que pensar sobre como e onde colocamos nossos pés ao descermos correndo uma escada pode nos fazer cair, prestar atenção excessiva a atividades que normalmente são realizadas fora na nossa consciência pode nos levar ao bloqueio em situações críticas.

> A paralisia por análise ocorre quando você presta atenção demais a atividades que normalmente funcionam fora de nossa consciência.

Em um estudo conduzido em meu Laboratório de Performance Humana pedimos a jogadores universitários de futebol altamente qualificados que driblassem uma bola de futebol por uma série de cones prestando atenção à lateral de seu pé que estava fazendo contato com a bola.[9] Esta instrução foi criada para chamar a atenção para um aspecto de seu desempenho, sobre o qual os jogadores qualificados talvez normalmente não tivessem consciência. Verificamos que o drible no futebol era mais lento e mais inclinado a erro quando os jogadores prestavam atenção ao pé em comparação a quando driblavam sem qualquer tipo de instrução. Prestar atenção a etapas específicas do que estamos fazendo pode ser prejudicial se, em condições normais, essas etapas não estiverem sob nosso controle consciente.

O mesmo acontece no beisebol. Quando os jogadores intercolegiais da 1ª Divisão foram convidados a fazer treinos específicos de rebatidas em um simulador e, ao mesmo tempo, verificar se o taco estava se movendo para cima ou para baixo durante o movimento da rebatida, seu desempenho foi afetado. A análise da biomecânica do *swing* revelou que a atenção dos jogadores aos seus movimentos interferia com o tempo dos diferentes componentes do *swing*.[10]

A atenção pode ser contraproducente quando altera o desempenho. Sob pressão, as pessoas começam a se preocupar, o que as leva a controlar seu desempenho. Tarefas que utilizam muita memória de curto prazo sofrem com as preocupações. Mas as habilidades esportivas e outras atividades que funcionam, em grande parte, fora do âmbito da memória de curto prazo, também são afetadas, não por causa das inquietações, mas por causa da atenção e do controle que as preocupações geram.

GRAUS DE LIBERDADE

Quando aprendemos uma habilidade motora pela primeira vez, como jogar bola ou acertar a tacada em um disco de hóquei, existem inúmeras maneiras possíveis de coordenar a ação, porque cada articulação envolvida, digamos, do pulso, cotovelo e ombro possui múltiplos movimentos possíveis ou múltiplos *graus de liberdade*.[11] Como existe muita variabilidade para levar em conta, quem está aprendendo tende a se "congelar" em algum grau de liberdade, mantendo as articulações rigidamente fixas ou unindo diferentes articulações. Pense como uma criança aprende a chutar uma bola de futebol. Sua perna normalmente está reta, do quadril ao joelho, do joelho ao tornozelo. Somente com prática e instrução ela aprende que chutes eficazes envolvem "descongelar" os rígidos elos entre o joelho, o quadril e o tornozelo para permitir um controle mais flexível dos movimentos.

Sob pressão, parecemos regredir, e na tentativa de exercer controle sobre o que estamos fazendo, voltamos à nossa estratégia de principiante de "congelar" diferentes componentes de movimento. Podemos ver isso analisando os padrões de movimento dos levantadores de peso em condições competitivas e de treinamento. Nas situações em que um levantamento é feito no treino, mas não é concluído com sucesso durante a competição — ou seja, o levantador sofreu um bloqueio —, as articulações do pescoço e do quadril do competidor, em geral, estão mais rígidas do que deveriam. Quando a pressão é intensa, o levantador congela seus movimentos de forma contraproducente.[12]

Os escaladores que sobem bem alto em muros de escalada em ambientes cobertos e se sentem ansiosos com isso demonstram um padrão semelhante de paralisia sob tensão.

Os escaladores apresentam movimentos mais rígidos e menos fluidos quando sentem a pressão de estar no alto, em contraste ao que sentem quando estão escalando o mesmo muro em um nível mais baixo.[13]

Esse padrão de congelamento também ocorre com músicos. Foi demonstrado que a capacidade de os músicos deixarem que diferentes articulações dos dedos fluam livremente e de forma independente quando estão tocando é afetada quando o estresse do desempenho causa a conexão de movimentos que normalmente não seriam tão conexos. As mãos são um exemplo: quando alguém está tocando um complexo solo de piano, envolvendo diferentes movimentos dos dedos de cada mão, as mãos devem ser capazes de operar de maneira independente. Quando estão estressadas, as pessoas tentam controlar a execução a fim de garantir o sucesso, mas isso pode interromper padrões de movimento que normalmente são fluidos, tornando-os mais rígidos, acoplados e inclinados a erro. O resultado é o bloqueio sob pressão.

QUANDO PRESTAR ATENÇÃO É BOM

Embora tentar controlar habilidades motoras altamente praticadas possa atrapalhar o desempenho, às vezes a atenção aos detalhes de sua própria habilidade — ou pelo menos os detalhes que estão à sua volta — pode ser necessária.

Por exemplo, talvez se Van de Velde, no Campeonato Aberto da Grã-Bretanha, de 1999, tivesse dedicado mais capacidade cerebral à sua aproximação para dar a segunda tacada — será que deveria tentar acertar o *green* ou ir com calma, considerando que estava tão perto da vitória —, seu nome não seria considerado sinônimo em francês para "bloqueio". Ou, se nas Olimpíadas de Inverno de 2006, a *snowboarder* Lindsey Jacobellis tivesse conseguido inibir sua tendência de se exibir e, em vez disso, tivesse pensado sobre o fato de que sua meta era vencer a todo custo, ela não teria feito um salto descuidado e perdido o ouro. Quando as pessoas se encontram em uma nova situação — na liderança na quadra ou na primeira final do *boardercross* em uma Olimpíada, dedicar capacidade cognitiva a suas decisões e aos potenciais resultados pode ser interessante.

No entanto, este nem sempre é o caso. Quando os atletas estão em situações familiares e praticaram sua capacidade de tomar decisões até a perfeição, uma atenção exagerada pode acarretar problemas antes mesmo de eles agirem. O trabalho dos psicólogos Joe Johnson e Markus Raab ilustra isso.[14] Os pesquisadores fizeram jogadores de uma equipe de handebol assistirem vídeos de jogos de alto nível. Em certos momentos, os vídeos eram pausados e os jogadores deveriam imaginar que detinham a posse de bola e selecionar o melhor lance — como passar a bola ou chutar — da forma mais rápida possível. A tela, então, ficava congelada e os jogadores indicavam todas as outras ações possíveis que eles, assim como o jogador com a bola, poderiam fazer. Os pesquisadores verificaram que as primeiras ações selecionadas pelos jogadores eram as melhores (de acordo com a decisão dos treinadores de handebol). Além disso, quanto maior o nível de habilidade dos jogadores, mais a primeira opção era ideal.

Você poderia esperar que o julgamento final seria melhor do que a decisão inicial — afinal de contas, os jogadores tinham mais tempo para fazer suas últimas escolhas. Entretanto, não aconteceu isso. Como os jogadores estavam tão acostumados a estar em determinadas situações de jogo que observavam nos vídeos, eles imediatamente sabiam o que fazer. Esta é precisamente a razão pela qual os bombeiros, os policiais e os socorristas, em geral, praticam como tomar decisões em situações complicadas — para que sejam capazes de selecionar a melhor opção possível da forma mais rápida disponível quando surgir um problema real. Apesar disso, quando nos vemos em uma situação nova, que não vivenciamos ainda, dedicar memória de curto prazo para pesar suas opções pode valer a pena.

Outra situação em que a atenção é importante é quando você deseja mudar seu estilo de arremesso no basquete ou seu *swing* no golfe. Você precisará desmobilizar processos automatizados para alterar sua técnica. Infelizmente, trazer de volta processos que antes funcionavam fora da consciência para a esfera da memória de curto prazo temporariamente degrada o desempenho — algo necessário caso você queira mudar para melhorar.

Jogadores de golfe profissionais tais como Tiger Woods e Nick Faldo enfrentaram fiascos quando estavam em processo de mudar seus *swings*. Tiger Woods precisou de pelo menos um ano para se recuperar depois de modificar seu *swing* e Nick Faldo levou quase três anos para voltar ao seu nível de desempenho anterior após uma mudança de *swing*. Outros tiveram menos sorte. Ao buscar mais distância para a tacada, o jogador de golfe australiano Ian Baker-Finch mudou seu *swing* e sofreu uma derrota tão dramática que abalou sua confiança e o fez desistir dos torneios de golfe. Isso foi apenas cinco anos depois que Baker-Finch teve uma vitória impressionante no Campeonato Aberto da Grã-Bretanha.

Diferentemente dos especialistas, os novatos precisam pensar sobre o que estão fazendo para não cometer erros de principiante. Como resultado, o desempenho dos novos jogadores não é tão afetado quando eles se concentram em suas aptidões. Na verdade, os novatos, em geral, melhoram quando ganham mais controle sobre suas habilidades. Quando pedimos a jogadores de futebol iniciantes, com apenas alguns anos de experiência, para driblar a bola da forma mais rápida possível por entre uma série de cones, seu desempenho ficou melhor quando eles tiveram de prestar atenção ao lado do pé que acabara de tocar na bola. Em contraste com os veteranos com mais experiência de jogo, as pessoas que estão apenas tentando aprender uma nova habilidade devem concentrar sua atenção nos passos envolvidos na habilidade em questão a fim de garantir seu desenvolvimento.

Talvez um estudo que analise o funcionamento do cérebro durante o desempenho inicial e especializado ajude a ilustrar a distinção na forma como novatos e especialistas controlam suas habilidades. Em 2005, o psicólogo Russell Poldrack e seus colegas observaram como os cérebros das pessoas evoluíam, de novatos a especialistas.[15] Infelizmente, é impossível fazer um *swing* ou mesmo levar um taco de golfe para o exame de ressonância magnética, porque um MRI é um enorme ímã e um taco seria atraído como uma lança para o centro do campo magnético, fora do controle do operador. Também é difícil ter uma boa imagem do que está se passando na cabeça das pessoas quando elas estão em movimento, como seria o caso durante um *swing* de golfe. Assim, Poldrack e seu grupo de pesquisa optaram por analisar uma habilidade motora mais simples para explorar como o cérebro aprende.

Durante o exame de fMRI, as pessoas eram apresentadas a um símbolo em um de quatro locais em uma tela de computador à sua frente, e deveriam responder o mais rápido possível indicando a localização do símbolo e pressionando um dos quatro botões lado a lado em um teclado localizado mais perto do símbolo apresentado na tela. Como os participantes do estudo logo perceberam, a localização dos símbolos seguia uma sequência consistente e repetitiva, exatamente da mesma forma como as pessoas aprendem a usar um taco de golfe ou driblar com uma bola de futebol. O exame produzia uma imagem do cérebro enquanto ele aprende uma sequência — mostrando o mesmo processo interno, por exemplo, que os jogadores de futebol iniciantes passam quando aprendem uma sequência de dribles que envolve chutar a bola, correr e chutar novamente. As imagens também mostravam como o cérebro muda com a prática.

Não por acaso, à medida que o treinamento avança, a capacidade de as pessoas realizarem a tarefa de sequência melhora muito. Poldrack verificou que, quando as pessoas realizavam a sequência antes de receber treinamento, várias regiões do cérebro estavam envolvidas — especialmente as regiões pré-frontais envolvidas com o controle da memória de curto prazo e da atenção. Após treinamento intenso, entretanto, a atividade nessas regiões diminuía durante a realização da tarefa de sequência. Quando o número de habilidades aumenta, o cérebro (pelo menos no córtex pré-frontal) trabalha menos para apoiá-los.

Essas mesmas mudanças no cérebro são observadas quando as pessoas aprendem habilidades que exigem coordenação bimanual (ou dos dois braços), que é muito importante em vários esportes e atividades musicais, como tocar piano ou sacar no tênis. Pianistas experientes utilizam uma rede menor de regiões do cérebro (menos ativação no córtex frontal e parietal) durante a realização de uma tarefa simples no teclado, em comparação com indivíduos que não são músicos.[16] Quando jogadores de golfe experientes estão realizando um *putt* ou atiradores de elite estão atirando, seus cérebros funcionam de forma mais eficiente do que os cérebros dos principiantes, embora os especialistas e os novatos estejam realizando a mesma tarefa. Em geral, à medida que o aprendizado avança, existe uma redução na atividade neural no córtex pré-frontal e em outras áreas do cérebro que utilizam intensivamente a memória de curto prazo (por exemplo, o córtex cingulado anterior e o córtex parietal) que antes eram necessários para controlar a execução passo a passo.

O cientista esportivo Bradley Hatfield, da Universidade de Maryland, deu sua contribuição comparando os sinais do cérebro de atletas especializados com aqueles que estão começando a aprender uma habilidade, e demonstrou que os cérebros dos especialistas estão calmos, tranquilos e controlados de uma forma que o dos novatos não está. Hatfield pede que os atletas do estudo usem um capacete estranho, cheio de eletrodos, que cria uma imagem de sua atividade neural durante o jogo.

Bilhões de neurônios no cérebro humano se comunicam, gerando pequenos sinais eletromagnéticos. Quando sondas de um instrumento que mede a energia elétrica são colocadas próxima a uma célula do cérebro, uma mudança de tensão pode ser registrada sempre que o neurônio estiver ativo. Esses potenciais elétricos são relativamente pequenos e não podem ser monitorados individualmente nos seres humanos sem que a cabeça seja aberta — pelo menos ainda não.

Como existem tantos neurônios e como os neurônios vizinhos estão frequentemente ativos, no entanto, o comportamento de um grupo de neurônios pode ser medido com sondas colocadas no couro cabeludo.

Hatfield descobriu que os líderes de campeonato diferem significativamente dos jogadores de fim de semana. Em circunstâncias normais, Hatfield verificou que o cérebro de um iniciante está disparando para todos os lados. Os cérebros dos especialistas, por outro lado, parecem mais calmos. Em um estudo feito com atiradores especialistas e novatos, Hatfield verificou que os atiradores de rifles apresentavam menos atividade neural durante o período de mira logo antes de puxar o gatilho. Mais revelador ainda era a *forma* como essa atividade mudava para os especialistas logo antes do disparo. Os atiradores especialistas demonstraram uma redução na coerência ou comunicação entre as áreas motoras do cérebro e outras áreas do cérebro, como o córtex pré-frontal (onde ocorre o raciocínio e o monitoramento). Essas áreas pararam de se comunicar com tanta frequência logo que o gatilho era puxado. Essa redução na coerência não foi observada nos iniciantes.[17]

A menor coerência do cérebro pode ser positiva porque reduz o número de áreas envolvidas em determinada ação ou desempenho. Interferência excessiva do cérebro com os movimentos pode provocar um bloqueio. Para atletas altamente habilidosos, muitas vezes os movimentos necessários para apresentar excelente desempenho são relativamente pré-programados, estão disponíveis imediatamente e precisam ser ativados sem muito controle ou interferência. Hatfield e seus colegas pensam que uma redução na coerência do cérebro logo antes do tiro ser disparado pelos especialistas indica que eles estão simplesmente fazendo o que precisa ser feito.

Em condições de estresse, evidentemente, o cérebro do especialista pode mudar. Em um estudo recente, os lançadores de dardos, sob a pressão de serem observados, demonstraram aumento na coerência entre as áreas motoras do cérebro e as áreas envolvidas na atenção, memória e controle.[18] Ou seja, os cérebros dos lançadores de dados especialistas eram mais semelhantes aos cérebros de iniciantes sob pressão. Esse aumento no tráfego cerebral foi acompanhado por acentuados níveis de ansiedade e lançamentos menos precisos. Da mesma forma, quando os cadetes ROTC, da Universidade de Maryland, fizeram uma sessão de tiro durante a competição individual, demonstraram aumento na coerência cerebral e redução no desempenho do tiro, em comparação com situações sem pressão.[19] Como Hartfield mostrou, o excesso de redes no cérebro pode resultar em alterações indesejáveis na execução de habilidades altamente praticadas.

Pelo menos no que tange ao treinamento de habilidades motoras complexas, como dribles no futebol ou tocar piano, a prática alivia parte do ônus no córtex pré-frontal. O desempenho habilidoso torna-se mais eficiente, mais fluido e apresenta menos necessidade de constante atenção e controle. É por isso que interferência demais com essa habilidade pode ser ruim. O melhor conselho para evitar o bloqueio em atletas e outros indivíduos que precisam apresentar um bom desempenho em situações críticas é tentar atuar "fora da sua cabeça" ou, pelo menos, fora do córtex pré-frontal. No próximo capítulo veremos alguns truques para conseguir isso.

QUEM É QUE BLOQUEIA?

Se você estiver desenvolvendo um raciocínio complexo ou enfrentando um complicado problema de lógica que consome sua memória de curto prazo, suas próprias inquietações podem levá-lo a bloquear. Se você está realizando uma tarefa motora que já praticou inúmeras vezes, as preocupações propriamente ditas não levam ao bloqueio. No entanto, suas tentativas de controlar o desempenho conscientemente acabarão atrapalhando seu desempenho.

Já abordamos por que algumas pessoas podem estar mais inclinadas a se preocupar em situações críticas do que outras. Existem também diferenças em termos de quem tende a pensar demais sobre o seu desempenho nos momentos de maior dificuldade. Vários pesquisadores já exploraram a diferença no nível geral de autoconsciência das pessoas (até que ponto a pessoa tem consciência de si mesma) para identificar quem tem mais propensão a bloquear quando há muito em jogo.

Se você for extremamente autoconsciente, por exemplo, concordaria com afirmações do tipo "Estou ciente de que minha mente funciona quando resolvo um problema" e "Estou preocupado com o que as outras pessoas falam de mim". Alguns cientistas especulam que as pessoas com extrema autoconsciência têm menos propensão a bloquear sob pressão, porque estão acostumadas a trabalhar sob o tipo de hiperatenção que a pressão induz, por isso, situações estressantes não são incomuns para elas.

Mas o oposto também já foi previsto, ou seja, que o alto grau de autoconsciência pode torná-lo suscetível a pensar demais sob intensa pressão e, como resultado, aumenta a propensão de causar o bloqueio. Afinal de contas, o peso das evidências favorece a última previsão: pessoas altamente autoconscientes têm maior propensão a bloquear sob pressão.[20]

Como vimos no Capítulo 2, o cientista esportivo Rich Masters e seus colegas criaram uma escala que avalia o nível de autoconsciência das pessoas como forma de prever quem tem mais pressão a desmoronar sob pressão em tarefas esportivas. Existe também uma Escala de Reinvestimento[21] mais geral, como Masters a chamou, que avalia o nível de autoconsciência das pessoas em situações do dia a dia. As respostas devem ser "sim" ou "não" a perguntas do tipo "Penso muito sobre mim mesmo?" e "Tenho consciência da minha aparência?". Quanto maior a pontuação da pessoa nessa escala, mais propensa ela será para bloquear em situações de intensa pressão nos esportes, na música e em outras atividades que exijam desempenho de alto nível. A escala está reproduzida a seguir:

Lembro de coisas que me aborrecem ou me irritam muito tempo depois.	Sim / Não
Fico nervoso(a) só de pensar sobre o que me aborreceu no passado.	Sim / Não
Penso com frequência sobre coisas que me deixaram irritado.	Sim / Não
Sempre penso em maneiras de me vingar das pessoas que me aborreceram muito depois do acontecido.	Sim / Não
Nunca perdoo quem me aborrece ou irrita, por menos importante que seja.	Sim / Não
Quando me lembro dos meus fracassos passados, sinto como se estivesse acontecendo novamente.	Sim / Não
Eu me preocupo menos com o futuro do que a maioria das pessoas que conheço.	Sim / Não
Estou sempre tentando me entender.	Sim / Não
Penso muito sobre mim.	Sim / Não
Estou examinando conscientemente minha motivação.	Sim / Não

Às vezes, tenho a impressão de que estou em algum lugar longe, me examinando.	Sim / Não
Estou ciente das minhas mudanças de humor.	Sim / Não
Tenho consciência da forma como meu cérebro funciona quando resolvo um problema.	Sim / Não
Eu me preocupo com meu estilo de agir.	Sim / Não
Eu me preocupo com a minha apresentação.	Sim / Não
Tenho consciência da minha aparência.	Sim / Não
Em geral, eu me preocupo em causar uma boa impressão.	Sim / Não
Uma das últimas coisas que faço antes de sair de casa é me olhar no espelho.	Sim / Não
Eu me preocupo com o que os outros pensam de mim.	Sim / Não
Você tem dificuldade para tomar decisões?	Sim / Não

As cantoras Barbra Streisand e Carly Simon, por exemplo, são conhecidas por serem altamente autoconscientes de si mesmas e de seu desempenho, e ambas já passaram por situações de bloqueio no palco. "Acho que a própria experiência de estar diante de uma plateia, expondo seu talento e sua pessoa, não é natural", disse Carly Simon. De fato, na década de 1980, Simon enfrentou tanta pressão em um concerto em Pittsburgh que desmaiou diante de milhares de fãs.

Ser o melhor do seu time também pode aumentar suas chances de bloqueio, de acordo com o cientista esportivo Geir Jordet, que analisou imagens de todas as cobranças de pênaltis realizadas nos últimos 25 anos em Copas do Mundo (1982–2006), Campeonatos Europeus (1974–2004) e Liga de Campeões da União das Associações Europeias de Futebol (UEFA) (1996–2007).[22] No total, 366 chutes, de 298 jogadores, foram analisados. Não por acaso, por se tratar de campeonatos de alto nível, os gols eram convertidos com mais frequência — em geral, cerca de 74% dos chutes. No entanto, Jordet verificou que os jogadores que faziam os gols nem sempre eram os mais conhecidos.

Os craques mais aclamados pela torcida — os ganhadores dos prestigiados prêmios de futebol como o da FIFA, ou o melhor jogador da América do Sul — tinham pior desempenho nas cobranças de pênaltis em jogos importantes do que aqueles que nunca tinham recebido esses prêmios, mas seriam escolhidos nos anos seguintes. Os craques da época só converteram 65% dos chutes, enquanto os futuros craques acertaram perto de 90%. Jordet acredita que isso ocorreu porque os craques mais conhecidos sentem maior pressão para apresentar resultados do que aqueles que ainda não alcançaram a fama. Os craques têm a adoração dos fãs e também as enormes expectativas que acompanham o sucesso, o que pode torná-los mais autoconscientes. Com essa maior autoconsciência, eles também prestam mais atenção a seu próprio desempenho, o que, infelizmente, resulta em mais gols perdidos.

Você talvez esteja interessado em saber qual é o papel que os estereótipos desempenham no mundo dos esportes também. Se você tiver um estereótipo negativo sobre sua capacidade na quadra ou no campo, tenderá a bloquear quando estiver sob intensa pressão. A seguir vamos abordar melhor essas questões.

Jogando uma rápida partida de nove buracos no Ibis com o marido, a mãe de Mia estava prestes a partir para o primeiro *tee* quando o marido fez uma observação sobre as diferenças gerais entre homens e mulheres em termos de força física. As mulheres simplesmente não foram feitas para ter muita força, disse ele. A mãe de Mia ignorou o comentário e aproximou-se da bola. Em geral, o jogo longo era seu ponto forte, mas naquele dia teve o pior desempenho dos últimos anos, por conta daquele comentário casual do marido.

A mãe de Mia tinha acabado de vivenciar a ameaça do estereótipo, embora o marido, provavelmente, não estivesse tentando atordoá-la para atrapalhar a jogada. Esse tipo de comentário malicioso não é tão diferente em termos de efeitos do que as provocações mais agressivas que ocorrem nas quadras de basquete. Imagine um rapaz branco, jogando numa tarde de sábado, quando um colega de equipe (que por acaso é negro) brinca: "Todo mundo sabe que os brancos não conseguem pular."

O jogador branco, provavelmente, vai rir do comentário e continuar jogando, mas não seria absurdo se ele errasse os próximos cinco arremessos por causa disso.

Será que comentários tão simples podem realmente atrapalhar jogadores habilidosos nas quadras e nos campos? Em outras palavras, como um comentário que os jogadores sequer levam a sério pode afetar seu desempenho de uma maneira tão significativa? O psicólogo Jeff Stone, da Universidade do Arizona, vem fazendo esta pergunta há anos e, em um esforço para encontrar a resposta, montou um campo de prática para tacadas de curto alcance em seu laboratório onde os jogadores são convidados para uma partida amigável. Às vezes, Stone simplesmente os deixa praticar em paz. Outras vezes, ele lembra aos jogadores o que é esperado deles.

Em um estudo, Stone reuniu jogadores de golfe brancos e negros para fazer uma série de *putts* no seu campo de prática coberto.[23] Stone disse a alguns dos rapazes que eles estavam praticando *putts* como parte de um teste de "inteligência esportiva" porque, naturalmente, o *putt* é um jogo de raciocínio. Ele disse a outros jogadores, no entanto, que os *putts* eram parte de um teste de "habilidade atlética natural" porque, como todos sabem, o *putt* envolve coordenação entre as mãos e os olhos.

Os jogadores negros apresentaram pior desempenho quando ouviram que o treino mediria a inteligência esportiva em vez de uma habilidade atlética natural. Os jogadores brancos demonstraram o padrão exatamente oposto — apresentando melhor desempenho quando pensaram que os *putts* eram uma medida da inteligência esportiva. Meramente mentalizar uma atividade esportiva como um estereótipo racial negativo — os afro-americanos não são inteligentes em termos esportivos, os brancos não são naturalmente atléticos — foi suficiente para influenciar o sucesso dos jogadores nos *putts*.

Como em qualquer situação crítica, quando os atletas se preocupavam sobre perpetuar expectativas negativas, tendiam a prestar mais atenção a cada passo de seu desempenho em uma tentativa de garantir o sucesso. Como resultado, surge a "paralisia por análise". Fato muito interessante, é fazer que os jogadores joguem mais rápido para que não tenham tanto tempo para pensar pode contrabalançar esses efeitos.

Se você também conseguir que os atletas se distraiam — por exemplo, fazendo-os contar de trás para frente de três em três durante a realização do *putt* — seu desempenho será melhor diante dos estereótipos negativos.[24] Pressa nem sempre significa imperfeição e, às vezes, a distração tem seus benefícios. Vou falar mais sobre as técnicas para combater a pressão no próximo capítulo.

ESPASMOS

O pai de Mia comparou suas preocupações no campo de prática de golfe a um ataque de náusea mental. Desde que começara a jogar todos os dias, sua saúde mental piorara. Às vezes, seu braço direito tremia quando ele sabia que estava prestes a perder um *putt*. Ele tinha o que ninguém mais no campo ou no clube comentava: o pai de Mia sofria de espasmos.

Muitos talvez já tenham ouvido esse termo ligado aos esportes, mas, exatamente, o que significa? No nível mais elementar, os espasmos são reflexos, tremores ou atividades involuntárias nas extremidades do corpo que atrapalham a execução de habilidades motoras finas. Em geral, estão ligadas ao *putting* do golfe, mas ocorrem também em outros esportes. No arco e flecha, os espasmos são conhecidos por um nome diferente: pânico do alvo ou febre do alvo. Mas, como no golfe, a aflição é tão assustadora que os jogadores normalmente não conseguem sequer pronunciar seu nome. Os espasmos também podem explicar o que o ex-jogador de beisebol do New York Yankees, Chuck Knoblauch, sofreu, quando, de repente, descobriu que não conseguia mais arremessar para a primeira base. Alguns até especulam que o fraco desempenho de Shaquille O'Neal também é um caso de espasmo. Mas eles estão presentes também no cenário não esportivo.

Afligem pessoas na realização das mais diversas profissões, incluindo músicos, estenógrafos, dentistas e cirurgiões. Tendem a afetar pessoas que usam demais os músculos envolvidos em orientar movimentos de precisão. Por isso, não surpreende que o pai de Mia tenha dificuldade no *green*, pois a probabilidade de ele ter uma crise aumenta também. Inicialmente, acreditava-se que os espasmos eram um fenômeno puramente psicológico, relacionado aos sentimentos de ansiedade e estresse, mas os pesquisadores, agora, acreditam que eles podem ter uma causa física também. Na verdade, o problema, agora, é descrito como uma forma de distonia, um distúrbio neurológico que se caracteriza por movimentos involuntários que resultam em contorções e tremores dos membros. A distonia pode ocorrer em um único grupo de músculos (distonia focal) ou de forma mais generalizada, que afeta várias partes do corpo (distonia generalizada). Muitas distonias são isoladas em tarefas ou situações específicas, nas quis uma pessoa precisa realizar um movimento bem conhecido e muito praticado (como o *swing* do golfe). A causa da distonia já foi relacionada a anormalidades no funcionamento dos gânglios basais e das vias motoras do cérebro, assim como a lesões e derrames cerebrais.

Após realizar pesquisas com vários jogadores de golfe que manifestaram esses problemas, Aynsley Smith e seus colegas do Mayo Sports Medicine Center, em Minnesota, chegaram à conclusão que havia na verdade dois tipos de espasmo.[25] O Tipo I representa uma forma de distonia focal. O Tipo II resulta de preocupações com o desempenho que aumentam a autoconsciência e a atenção para o desempenho propriamente dito: paralisia por análise. Embora os Tipos I e II sejam caracterizados por processos diferentes — o primeiro começando com as vias motoras no cérebro e o segundo com as regiões pré-frontais que estão muito ativas tentando controlar o que as pessoas fazem —, considera-se que todas as formas de espasmo se manifestem de maneira semelhante. No caso do *putting*, isso significa um espasmo, tremor, contorção ou paralisia do movimento de *putting* que acabará atrapalhando o jogo. Smith o comparou a um soluço no pulso.

Jogadores profissionais de golfe como Ben Hogan e Bernard Langer sofreram com os espasmos. Na verdade, um punho do taco até recebeu o nome de Langer como referência às suas tentativas de vencer os espasmos mudando a posição das mãos no taco. Em uma posição padrão, a mão direita é colocada abaixo da esquerda e os polegares são alinhados na vertical. Quando os jogadores mudam para a posição Langer, a mão esquerda fica mais embaixo, na haste do *putter*, e a haste é alinhada ao longo do antebraço esquerdo. A ideia por trás da mudança é que, como um jogador praticou durante tantos anos com sua posição normal de *putting*, seu cérebro talvez não só esteja programado para executar o *putt* de determinada forma, mas também pode estar programado para sofrer espasmos. Hoje em dia não há mais regras sobre a posição das mãos para o *putting*, assim, uma mudança pode realmente ajudar a resolver o problema. A esperança é que a novidade chegue ao seu cérebro e o faça reprogramar os circuitos necessários para dar a tacada certa e, assim, liberar seu corpo e sua mente dos espasmos. Você tem oportunidade de começar de novo.

Funcionou para Langer, e para Sam Snead também. Mais tarde em sua carreira Snead desenvolveu o problema. Para lidar com ele, o jogador começou a jogar em uma posição chamada *sidesaddle*, por ser lateral. Snead reaprendeu o *putt* e se livrou dos espasmos. Mas nem todos têm essa sorte, simplesmente mudando sua forma de segurar o taco. De fato, muitos jogadores abandonam o jogo por causa disso. O pai de Mia recentemente começou a usar uma posição cruzada (em que a mão esquerda fica abaixo da direita), combinada com um *putter* mais longo, que parece estar funcionando. Mas admite que está preocupado com a possibilidade de o transtorno voltar. Infelizmente, preocupar-se com isso pode ser a pior coisa para ele.

ONDE ESTAMOS AGORA?

Alguns afirmam que a linha de lance livre é o pior lugar na quadra de basquete para um jogador ficar calmo. Embora esteja muito perto da cesta, pode parecer um campo de futebol inteiro em termos de distância. A linha do lance livre é onde os jogos são decididos por um jogador ou por um único lance. É onde a pressão é mais intensa.

Recentemente, um grupo de psicólogos da Universidade do Texas, em Austin, teve acesso aos jogos de todas as temporadas regulares da NBA e do jogo final das temporadas de 2003-2004, 2004-2005 e 2005-2006, para que pudessem examinar os arremessos de lance livre dos jogadores nos minutos finais das partidas. Verificaram que os jogadores tendiam a jogar pior do que a média de arremessos desse tipo realizados ao longo de suas carreiras, quando o time estava perdendo por apenas um ponto — quando a pressão era máxima porque acertar ou errar realmente poderia mudar o placar final do jogo.[26]

Os lances livres acontecem em situações de pressão, e os treinadores, em geral, não fazem seus jogadores pratiquem esses arremessos sob tensão. O arremesso decisivo não pode simplesmente ser imitado nos treinos, onde errar não significa nada e quando os torcedores, mascotes ou comentaristas esportivos não estão presentes para ver. Quando manter a equipe no jogo depende inteiramente do seu próximo arremesso e você não teve oportunidade de se acostumar com essa pressão toda, seu desempenho — mesmo que você seja um atleta consagrado — poderá sofrer.

Entretanto, novas pesquisas sugerem que, se os treinadores fizerem seus jogadores praticarem em situações tensas de competição, o jogo de verdade será diferente. É claro que nunca será possível reproduzir na prática exatamente o mesmo nível de pressão sentido em uma situação crítica de jogo. Ainda assim, os psicólogos desenvolveram várias técnicas de prática e desempenho que ajudam a aliviar os efeitos negativos de realizar uma tarefa sob pressão. No próximo capítulo vamos explorar as melhores maneiras de alcançar um ótimo desempenho quando a situação está crítica nas quadras, nos *greens* e até mesmo no palco.

CAPÍTULO OITO

APARANDO AS ARESTAS NO ESPORTE E EM OUTROS CAMPOS
TÉCNICAS ANTIBLOQUEIO

Meu consultório não é o melhor lugar para estudar. Toda vez que sento para ler uma nova pesquisa em andamento no meu ramo de estudos ou para analisar os resultados de um dos nossos projetos recentes, inevitavelmente, alguém aparece à minha porta. Pode ser um aluno de graduação da Universidade de Chicago procurando ajuda para sua monografia final, um colega que precisa de uma resposta rápida a uma questão ou um aluno de doutorado buscando assistência para sua apresentação na próxima conferência.

O telefone é uma história à parte, especialmente nas segundas-feiras de manhã, quando recebo chamadas de pais que procuram um psicólogo para trabalhar com o aspirante a atleta da família. Um atleta que não apresentou um desempenho compatível com o seu potencial no fim de semana anterior. Frequentemente, esses garotos são bons jogadores, são os mais velhos da sua faixa etária e competem por títulos e campeonatos, mas quando a pressão é intensa as coisas nem sempre funcionam. Fato interessante, esses sinais de fragilidade em situações de estresse começam a emergir no momento em que pais, treinadores e os próprios garotos percebem o potencial para obter bolsas de estudos, nas Olimpíadas e em outras empreitadas. Antes, o domínio nos esportes era fácil para eles. Agora, os pais querem saber o que podem fazer para recuperar essa confiança.

Isso certamente descreve a situação de David. O pai de David ligou para mim bem cedo, em uma manhã de primavera. Calouro na New Trier High School de Winnetka, um subúrbio de Chicago, David jogava futebol desde que os pais lhe deram uma bola de plástico, aos 5 anos de idade, e seu sucesso no campo foi imediato. Agora, como goleiro de uma escola de ensino médio, com alto nível de jogo, David estava começando a chamar atenção de vários treinadores universitários.

O pai de David teve de admitir que sempre se surpreendera um pouco com o fato de o filho nunca parecer se importar com a pressão de ser o último defensor antes do gol. No entanto, tudo isso mudara nessa temporada, quando David foi convocado para a equipe da escola. David jogou bem a temporada, mas em alguns jogos ele cometera um ou dois erros que, provavelmente, causaram a derrota do New Trier. Agora, o pai percebia que a pressão deixava suas marcas.

O New Trier participou do jogo no campeonato estadual no fim de semana anterior. O jogo regular terminou empatado em 1 a 1, e a prorrogação não mudou o placar, levando a partida para os pênaltis. O procedimento padrão no futebol quando duas equipes partem para a cobrança de pênaltis é cada equipe ter cinco chutes a gol. Vence a equipe que fizer mais gols. Os chutes representam a situação definitiva de embate individual. O batedor enfrenta o goleiro, e eles estão sozinhos na jogada. Para ser justa, as chances estão a favor do batedor. Diz a lenda que, se um goleiro consegue encostar na bola, conseguirá impedir o gol.

O primeiro chute que David precisou defender foi um chute forte no canto superior direito. Não havia nada a fazer. Os próximos quatro chutes, no entanto, passaram direto pelas suas mãos. Ele realmente não conseguiu agarrar os pênaltis, e o New Trier perdeu o campeonato estadual para o Edwardsville por causa disso. David nunca tinha visto o filho jogar tão mal em um momento tão crítico. Depois do jogo, só o que David conseguia dizer era: "Estou chocado, por isso liguei."

Na adolescência, David passara milhares de horas treinando: no campo, na academia e em exercícios com treinadores particulares, e na maioria dos jogos era fácil identificar o produto do esforço de David. No entanto, seu treinamento físico não parecia ajudar em nada em situações de intensa pressão, como a rodada de pênaltis do campeonato estadual. O pai de David queria saber se eu poderia ajudá-lo a treinar a mente do filho da mesma forma que outros treinavam seu corpo. Se David pudesse aprender a lidar com a pressão em situações críticas, talvez futuros títulos estaduais, bolsas universitárias e até medalhas olímpicas não escapassem das suas mãos, como nos pênaltis.

Ambientes de alta pressão induzem uma variedade de reações do cérebro e do corpo. Seu ritmo cardíaco aumenta, a adrenalina entra em cena e sua mente começa a ficar saturada com problemas. Quando as preocupações começam, muitas pessoas fazem algo que parece bem lógico na superfície: tentam controlar o desempenho e forçar um resultado ideal.

Infelizmente, esse maior controle pode contra-atacar, especialmente no que diz respeito a habilidades adquiridas há anos, porque, quando essas habilidades que antes operavam fora da memória de curto prazo e do córtex pré-frontal entram no âmbito da nossa consciência, podem surgir problemas. Você pode provocar a paralisia pela análise e bloquear sob pressão.

Nos últimos anos os psicólogos vêm utilizando informações recém-descobertas sobre como o cérebro sustenta o desempenho excepcional para desenvolver novos programas de treinamento, planos de prática e estratégias de desempenho para aliviar o estresse em caso de resultados insatisfatórios.

Em janeiro de 2009 a National Collegiate Athletic Association (NCAA) definiu as séries em que determinado jogador de basquete pode ser considerado um candidato para admissão na universidade: do início do sétimo ano até o início do nono ano. A mudança foi criada para fechar um ciclo nas regras de recrutamento universitário que permitia que os treinadores levassem jogadores do ensino fundamental para jogar em campos particulares em suas universidades. Esse tipo de recrutamento não é permitido anível de ensino médio, para impedir o direcionamento injusto e tendencioso de alunos do ensino médio para universidades particulares. Assim, em vez disso, os treinadores universitários estavam tentando obter uma vantagem no processo de recrutamento convidando jogadores do ensino fundamental promissores para acampamentos de verão. Com a mudança para essas novas regras, essas práticas não são mais permitidas. Agora, esses jogadores, como seus colegas do ensino médio, são considerados novatos.

À primeira vista, a mudança de regra da NCAA parecia bastante positiva para impedir influências injustas de alunos do sétimo e oitavo anos por treinadores universitários ávidos por encontrar talentos. Mas uma desvantagem da mudança de regra agora está vindo à tona. De forma simplificada, tratar os alunos do sétimo e oitavo anos como seus colegas do ensino médio claramente os identifica como potenciais candidatos a bolsas universitárias. Como resultado, hoje em dia os alunos do ensino fundamental de todo o país estão sendo avaliados por sua capacidade nas quadras.

Quando os alunos do sétimo ano são reconhecidos como potenciais candidatos, seus pais, em geral, contratam treinadores e técnicos particulares e acabam pagando caro por acampamentos de verão de basquete para que os filhos desenvolvam técnicas que um dia possa ajudá-los a "dominar as quadras". No entanto, esses regimes de treinamento intenso esquecem de treinar as mentes dos garotos para enfrentar as pressões que terão pela frente.

Ficar marcado como um futuro fenômeno universitário pode fazer com que um jovem jogador siga uma carreira no basquete — pode lhe dar a confiança e o ímpeto necessários para vencer no ambiente competitivo dos esportes atuais. No entanto, ser identificado dessa forma também pode aumentar muito a pressão sobre o jogador, porque todos esperam que ele seja o melhor. Para lidar com essa pressão — quando os treinadores das universidades estão observando, quando olheiros da NBA estão nas arquibancadas e a outra equipe está tentando derrubá-lo — os jogadores precisam de um grupo particular de estratégias de prática e desempenho. Este capítulo apresenta essas técnicas antibloqueio.

É MELHOR SE ACOSTUMAR!

Embora, certamente, haja mérito no famoso adágio "a prática faz a perfeição", a prática tem mais chances de gerar perfeição quando os jogadores praticam em condições semelhantes às da competição de verdade. É difícil imitar as pressões que os atletas enfrentarão na hora da cesta ou do pênalti decisivo ou que o artista enfrentará ao realizar seu solo no palco, mas, como vimos ao longo do livro, o treinamento em níveis de estresse, até mesmo brandos, pode ajudar. Pense sobre uma das situações mais tensas que um jogador de basquete enfrenta na quadra: a linha de lance livre. Os lances livres são interessantes porque são relativamente fáceis — não há barreira e a cesta está bem próxima. No entanto, é comum errar nessas situações.

Isso é válido até no nível universitário e profissional. Em 2009, o índice de cestas convertidas em lances livres no basquete universitário masculino foi de 70%. As estatísticas da NBA não são muito diferentes, estando em torno de 75% durante quase 15 anos. Um motivo pelo fraco desempenho nos lances livres, até mesmo dos jogadores mais habilidosos, é que, em geral, são situações críticas que poderão decidir o jogo ou pelo menos ajudar o time a chegar mais perto de alcançar a liderança. Ainda mais revelador sobre o fraco desempenho dos jogadores nesse quesito é que as equipes não programam a prática de lances livres. Mesmo os jogadores que praticam, não o fazem nas mesmas condições de estresse que enfrentam no jogo para valer.

Não é incomum que os treinadores de basquete autorizem os jogadores a praticarem lances livres depois do treino, ou esperar que o façam por conta própria, uma vez que não há necessidade de outros jogadores para essa prática. Mas se você precisar fazer dois lances livres para ganhar o jogo e não tiver praticado em situações de tensão, estar na linha na hora da decisão pode deixá-lo completamente tenso.

Alguns treinadores que conseguiram treinar sob tensão alcançaram resultados impressionantes. Vamos analisar o exemplo do treinador da Universidade de Southern Utah, Roger Reid. No meio de um amistoso, quando a equipe menos esperava, o treinador Reid parou tudo e imediatamente mandou os jogadores para a linha de lance livre. Se o jogador acertava a cesta, tinha direito a descansar. Errar significava ter que correr ao redor da quadra. Quando Reid chegou na Southern Utah, ele herdou uma equipe na 217[a] posição em termos de percentual de acerto de lances livres. A partir de 2009, a equipe passou para a primeira posição, e o índice de acertos aumentou para mais de 80%.[1] Embora ter que correr por causa de uma cesta perdida não crie tanta pressão assim, o treinamento com estresse é benéfico, porque faz com que os jogadores se acostumem a jogar em situações de estresse. Os benefícios desse tipo de simulação de pressão podem ser encontrados em vários esportes. Por exemplo, no Instituto Inglês do Esporte, o psicólogo do desempenho Pete Lindsay vem trabalhando com os atletas em desenvolvimento do judô britânico durante suas sessões de treinamento para ajudá-los a aumentar a pressão em situações práticas para que estejam acostumados quando tiverem de enfrentar a competição de verdade.[2]

Para isso os atletas podem ser informados de que precisam lutar em uma área menor do tatame durante o treino enquanto os treinadores tentam estressar os jogadores fazendo-os praticar exercícios de combate difíceis várias vezes antes de começarem a lutar.

Nosso objetivo é "reduzir a lacuna existente entre o treinamento e a competição de verdade", afirma Lindsay. Isso parece estar funcionando. Os atletas de judô fizeram treinos sob pressão antes de participar dos campeonatos europeu e mundial de juniores. O time ganhou três medalhas no campeonato europeu e obteve a melhor colocação no campeonato mundial em 14 anos, ganhando duas medalhas de bronze e uma de prata.

Pense sobre a técnica comum da terapia da exposição, usada para ajudar as pessoas a lidar com medo e ansiedade de aranhas ou de altura, por exemplo. A terapia de exposição envolve habituar os indivíduos ao que eles mais temem, para que, com o tempo, possam aprender a reduzir as associações negativas com determinado fator e funcionar melhor. Por exemplo, pessoas que têm pavor de altura e recebem terapia de exposição à altura, incluindo simulações por computador de um elevador, lidam melhor com a ansiedade do que outras, que não o fazem. Quem sofre de acrofobia tende a conse-

> Andar de elevador várias e várias vezes torna a altura menos assustadora. Da mesma forma, o treinamento em situações estressantes minimiza a possibilidade de bloqueio, pois nos acostumamos, gradativamente, com a pressão.

guir andar de elevador mais adiante na vida. Andar de elevador várias e várias vezes torna a altura menos assustadora. Da mesma forma, o treinamento em situações estressantes minimiza a possibilidade de bloqueio, pois você, gradualmente, se acostuma com a pressão, de modo que situações que antes causavam desconforto já não são mais ameaçadoras ou incomuns.

Quanto mais as pessoas praticarem sob pressão, menores serão as probabilidades de sua reação ser ruim em situações de estresse. Este, certamente, é o caso de jogadores de golfe profissionais como Tiger Woods. Para ajudar Woods a aprender a se livrar das distrações durante momentos críticos do jogo, seu pai, Earl Woods, derrubava bolsas de golfe, jogava bolas na linha de visão de Tiger e fazia barulho com as moedas em seu bolso. Fazer com que Woods se acostumasse a jogar em situações estressantes o ensinou a se concentrar e a se superar nos gramados. Evidentemente, nenhum método de treinamento é inteiramente perfeito, mesmo os atletas mais condicionados podem falhar sob pressão. Quando o peso das preocupações pessoais fora do campo é grande demais, mesmo o desempenho de alto nível pode sofrer.

Treinar sob pressão pode representar mais do que simplesmente se acostumar com a pressão. Ajuda também a lidar com o excesso de atenção com o próprio desempenho que, em geral, acompanha situações de grande tensão. Adaptar atletas às condições que aumentam sua autoconsciência durante o treinamento permite que eles consigam desempenhar nesse estado também. Quando os jogadores de golfe são filmados enquanto praticam o *putting* e informados de que o vídeo será assistido por treinadores de golfe mais tarde, seu desempenho será melhor em uma situação de pressão posterior do que o desempenho daqueles que não receberam esse treinamento condicionante.[3] Isso também se aplica ao mundo da música. Quando tinham que se apresentar diante de uma plateia de avaliadores, os músicos que haviam praticado sob o olhar atento de uma câmera tiveram um desempenho melhor do que aqueles que praticaram sozinhos.[4]

Fazer uma apresentação diante de pessoas que o estão avaliando ou mesmo de pessoas que querem que você se saia bem não é incomum nos esportes ou no mundo da música. Os artistas ou atletas que se acostumam com esse tipo de escrutínio do público, por exemplo, por meio de prática com filmagens e pensando que outras pessoas avaliarão seu desempenho, reduzem a atenção autoconsciente para detalhar o que poderiam sentir no jogo ou na apresentação propriamente ditos.

Jogadores de basquete jovens podem se beneficiar com esse tipo de treinamento, especialmente se querem ascender no cenário do basquete universitário. Certamente nosso goleiro de futebol, David, vai precisar disso se quiser chamar a atenção dos treinadores universitários. No jogo da final estadual, na hora da cobrança dos pênaltis, todas as atenções estavam em David. Se ele tivesse passado algum tempo praticando e se acostumando a defender pênaltis sob o escrutínio de um estádio lotado ou que pelo menos se assemelhasse a um estádio cheio, ele teria menos chances de bloquear sob intensa pressão.

Lembre-se de que, apesar de a prática sob tensão ser importante, a prática propriamente dita também é. Entre 1980 e 1990 houve mais de 170 incidentes separados de mau funcionamento mecânico em aeronaves de combate da Força Aérea dos EUA, variando da perda de motor a problemas com o trem de aterrissagem ou falha em vários sistemas ou controles ao mesmo tempo.[5] Os pesquisadores analisaram como os pilotos lidaram com incidentes mecânicos para os quais existe treinamento em simuladores de voo e que são conhecidos por fazer parte do processo de avaliação *versus* casos de mau funcionamento que não são normalmente praticados.

> Apesar de a prática sob tensão ser importante, a prática propriamente dita também é.

Apenas para dar uma ideia do que é praticado habitualmente, os pilotos treinam o que fazer quando perdem um motor, mas é difícil praticar todas as combinações específicas de pane simultânea de controles, porque não é possível adivinhar quais serão elas. Esta, certamente, é a situação de pressão máxima: tomar a decisão correta durante o voo significa sobreviver, e o inverso, muito provavelmente, leva à morte.

Como se pode esperar, o número de horas de voo dos pilotos é um bom parâmetro para prever o desempenho real e a capacidade de tomar boas decisões em situações de pane que foram praticadas. As panes que nunca foram treinadas, no entanto, não foram tão bem-resolvidas tanto por pilotos veteranos quanto por novatos.

Ter um piloto experiente a bordo na hora do sufoco é excelente. É ainda melhor, no entanto, se o piloto tiver praticado o que fazer em situações de emergência. Como exemplo, vejamos o caso do voo 1549 da US Airways, que decolou do aeroporto de La Guardia, em Nova York, em 15 de janeiro de 2009. Quando gansos atingiram as turbinas do avião, o piloto veterano Chesley B. Sully Sullenberger foi forçado a fazer um pouso de emergência no rio Hudson. Embora o caso específico de gansos obstruindo os motores do avião não tenha feito parte do treinamento desse piloto, o caso mais genérico, de pane de um motor, fazia, e Sullenberger sabia exatamente como agir. Sullenberger era piloto da US Airways desde 1980 e passara sete anos na Força Aérea norte-americana antes de se tornar piloto comercial. Quando os motores falharam, Sullenberger repassou todos os procedimentos e *checklists* que faziam parte de seu treinamento e conseguiu pousar com segurança no rio Hudson. Todos a bordo se salvaram, apenas com ferimentos leves.

A aviação militar e comercial baseia-se, essencialmente, nos simuladores de treinamento de seus pilotos. Isso é válido também para outras situações. Os cirurgiões praticam em simuladores de salas de cirurgia e os bombeiros realizam práticas constantes para ficarem sempre em forma.

Parece evidente que a prática é benéfica e que quanto mais sua prática reproduzir a situação real, melhor será o resultado na hora em que ocorrerem situações inesperadas em momentos de crise.

JUST DO IT!

Nos Jogos Olímpicos de Pequim de 2008 a ginasta norte-americana Alicia Sacramone entrou no estádio para competir na trave. Era a final geral por equipe, e as equipes dos EUA e da China disputavam o ouro.

A pressão era grande para que Sacramone fizesse uma apresentação perfeita, e ela estava pronta para se apresentar. Os juízes, no entanto, não estavam prontos, e Alicia precisou esperar antes de receber o sinal verde para subir na trave. Infelizmente, quando finalmente chegou a hora de Alicia brilhar, ela recuou. Caiu em seu salto inicial e precisou começar do chão, perdendo pontos que ajudariam seu time a ganhar o ouro.

Depois foi a hora do exercício de solo. Apesar da queda de Alicia na trave, o time norte-americano conseguiu encostar apenas um ponto atrás da equipe chinesa, restando apenas o exercício de solo. Sacramone tinha chance de virar o jogo e brilhar. Em vez disso, Alicia pisou na linha e cometeu vários erros. A esperança da medalha de ouro para os Estados Unidos acabou ali. "É meio difícil não me culpar pelo que aconteceu", disse Alicia Sacramone depois da prova, quando as norte-americanas já estavam com a prata.

Antes da sua rotina na trave, Alicia Sacramone era líder da equipe, o retrato vivo do otimismo, da esperança e da inspiração. No entanto, depois da queda, sua atitude e desempenho no restante da noite pareceram cair também. Nunca saberemos ao certo o que ocasionou o problema inicial de Alicia, mas uma possibilidade foi o fato de a atleta ter sido forçada a pausar (duas vezes) antes de iniciar sua apresentação na trave.

"Eles colocaram o nome dela ao lado de uma placa de 'pare'", disse a treinadora americana Martha Karolyi. "Não foi uma só vez, mas duas ..." Sacramone estava uma pilha.

Pensar demais pode atrapalhar seu desempenho, especialmente se você está realizando uma atividade para a qual praticou para alcançar a perfeição. Quando as pessoas têm muito tempo disponível para preparar um chute, uma cesta ou um solo, esse excesso de tempo pode afetar seu desempenho. Embora sempre tenhamos ouvido que a "pressa é inimiga da perfeição", às vezes acontece justamente o contrário.

Pense na esquiadora norte-americana Julia Mancuso nas Olimpíadas de Inverno de 2010. Na metade do caminho para a descida do *slalom* gigante feminino, ela recebeu a bandeira amarela e teve de abortar a prova, porque sua colega de equipe tinha caído logo antes dela e não fora retirada com segurança da pista. Mancuso precisou recomeçar a corrida, e como se isso não fosse ruim o suficiente, ocorreram discussões sobre como fazê-la voltar à linha de partida (*snowmobile* ou gôndola). A subida de Mancuso de volta ao início foi interrompida quando uma autoridade da organização olímpica interceptou o *snowmobile* onde ela estava e pediu que ela pegasse a gôndola até o topo. Mancuso ignorou a ordem, mas o dano já havia sido feito. A nova largada deixou-a em um frustrante 18º lugar, e a campeã olímpica de 2006 sequer chegou ao pódio em 2010. "Eu estava emocionalmente exausta", afirmou a desportista depois da primeira descida. Adiar qualquer tarefa antes de começar ou ter que recomeçar depois de já estar no meio do caminho pode realmente ter consequências terríveis.

Mais tempo significa maiores oportunidades para o controle contraproducente assumir a realização de movimentos hábeis que ficariam melhores se não tivessem interferência. Pesquisas com imagens de ressonância magnética funcional mostram que quando as pessoas prestam atenção em seus movimentos, depois de aprendê-los com perfeição, o córtex pré-frontal — o centro da memória de curto prazo — torna-se altamente ativado.[6] Como o córtex pré-frontal não é muito bom em controlar movimentos que exigem alta perícia em condições normais, provavelmente, é também onde tem início o controle contraproducente da atenção com o tempo. Existem medidas que podem ser tomadas para evitar essa paralisia, como veremos a seguir.

Não faz muito tempo, eu passei uma tarde com David Rath e Chris Fagan, dois treinadores do Hawthorn Hawks, uma equipe de futebol australiano. O jogo parece ser muito diferente do futebol americano, mas, na verdade, existem muitas semelhanças, e é por isso que os treinadores nos Estados Unidos trocam ideias com treinadores da NFL (Liga Nacional de Futebol Americano) sobre métodos de treinamento. Também visitam psicólogos nos EUA, esperando aprender técnicas psicológicas para ajudar seus jogadores a ter melhor desempenho nos jogos sob muita pressão. O Hawks terminou a temporada da Liga Australiana de Futebol em primeiro lugar, e os treinadores estavam procurando formas de manter o time no topo.

Durante o café, os treinadores Rath e Fagan me contaram a história de um de seus melhores jogadores, Lance Franklin, que estava tendo problemas com seus chutes livres. Embora Franklin fosse considerado um dos melhores artilheiros do time (e da liga), ele havia tido problema no início da temporada.

No futebol australiano, um jogador tem direito a um chute livre quando sofre uma falta. Como Rath e Fagan me disseram, existe um atraso entre quando um pênalti é marcado e quando o chute livre é iniciado, e esse atraso mostrava-se prejudicial ao sucesso dos chutes de Franklin. Então, Franklin descobriu um truque para lidar com o problema que parecia estar funcionando. Em vez de parar antes do chute, como era muitas vezes o hábito, Franklin simplesmente continuava correndo e dava o chute o mais rápido que podia.

Os treinadores e eu concordamos que a estratégia *"just-do-it"* de Franklin era boa, especialmente se ela impedia o tipo de erro que ele cometera no passado. Eu chamei atenção para o fato de que outros atletas têm estratégias semelhantes para lidar com o tempo em que realizam determinada tarefa. O jogador de golfe Aaron Baddeley, por exemplo, tem uma rotina relativamente curta de pré-*putt* (uma contagem até quatro do momento em que pega o taco de golfe até o momento em que bate na bola) e ele é consistentemente considerado o melhor do torneio PGA. No meu laboratório de Desempenho Humano demonstramos que os jogadores de golfe habilidosos obtinham resultados melhores de *putt* quando eram instruídos a agir o mais rápido possível. Evidentemente, os jogadores novatos precisam de muito tempo para pensar no que querem fazer, porque seguir os detalhes passo a passo é importante quando estamos aprendendo os ossos do ofício. Mas, assim que uma técnica é aprendida e praticada, dedicar tempo demais aos detalhes pode ser ruim. De fato, no futebol americano, uma tática de desaceleração é usada para atrapalhar o desempenho dos artilheiros.

No futebol americano, as equipes defensivas utilizam uma tática para "parar o artilheiro" e atrapalhá-lo antes da grande jogada. O treinador Karolyi acredita que os chineses tentaram fazer a mesma coisa com Alicia Sacramone nas Olimpíadas. A sabedoria tradicional diz que esse tempo de parada dá tempo ao jogador para que ele comece a se preocupar em perder. Meu trabalho sugere que também confere aos atletas muito tempo para pensar sobre o que ele está prestes a fazer. Os estatísticos Scott Berry e Craig Wood também pensam que essa estratégia funciona, especialmente quando há muito estresse envolvido.[7] Eles analisaram chutes a gol nas temporadas da NFL de 2002 e 2003, concentrando-se nos chutes que dariam à equipe do artilheiro a liderança no jogo ou, pelo menos, um empate com menos de três minutos de jogo ou na prorrogação. Em outras palavras, os pesquisadores concentraram-se em chutes em que os atletas estavam submetidos a uma pressão muito alta para marcar. Eles descobriram que pedir tempo antes de um chute nesse momento crítico realmente funcionava.

Como os pesquisadores revelaram, a redução no índice de sucesso quando se pede tempo "implica que existe um efeito psicológico de pressão e que este é prejudicado quando há mais tempo para pensar sobre o chute". Se as situações de intensa pressão levam os jogadores a tentar controlar a execução de forma a alterar sua rotina normal, aumentar o tempo que os jogadores têm para estudar seus chutes certamente vai prejudicar seu desempenho. Se as situações de intensa pressão fazem com que os jogadores tentem controlar a execução de forma a alterar sua rotina normal, então, prolongar esse tempo dá aos jogadores tempo para pensar em seus chutes, o que de fato exacerbará a probabilidade de um bloqueio.

Recentemente, uma nova tática surgiu na NFL, chamada Icing 2.0. Em resposta a uma mudança de regra que permite que seja pedido tempo nas linhas laterais, os treinadores o fazem antes que a bola seja colocada em jogo. O resultado final é que a equipe com direito ao chute só percebe que o chute não valeu depois que a jogada terminou, e o chute precisa ser repetido. A mudança de regra passou a valer em 2004, permitindo que os treinadores pedissem tempo para não ter que perder preciosos segundos passando o pedido de tempo para o jogador no campo. Mas agora está sendo usado para fazer os jogadores repetirem a jogada.

O Icing 2.0 foi colocado no mapa pelo treinador do Denver Broncos, Mike Shanahan, na segunda semana da temporada de 2007 da NFL. Enquanto o artilheiro do Oakland Raiders, Sebastian Janikowski, se preparava para tentar marcar o gol da vitória, o treinador Shanahan foi até o juiz e pediu tempo, justamente quando o jogador batia na bola. Janikowski estava comemorando seu recorde de 52 jardas até o momento de anunciarem que ele precisaria repetir o lance. O chute acertou uma das traves, e ele errou. O Broncos acabou ganhando o jogo.

É cedo demais para dizer se essa nova tática é eficaz. Na verdade, antes que o Icing 2.0 possa realmente ser avaliado, a NFL pode mudar a regra. Mas uma coisa é certa: alterar as condições de desempenho de modo que os atletas tenham de mudar a forma como executam habilidades que dominam pode ter um efeito prejudicial.

DISTRAIA-SE

Enquanto estava ao telefone conversando com o pai do jogador de futebol David, não pude deixar de pensar que uma questão de *timing* pode ter contribuído para as dificuldades enfrentadas por ele no gol. Esperar que um jogador chute pode dar ao goleiro tempo demais para pensar. Se David começasse a pensar no jeito como estava posicionado, em que pé ele se apoiaria na hora em que a bola fosse chutada ou, mesmo, como iria defender o chute, isso poderia atrapalhar sua capacidade de reação. Afinal de contas, David vinha defendendo pênaltis desde que tinha 5 anos de idade. Naturalmente, na posição dele, não era possível controlar o tempo, pois cabe ao jogador que chuta a bola, e não ao goleiro, decidir quando começa a jogada. Se o jogador começa a enrolar e David começa a pensar demais no seu próximo lance, o que ele deve fazer?

Você talvez ache que uma boa opção seria apenas dizer ao goleiro para não se preocupar demais com a jogada, mas as pesquisas indicam que simplesmente dizer a alguém que não pense sobre alguma coisa não é eficaz para suprimir pensamentos indesejados ou interromper um foco inadequado de atenção. Na verdade, quando dizemos às pessoas que elas não devem pensar em algo, elas tendem a fazer exatamente o contrário.[8] Felizmente, diversas estratégias de foco mostraram-se benéficas para limitar a tendência dos jogadores de pensarem excessivamente sobre seu próximo lance.

Os jogadores podem tentar se concentrar, por exemplo, no padrão de ondulações ou no nome do fabricante da bolinha de golfe, ou nas costuras de uma bola de rúgbi. Jonny Wilkinson, o artilheiro da união de rúgbi, concentra-se no ponto preciso da bola que deseja chutar. Ele combina esse foco na bola com o foco em determinada pessoa da plateia que por acaso está sentada entre as hastes pelas quais deseja passar a bola para marcar o gol. No tiro ao alvo, um atirador mira o alvo que está tentando acertar, em vez de no dedo que acionará o rifle. Na ópera, um cantor pode se concentrar na melodia da canção em vez de como exatamente atingirá o tom agudo que ele já conseguiu várias vezes no passado. Na microcirurgia, um médico pode concentrar-se na artéria que está tentando reparar em vez de no movimento preciso de seus dedos e mãos.

Tim Gallwey, treinador e autor da série de livros *The Inner Game of Tennis*, fala sobre esse processo de concentração no tênis quando estimula os jogadores a dizer "quica" exatamente no momento em que a bola atinge a quadra e "bate" no momento em que a bola faz contato com a raquete. Concentrar-se em algo que não seja seus próprios movimentos pode treinar o cérebro a não atrapalhar seu desempenho nos esportes.

Dicas para melhorar a concentração foram usadas para curar casos de espasmos no golfe. Um jogador teve dificuldade para iniciar seu *downswing*. O problema tinha se tornado tão grave que ele interrompia seu *swing* no meio. A intervenção que provou ser mais eficaz foi fazer o jogador se concentrar em uma palavra de três sílabas que combinasse com o ritmo do seu *swing*. Ele usou o título da música "Edelweiss" de *A noviça rebelde*. Segundo ele, "Ed" correspondia ao início do *backswing*, "el" correspondia ao topo do *backswing* e "weiss" ao ponto de contato com a bola.

Essas pistas também podem ser benéficas em momentos de estresse. Meus colegas e eu verificamos que jogadores de golfe habilidosos realizam mais *putts* em situações de vida ou morte quando são distraídos do que estão fazendo do que quando são deixados em paz. Em um estudo, os jogadores ouviam uma série de palavras reproduzidas de um alto-falante durante o *putt*. Toda vez que ouviam determinada palavra, eles deveriam repeti-la em voz alta. O processo de tirar a atenção dos jogadores do próprio desempenho melhorou muito seu desempenho sob pressão.[9] Um estudo recente com jogadores de basquete comprova nossos achados. Pesquisadores australianos verificaram que os jogadores com propensão para bloquear em situações de estresse faziam mais lances livres sob pressão quando ouviam música ("Always Look on the Bright Side of Life" de *A vida de Brian*, do Monty Python). A distração desses atletas, desviando sua atenção dos detalhes do lance, permitiu que eles executassem os lances livres com o mínimo envolvimento da memória de curto prazo e do córtex pré-frontal. Como esse envolvimento, em geral, diminui os movimentos fluidos e cria novas oportunidades para erro, os jogadores convertiam mais cestas quando eram distraídos.[10]

FOCO NO OBJETIVO

Como muitas habilidades esportivas, defender um chute a gol no futebol requer precisão técnica e boa capacidade de decisão. O goleiro precisa decidir se vai tentar prever o lado em que o jogador vai chutar ou se vai simplesmente esperar e reagir ao chute. O jogador precisa determinar que tipo de chute fará — será no canto direito superior ou direto no meio? Nesse tipo de situação de pênalti, o bloqueio (tanto do jogador quanto do goleiro) resulta, em geral, da atenção excessiva aos detalhes do que estão fazendo. Como resultado, concentrar-se no que fazer (foco na estratégia) em vez de como fazer (foco na técnica) pode ajudar a evitar bloqueios sob tensão.

Recentemente, o cientista esportivo Robin Jackson conduziu um estudo com jogadores de futebol onde demonstrou os benefícios do foco na estratégia.[11] Jackson faz parte do corpo docente da Universidade de Brunel, em Londres, e como a maioria dos ingleses, é fanático por futebol. Na verdade, quando não está estudando os jogadores como parte do trabalho, Robin pode ser encontrado assistindo jogos locais ou jogando bola com os filhos no quintal.

Antes de fazer com que jogadores altamente qualificados driblem a bola por uma série de cones no campo, Jackson pediu que eles definissem metas para si. Os jogadores tinham de escolher uma meta que, na opinião deles, ajudaria a maximizar suas chances de sucesso nos dribles. Alguns dos jogadores definiram metas diretamente relacionadas aos movimentos ou técnicas necessárias para driblar (por exemplo, "manter a bola rolando com os joelhos dobrados"). Outros definiram metas que estavam mais relacionadas com os elementos estratégicos da tarefa (como "manter a bola perto dos cones").

Jackson percebeu que os jogadores que definiam metas técnicas tinham pior desempenho do que os focados na estratégia — mesmo quando estavam sob pressão. Todos os jogadores com os quais Jackson trabalhou tinham as mesmas qualificações. Esses achados mostram o que Jackson chama de paradoxo do controle: os atletas concentram-se em elementos da técnica que, na opinião deles, pode ajudar a melhorar seu desempenho. Paradoxalmente, esse foco na técnica resulta em um desempenho pior do que se não prestassem atenção aos detalhes em primeiro lugar. Fazer com que os atletas se concentrem em estratégias de desempenho ajuda-os a não pensar no que estão fazendo e a garantir que jogarão bem.

> Concentrar-se no que fazer (foco na estratégia) em vez de como fazer (foco na técnica) pode ajudar a evitar bloqueios sob tensão.

Alguns psicólogos sugeriram que concentrar-se em uma palavra-chave relacionada ao resultado de um jogo ou atividade é o melhor remédio para o fraco desempenho sob estresse. Jogadores de golfe de elite foram convidados a fazer um *putt* e, ao mesmo tempo, dizer em voz alta uma palavra que qualificasse todo o movimento do *putt* (como "tranquilo"), em vez de palavras que representassem aspectos físicos da sua técnica (como cabeça, joelhos e braços). Quando estavam realizando os *putts* em uma situação prática, sem pressão para vencer, os jogadores com pensamentos holísticos em relação ao seu *swing* apresentavam melhor desempenho. Mais importante: quando a pressão aumentava com a oferta de dinheiro para os melhores *putts*, o desempenho dos jogadores de golfe que se concentravam na palavra holística não era afetado, enquanto os que se concentravam na técnica bloqueavam sob pressão.[12]

Um mantra de uma só palavra pode manter os jogadores concentrados no resultado final em vez de no passo a passo dos processos de desempenho. Quando esse mantra se relaciona com os resultados do desempenho, funciona ainda melhor, porque você realiza tarefas que já dominou, quase como se o seu cérebro soubesse o que fazer. Concentrar-se no resultado das suas ações — usando palavras como *tranquilo* — ajuda o cérebro a organizar os processos necessários para realmente produzir o resultado final. Pense nesse processo de concentrar-se no resultado como sendo invertido. Quantas vezes um jogador de basquete universitário fez o mesmo movimento do pulso para enterrar a bola e marcar o ponto do lado direito da quadra? Centenas de milhares de vezes. Por causa dessa experiência, quando nosso jogador de basquete vê a cesta desse ângulo, a imagem visual da rede ativa as áreas motoras no cérebro para colocar em ação os movimentos corretos do pulso a fim de finalizar a jogada com sucesso. A rede do espelho está ativada.

A cientista esportiva Gabriele Wulf fala sobre o foco no resultado como um foco de atenção externo. Ela sugere que, em vez de prestar atenção ao seu corpo (um foco externo de atenção), os atletas — sejam eles surfistas, skatistas ou jogadores de futebol — devem prestar atenção a algum aspecto do seu ambiente — onde desejam ir em vez de onde estão agora. Frases como "concentre-se nos obstáculos à frente" no esqui ou "concentre-se na rede vazia" no futebol resumem essa visão. Concentrar-se no resultado das ações pode ser tudo que um jogador precisa para que o cérebro e o corpo bem-treinados o produzam.[13]

QUEM SABE FAZER NÃO DEVERIA ENSINAR

Yogi Berra não é só famoso por sua capacidade de rebater bolas de beisebol longe, mas também é conhecido por seus "yogismos" — citações engraçadas que Berra acumulou ao longo dos anos e que consistentemente fazem metade das pessoas que convivem com ele rir e a outra metade coçar a cabeça, perplexa. Um dos meus "yogismos" prediletos envolve a arte de rebater as bolas: "Como é possível rebater e pensar ao mesmo tempo?"

Embora saibamos o que Yogi realmente queria dizer, sempre pensei que ele estava tentando passar a ideia de que atletas muito bem-qualificados apresentam desempenho excepcional quando não estão analisando demais seus próprios movimentos. Claro que essa ideia não se limita a Yogi Berra. O famoso jogador de futebol americano do Chicago Bears, Walter Payton, observou que não sabe o que está fazendo quando está em campo: "As pessoas me perguntam sobre este ou aquele lance, mas eu não sei por que fiz determinada jogada. Eu simplesmente vou lá e faço."

Embora os iniciantes devam prestar atenção ao seu desempenho para garantir que não cometem erros bobos, uma vez dominada a habilidade, eles não precisarão mais prestar atenção aos detalhes. Como resultado, pedir a atletas habilidosos para comentar o que acabaram de fazer pode ser ruim para os próprios atletas e para qualquer um que esteja tentando ensinar sua habilidade. Muitas vezes, os melhores jogadores se tornam os piores treinadores.

Vamos analisar um estudo recente dos psicólogos Mike Anderson e Kristin Flegal.[14] Os pesquisadores pediram a jogadores de golfe experientes e iniciantes para fazer alguns *putts* em um *green* relativamente plano e curto. Os jogadores passaram vários minutos descrevendo os *putts* que haviam acabado de fazer ou trabalharam em uma tarefa não relacionada. Depois disso, todos foram convidados a repetir os *putts*. Depois de passar algum tempo descrevendo seus *putts* anteriores, os jogadores mais experientes precisaram do dobro de tentativas para fazer os *putts*, em comparação com aqueles que não haviam descrito seu desempenho com palavras. O desempenho dos jogadores iniciantes não foi afetado pela tarefa de descrever os *putts*. Os jogadores menos habilidosos até melhoraram um pouco quando os pesquisadores pediram que recontassem o que tinham acabado de fazer.

Nas atividades que já estão completamente incorporadas à sua rotina, como fazer um lance livre, fazer um *putt* simples ou tocar uma música que você já treinou milhares de vezes no passado, pensar demais nos processos passo a passo do que está sendo feito pode ser prejudicial. A tentativa de descrever o desempenho pode atrapalhá-lo. Além disso, atletas experientes, muitas vezes, têm dificuldade em descrever suas ações com palavras. Quando os jogadores de golfe são forçados a descrever suas ações recentes, não conseguem explicá-las. Por exemplo, quando eu pedi para um jogador de golfe amador no meu laboratório que descrevesse um *putt* que ele acabara de fazer, a resposta foi: "Eu não sei. Não penso quando jogo." Quando o desempenho flui em grande medida fora da sua consciência alerta, as lembranças do que você acabou de fazer não são tão boas.

Talvez seja por isso que, em geral, os melhores jogadores não sejam os melhores treinadores. De acordo com uma jogadora de hóquei canadense, Therese Brisson, que faz parte da equipe feminina ganhadora da medalha de ouro nos Jogos Olímpicos de Inverno de 2002, em Salt

Lake City: "Jogadores de hóquei recém-aposentados com excelente nível técnico raramente são os treinadores ideais para os jovens inexperientes. Eles sabem o que fazer, mas não conseguem comunicar como o fazem!" Ela diz que, quando tem a opção de escolher entre um jogador habilidoso e um professor de educação física para ajudar a treinar os jovens jogadores de hóquei de um centro de treinamento que ela agora administra, sua escolha sempre recairá sobre o professor. "Ensinar técnicas de skate é uma dessas áreas problemáticas", afirma Brisson. "Como exatamente a gente aumenta a velocidade no skate?" Ser capaz de transmitir esse tipo de informação vem com a experiência de treinamento e não da experiência de jogo.[15]

MUDE O QUE VOCÊ TEME

Para falar a verdade, mesmo que você use todas as técnicas psicológicas à sua disposição para lidar com os efeitos negativos da pressão, a inoculação contra o bloqueio nunca é certa. Infelizmente, pode ser muito difícil interromper esse processo depois que os atletas começam a falhar por causa da tensão.

Pense, por exemplo, em um corredor que caiu durante as provas de 500m eliminatórias estadunidenses para as Olimpíadas. Só porque a corrida terminou, não significa que seu fraco desempenho será esquecido, especialmente pelo próprio atleta. Como qualquer pessoa que já enfrentou um bloqueio em momentos críticos, esse tipo de falha pode assombrar durante muito tempo. Às vezes, aquele único momento difícil pode até arruinar uma carreira, mas muitos atletas podem transformar um desempenho insatisfatório e se recuperar.

O que determina que um episódio de bloqueio se torne um problema ou seja apenas um fenômeno momentâneo que não se repetirá? Esta é a pergunta que o medalhista de ouro olímpico Lanny Bassham precisou responder. Atirador, Bassham admitiu que havia falhado sob pressão nas Olimpíadas de 1972. Em vez de desistir, ele começou a conversar com todos os campeões olímpicos que encontrava, na esperança de descobrir o que era necessário para vencer. O esforço de Bassham compensou, e ele voltou para ganhar uma medalha de ouro nos Jogos Olímpicos de 1976. Desde então, Bassham trabalha com jogadores do campeonato PGA de golfe e outros atletas, levando o que aprendeu sobre o sucesso e o fracasso como atirador para os campos e as quadras.[16] Um aspecto importante que ele tenta transmitir ao pessoal com quem trabalha é que se concentrar nos aspectos negativos ou no que você pode perder se não for bem-sucedido no jogo é uma das piores coisas que um atleta pode fazer. Excesso de pensamentos negativos realmente afeta o desempenho. E não apenas o seu desempenho imediato. A negatividade também pode afetar o desempenho futuro. No trabalho com atletas, os psicólogos do esporte enfatizam a importância de se libertar de qualquer tipo de negatividade.

Hap Davis, psicólogo da seleção de natação canadense, chegou até a criar um tipo de intervenção que ajuda os nadadores a pensar sobre seus problemas de desempenho de forma mais positiva e a melhorar atuações posteriores mudando a forma como o cérebro desses atletas lida com a negatividade. Para tal, Davis se reuniu com um grupo de neurocientistas no Canadá para investigar as mentes dos nadadores da seleção enquanto pensavam sobre as vezes em que haviam se sentido bloqueados sob intensa pressão.[17] A meta de Davis era verificar se poderia transformar a reação do cérebro a um desempenho ruim em algo positivo. Em um estudo, Davis e os pesquisadores utilizaram as imagens de ressonância magnética para analisar cerca de 12 nadadores que não conseguiram entrar para a seleção olímpica canadense de 2004 porque tiveram fraca atuação nas provas de classificação. Eles também analisaram alguns outros nadadores que entraram para a seleção olímpica mas tiveram um desempenho ruim por causa das pressões dos jogos olímpicos.

Os atletas assistiram vídeos de suas competições e de outros nadadores. Enquanto assistiam, seus cérebros eram monitorados para que os pesquisadores pudessem ver o tipo de atividade cerebral suscitada pelo próprio fracasso do nadador. Ao assistirem os vídeos, os atletas recebiam uma pequena intervenção criada para ajudá-los a reestruturar sua forma de pensar sobre o fraco desempenho e analisá-lo de uma nova perspectiva. Em seguida, os nadadores assistiam novamente à sua competição ruim.

A intervenção envolvia três partes. Os nadadores deveriam: 1) expressar os sentimentos que tiveram ao assistir a competição em que falharam; 2) pensar sobre o que dera errado na hora da competição (por exemplo, "eu fui lento", "eu preciso melhorar a braçada") e 3) imaginar mudanças em seu desempenho para a próxima disputa.

Quando os nadadores assistiam pela primeira vez seu próprio desempenho ruim antes da intervenção, demonstravam mais atividade em vários centros emocionais no cérebro, como a amígdala, do que quando assistiam vídeos de outras competições. Eles também demonstravam maior atividade no córtex pré-frontal, que, como sabemos, parece ser o maior culpado da paralisia por análise. Finalmente, os pesquisadores identificaram menor atividade nas regiões motoras do cérebro essenciais para o planejamento e a execução de movimentos. Davis e sua equipe de pesquisa acreditam que a redução na atividade motora quando os nadadores se veem falhando pode ser igual ao que é observado nos animais quando eles estão tentando escapar e sabem que não há saída. Nessas situações, o animal para de tentar e simplesmente fica parado. Isso, às vezes, é chamado de desamparo aprendido, um fenômeno no qual as pessoas não sentem que têm controle sobre determinada situação ou resultado e, por isso, param de se preocupar em tentar atingir sua meta.

No entanto, quando os nadadores observaram suas competições após a intervenção, apresentaram menos atividade cerebral ligada à emoção e mais atividade em importantes regiões motoras do cérebro. Ao se livrar das emoções negativas suscitadas por reviver uma derrota, a breve intervenção pode ter ajudado a ativar a mente para ação e melhor condição de competição.

Não é incomum para um nadador perder uma prova no início do torneio e depois apresentar fraco desempenho no restante das competições, porque ainda está impressionado com o fracasso inicial. Isso ocorre também em outros esportes. A ginasta Alicia Sacramone talvez tivesse se beneficiado com a prática dos nadadores canadenses. Talvez, se ela tivesse sido capaz de avaliar rapidamente o que deu errado na trave, imaginar-se executando o exercício de solo seguinte e destacar algo positivo sobre seu próximo evento, isso a teria levado ao sucesso e conferido à equipe dos Estados Unidos a medalha de ouro na modalidade por equipe.

Esses tipos de técnica parecem estar funcionando para a seleção do Canadá. O psicólogo Davis tem uma nova política de identificar imediatamente qualquer tipo de negatividade. Davis faz com que os nadadores, imediatamente, revejam o que causou mau desempenho e pensem em formas de melhorar. Como resultado, os nadadores canadenses estão revertendo maus resultados da forma correta.

MEDICAÇÃO PARA O BLOQUEIO

Nos Jogos Olímpicos de Verão de 2008, em Pequim, houve momentos de triunfo, glória e, é claro, derrota, como esperado. Os casos típicos de jogadores impedidos de participar por terem sido flagrados por *doping* também ocorreram. Alguns até perderam as medalhas por causa disso. A heptatleta ucraniana Lyudmila Blonska perdeu sua medalha de prata, Kim Jong Su, da Coreia do Norte, perdeu as medalhas de prata e de bronze no tiro com pistola, e o Comitê Olímpico Internacional proibiu a participação nos Jogos da estrela do atletismo norte-americano, Marion Jones, por causa de casos de *doping* no passado.

Embora muitos atletas tenham sido banidos por usar esteroides anabolizantes, como o tetrahidrogestrinona (THG) — agora um termo comum nos Estados Unidos graças aos escândalos de *doping* no beisebol dos últimos anos —, nenhum dos casos de *doping* envolveram esteroides. Jóqueis da Noruega, Brasil, Irlanda e Alemanha foram desclassificados porque seus cavalos testaram positivo para a substância proibida capsaicina, que dá sabor a molhos mexicanos e é banida porque pode ser usada como analgésico. Como o cavalo não pode dizer ao cavaleiro onde dói, mesmo um analgésico brando pode fazer o cavaleiro exigir demais do animal e acabar causando lesão. Como resultado, a capsaicina e fármacos relacionados, como Nonivamida, foram proibidos em competições olímpicas.

O atirador de pistola norte-coreano Kim Jong Su foi eliminado não por causa do uso de esteroides, mas por fazer uso de um medicamento chamado propranolol. O propranolol pertence a uma classe de medicamentos denominada betabloqueadores, que diminui a pressão arterial bloqueando determinados receptores do sistema nervoso simpático, tais como os receptores de adrenalina, em geral chamados de hormônios "lutar ou fugir", liberados em momentos de intensa tensão.

Medicamentos que bloqueiam a ligação da adrenalina com receptores adrenérgicos podem ser úteis em algumas atividades que exigem bom desempenho e nos esportes, porque, quando as pessoas tomam betabloqueadores, suas mãos tremem menos, sua voz não treme tanto e tendem a apresentar menos sinais explícitos de ansiedade. Os betabloqueadores são proibidos em esportes como tiro ao alvo e arco e flecha por causa da vantagem que podem conferir em competições que envolvem intensa tensão.

Um estudo realizado em meados da década de 1980 sugere que os betabloqueadores realmente funcionam.[18] Um grupo de cientistas holandeses pediu a cerca de 30 atiradores habilidosos para atirar com uma pistola padrão de 25mm depois de tomar o betabloqueador metoprolol ou um placebo. O estudo era duplo cego — ou seja, nem os pesquisadores nem os atiradores sabiam quem tinha recebido o fármaco e quem recebera o placebo. O índice de acertos dos tiros foi 13% superior entre os atiradores que receberam metoprolol em comparação com aqueles que ingeriram a pastilha de açúcar. Interessante que não houve relação entre a melhoria do índice de acertos e o ritmo cardíaco ou alteração na pressão arterial. Em vez disso, o metoprolol parece ter melhorado o índice de acertos por aliviar o tremor nas mãos dos atiradores.

Betabloqueadores são usados por dançarinos, músicos e arqueiros, assim como por pessoas que têm medo de falar em público. O papel dos betabloqueadores ainda não é perfeitamente compreendido. Em vez de melhorar o desempenho geral por si só, eles podem ajudar aqueles que se sentem mais ansiosos em situações competitivas a mostrar o que têm de melhor. Se este for o caso, então os betabloqueadores não são tão ruins.

Em um trabalho realizado com músicos profissionais, os pesquisadores administraram o betabloqueador oxprenolol aos instrumentistas de cordas de várias universidades londrinas.[19] Eles aumentaram a pressão pedindo aos músicos para tocar enquanto eram avaliados por juízes profissionais. No geral, os músicos tremiam menos quando usavam o betabloqueador e recebiam notas melhores. No entanto, uma análise mais precisa mostra que o oxprenolol não melhorou o desempenho de todos os músicos. Em vez disso, somente aqueles com propensão a sentir medo do palco — a ansiedade e o estresse que resultam de apresentações em público — melhoraram com a ajuda dos betabloqueadores, principalmente porque esses fármacos reduziram o tremor. Os músicos que normalmente não tinham medo do palco não se beneficiaram com o uso do oxprenolol.

Músicos profissionais, assim como os atletas, já reconheceram que o excesso de ansiedade pode prejudicar o desempenho, às vezes com resultados catastróficos. No entanto, embora os betabloqueadores sejam banidos nos esportes olímpicos, como tiro ao alvo, são aceitos no mundo da música. Alguns argumentam que esses medicamentos ajudam os músicos mais ansiosos a tocar a pleno potencial, mas outros acreditam que qualquer tipo de substância que melhore o desempenho não tem espaço nos esportes ou nos palcos. Naturalmente, aqueles cujo medo impediria suas apresentações não querem incluir os betabloqueadores na lista de medicamentos proibidos que melhoram o desempenho.

ONDE ESTAMOS AGORA?

Os treinadores alertam os atletas para "entrar de cabeça no jogo". Na verdade, depois que David deixou passar o segundo pênalti no campeonato estadual de Illinois, foi exatamente isso que seu treinador frustrado gritou para ele da linha lateral. Mas esse conselho nem sempre pode ser bom. Como observamos nos últimos capítulos, ações repetitivas muito praticadas funcionam fora da memória de curto prazo. Quando tentamos colocar essas ações sob controle consciente, o desempenho sofre.

Sempre que os jogadores precisam realizar movimentos que executaram com facilidade e perfeição no passado, sua meta deve ser ficar menos consciente em vez de mais consciente. Precisam entrar no fluxo, um conceito proposto pelo psicólogo Mihaly Csikszentmihalyi para descrever o estado mental de estar completamente imerso no que está fazendo — como se você estivesse em uma corrente que o levasse. A expressão "estar na área", como o psiquiatra do esporte Michael Lardon a chama, também descreve a benéfica perda da sensação de autoconsciência.

Aos 14 anos, a jogadora de golfe Kimberly Kim tornou-se a mais jovem campeã do Torneiro de Golfe Amador Feminino dos Estados Unidos. E ela o fez de forma grandiosa. No último dia do torneio, ela tinha três *birdies* para terminar a rodada da manhã. Quando pediram que ela descrevesse como havia se saído, ela respondeu: "Não sei. Eu só bati na bola, e deu tudo certo."

"Jogar sem pensar", por assim dizer, é um dos motivos pelos quais os atletas profissionais em geral não dão entrevistas muito informativas após um jogo decisivo. Eles não conseguem expressar o que fizeram porque nem mesmo eles sabem explicar, e, em vez disso acabam agradecendo a Deus ou aos pais. Como esses atletas mostram seu melhor desempenho quando não pensam em cada lance de seu movimento, acham difícil voltar ao momento certo para refletir o que de fato acabaram de fazer.

Uma série de técnicas (realçadas a seguir) ajuda jogadores e músicos a apresentar seu melhor resultado e a lidar com as pressões que normalmente enfrentam em apresentações solo ou em jogos críticos, lances livres ou chutes a gol — técnicas como acelerar a execução do lance ou de uma habilidade muito praticada, concentrando-se no resultado em vez de no processo e até mesmo se distraindo da tarefa em si. Um método com o qual a maioria das pessoas concorda é que praticar sob o mesmo tipo de pressão enfrentada na situação real de jogo é uma das melhores maneiras de evitar os efeitos negativos do estresse. Você verá que esse é um truísmo no capítulo seguinte também, onde falaremos sobre o desempenho sob pressão no mundo dos negócios.

Dicas para combater os problemas de desempenho sob pressão nos esportes e em apresentações

Distraia-se. Cantar uma canção ou mesmo pensar em seu dedo mindinho, como dizem que Jack Nicklaus fazia, pode ajudar a impedir que o córtex pré-frontal regule excessivamente os movimentos que devem fluir fora da consciência.

Não desacelere. Não se dê tempo demais para pensar e controlar seu *putt*, lance livre ou pênalti tantas vezes ensaiado. Vá em frente e faça.

Pratique sob estresse. Praticar exatamente sob as mesmas condições que enfrentará em uma situação crítica é o que você precisa para dar o melhor de si quando estiver sob intensa pressão. Acostume-se à pressão para que a competição não seja fonte de ansiedade. Além disso, entendendo quando a pressão ocorre, você pode criar situações que maximizarão a tensão em seus oponentes.

Não fique remoendo o passado. Use esta experiência ruim do passado e mude sua forma de pensar sobre ela. Veja seus erros como uma oportunidade para aprender como alcançar melhor desempenho no futuro.

Concentre-se no resultado, não na mecânica. Centrar-se no gol, onde a bola baterá na rede, ajuda seus programas motores bem-praticados a funcionar com perfeição.

Encontre uma palavra-chave. Um mantra de uma só palavra (como "tranquilo", em uma tacada de golfe) pode fazer você se concentrar no resultado final em vez de nos processos de desempenho passo a passo.

Concentre-se no lado positivo. Não fique desamparado. Se você se concentrar no que o deixa fora de controle, isso poderá fazê-lo se sentir fora de controle e aumentar a probabilidade de que não se esforce tanto para alcançar futuras metas de desempenho.

Cure os espasmos mudando sua forma de segurar o taco. Uma mudança em sua técnica reprograma os circuitos de que você precisa para realizar a jogada, liberando, assim, seu cérebro e seu corpo do incômodo motor.

CAPÍTULO NOVE

O BLOQUEIO NO MUNDO DOS NEGÓCIOS

Ed não era o que poderíamos chamar de "hábil" em entrevistas de emprego. Embora ele parecesse razoável e ponderado por e-mail, quando dispunha de bastante tempo para pensar no que iria dizer, se tivesse de fazer uma entrevista por telefone ou participar de uma reunião, toda essa tranquilidade parecia ir por água abaixo. Mesmo quando Ed tinha de responder a uma pergunta para a qual sabia a resposta, ele se atrapalhava com as palavras ou ficava completamente sem reação. Isso nunca causava boa impressão com os entrevistadores, especialmente porque Ed estava no ramo de relações públicas — um trabalho em que a boa capacidade de comunicação é essencial. Apesar das credenciais, um diploma de Harvard e uma especialização da Universidade de Chicago, Ed havia perdido alguns trabalhos por causa do desempenho medíocre nas entrevistas de emprego.

Os nervos começavam a atrapalhar na noite anterior. Ed não conseguia dormir bem e acordava exausto e nauseado demais para tomar o café da manhã. Quando finalmente chegava ao local da entrevista, Ed estava exaurido. Não havia como seu desempenho ser superior. Ed, inevitavelmente se esquecia de algo que deveria saber sobre a empresa ou responderia às perguntas de forma a não agradar os entrevistadores, e embora fosse possível se recuperar, ele sentia que já havia arruinado suas chances. Essa preocupação com seus erros tinha um efeito de bola de neve. Ed sentia-se distraído, errava mais respostas e só piorava as coisas.

Neste último capítulo saímos das salas de aula, dos campos e quadras de esportes e dos palcos de apresentações para entrar no mundo dos negócios e analisar várias outras situações potencialmente estressantes — de entrevistas de emprego em que só existe uma chance de impressionar a palestras e visitas de vendas, quando todos os olhares estão concentrados em você. Vamos falar sobre como esses tipos de atividades críticas são semelhantes e ao mesmo tempo diferentes das situações esportivas, acadêmicas e artísticas que discutimos até agora. A meta é compreender por que as pessoas bloqueiam em atividades comuns ao mundo empresarial para que você possa encontrar a técnica certa para aliviar seu desempenho sob pressão em suas próprias áreas de interesse.

PRIMEIRAS IMPRESSÕES

Outro dia eu assisti um filme chamado *Swimming Pool — À beira da piscina*, um *thriller* de 2003 que se passa em uma *villa* no Sul da França. A autora britânica de obras de suspense de meia-idade Sarah Morton (interpretada por Charlotte Rampling) refugiou-se na *villa* de seu editor, em busca da solidão e da inspiração necessárias para escrever seu próximo livro. Tudo vai bem até que — inesperadamente — Julie (interpretada por Ludivine Sagnier), a filha adolescente e selvagem do editor, chega para ficar. Julie tem um homem diferente em sua cama a cada noite e, não por acaso, entra em conflito direto com Sarah. O caso termina com um assassinato e a tentativa de encobrir o crime. O mais importante é que bem no final do filme há uma reviravolta no enredo, e o espectador descobre que a filha do editor é uma pessoa diferente daquela que apareceu na *villa* francesa. O espectador conclui, então, que a garota na França era um fragmento da imaginação da escritora. Um fragmento inventado para que ela pudesse escrever um livro sobre os eventos que lá ocorreram.

Um amigo meu resolveu assistir ao filme de novo, porque se lembrava de muito pouco da história. O interessante é que ele havia esquecido completamente a virada do enredo introduzida no final, o que muda completamente sua forma de ver o filme. Como sua memória poderia ter falhado em relação a esse importante detalhe do filme? Algumas pesquisas clássicas em psicologia podem ajudar a explicar esse fenômeno e, certamente, ajudarão pessoas como Ed a melhorar seu desempenho em entrevistas.

Nossa capacidade de compreender enredos cinematográficos, vivenciar novas situações ou até mesmo formar primeiras impressões sobre as pessoas que conhecemos é auxiliada, em grande parte, pelo que nós psicólogos chamamos de *esquemas*. Como pacotes de conhecimento que nos conferem expectativas sobre as atividades que realizamos, os esquemas ajudam a compreender novas situações com detalhes familiares. Por exemplo, todos têm um esquema para o que acontece em um restaurante. Esperamos que, ao entrarmos em uma pizzaria nova, vamos nos sentar, um garçom vai nos atender e anotar nossos pedidos, alguém nos servirá uma fatia e pagaremos pelo serviço antes de partir. Se não tivéssemos esse esquema do restaurante, ao entrar em um estabelecimento para jantar, poderíamos seguir diretamente para a cozinha e começar a cozinhar por conta própria. Os esquemas nos ajudam a compreender as novas situações que encontramos com base no que aprendemos sobre atividades semelhantes no passado.

Os esquemas nos ajudam a interpretar novas atividades ou situações de forma significativa, mas isso só ocorre se recebemos o esquema antes (e não depois) de encontrarmos as informações novas. O motivo pelo qual meu amigo esquecera completamente a reviravolta no enredo é que esse aconteceu no *final* do filme. Se essa virada tivesse acontecido antes, teria oferecido a ele um esquema para interpretar a situação (o filme era parte da imaginação da personagem principal), e ele teria se lembrado das coisas de forma muito diferente.

Um experimento clássico de psicologia conduzido na década de 1970 ilustra o poder de termos um esquema ou um guia de interpretação antes de encontrar uma situação nova. Os resultados desse experimento podem ajudá-lo a se sair bem em entrevistas de emprego. A tarefa exigia que alunos lessem o seguinte trecho e se lembrassem do maior número possível de detalhes a seu respeito:[1]

O procedimento é realmente bem simples. Primeiro, você distribui os elementos em grupos diferentes. Naturalmente, uma pilha pode ser suficiente, dependendo do que é preciso organizar. Se você tiver de ir a outro local, devido a problemas de instalação, este será o próximo passo; caso contrário, você está pronto para começar. É importante não exagerar. Ou seja, é melhor ir com calma do que assumir tarefas demais. No curto prazo, isso pode não parecer importante, mas podem surgir complicações. Um erro também pode custar caro. No começo, todo o procedimento parecerá complicado. Logo, no entanto, será apenas outra faceta da vida. É difícil prever quando essa tarefa deixará de ser necessária em um futuro imediato, mas nunca se sabe. Após o procedimento ter sido concluído, os materiais são novamente arranjados, em grupos diferentes. Podem ser colocados em seus locais adequados. No final das contas eles serão usados mais uma vez, e todo o ciclo terá de ser repetido. No entanto, isso é parte da vida.

Perplexo? Quando as pessoas não recebiam instrução alguma sobre o texto, ficavam confusas sobre o que estavam lendo, e era difícil lembrar dos detalhes. No entanto, quando sabiam de antemão que a passagem descrevia o processo de *lavagem de roupa*, sua memória melhorava substancialmente. Um aspecto interessante é que, se as pessoas eram informadas de que o trecho tratava de lavagem de roupa depois de lerem o texto, mas antes de serem solicitados a lembrar dos detalhes, suas memórias não eram melhores do que as de indivíduos que não sabiam do que o texto tratava. A lição importante é que ter o esquema ou o contexto apropriado para codificar informações nos ajuda a compreender essas informações e a lembrar delas, mas apenas se tivermos esse esquema desde o início.

Os esquemas são relevantes em situações de entrevistas porque dar ao entrevistador um esquema positivo para interpretar seu potencial para o emprego logo no início pode ajudá-lo a moldar a forma como ele se recordará do encontro posteriormente. Se você começar com frases ensaiadas sobre o motivo pelo qual se considera a pessoa certa para o trabalho, a primeira impressão pode ajudar a definir o tom da entrevista e do que será lembrado dela.

Podemos analisar o cérebro para entender por que as primeiras impressões podem ter tanta importância. Quando temos uma experiência pela primeira vez, seja assistir um filme novo ou encontrar com alguém, nos valemos de uma rede de regiões do cérebro que ajudam a fazer sentido de tudo que encontramos e a armazenar essas informações na memória. Os esquemas determinam como essas novas informações são armazenadas e o que é realmente lembrado.

Comparando a atividade cerebral existente quando as pessoas se lembram de imagens ou palavras que já viram com aquelas que ainda não viram, os cientistas conseguiram ter uma ideia razoável de que áreas do cérebro são responsáveis pela memória e quando essas lembranças se estabelecem. Por exemplo, a atividade cerebral no lobo temporal medial e no córtex pré-frontal, quando as pessoas deparam com uma situação nova, prevê a precisão posterior da memória.[2] Como já discutimos nos capítulos anteriores, o córtex pré-frontal abriga a memória de curto prazo, instrumental para determinar nosso foco de atenção. O córtex pré-frontal utiliza esquemas ou expectativas preexistentes como guia para aquilo em que devemos nos concentrar e o que devemos guardar de um encontro inicial. Fornecer um esquema para interpretar uma reunião desde o princípio pode realmente guiar a memória que outras pessoas terão de você.

As primeiras impressões são importantes. Para que as suas entrevistas sejam bem-sucedidas é interessante passar um esquema positivo no qual você poderá codificar todo o seu potencial para o cargo. Mesmo que você fique nervoso depois, a impressão inicial poderá ajudá-lo a garantir o sucesso.

IMITAÇÃO

De que outra maneira é possível causar uma boa impressão em uma entrevista? Alguns capítulos atrás nós discutimos como os atletas especialistas conseguem prever as ações de outros atletas no campo ou nas quadras. Como os especialistas processam — em seus próprios cérebros — uma simulação do que as outras pessoas estão fazendo, esses atletas começam a reagir antes de determinada ação do oponente ser realizada. O conceito de sistema de espelho foi introduzido aqui; a ideia de que parte dos mesmos circuitos neurais envolvidos na ação é usada também para a percepção e o entendimento. Se, quando os atletas virem mais alguém realizando determinada ação, eles se valerem de seus próprios repertórios motores para realizar essa ação em suas próprias mentes, saberão de antemão como determinada ação deverá se desenrolar, mesmo antes de ela ser concluída.

Uma maneira de despertar sentimentos positivos a seu respeito em outras pessoas é agir da forma como elas agem, e isso também está relacionado ao sistema de espelho. A ideia é simples: se você e o seu entrevistador fizerem os mesmos movimentos, você estará em melhores condições de interagir bem com ele porque os seus sistemas motores estão em sincronia. Quando o seu entrevistador cruzou os braços e você também, ele poderá entender melhor suas ações porque você consegue "espelhar" os movimentos dele em seu próprio repertório motor.[3] Quando achamos que realmente estamos sintonizados com outra pessoa, gostamos mais dela.

Os psicólogos Tanya Chartrand e John Bargh estavam na Universidade de Nova York quando descobriram esse fenômeno da imitação.[4] Denominaram o fenômeno *efeito camaleão* — muitas vezes imitamos de forma inconsciente as atitudes, os gestos, as expressões faciais e outros comportamentos de nossos parceiros de interação, e isso gera semelhança e simpatia.

Para demonstrar o efeito camaleão em ação, Bargh e Chartrand convidaram alunos da universidade para seu laboratório e pediram que participassem de uma atividade semelhante a uma entrevista, na qual duas pessoas interagiam face a face. As pessoas se revezavam descrevendo várias fotos coloridas tiradas das revistas *Time, Newsweek* e *Life*. Os pesquisadores disseram aos alunos que estavam interessados em criar estímulos para um teste que, de forma semelhante ao teste de Rorschach, poderia ser usado para ajudar a compreender a personalidade e as motivações das populações clínicas. Os alunos universitários foram recrutados de propósito para descrever o que viam nas fotos antes que os cientistas pedissem a pessoas com patologias específicas (depressão, mania etc.) para projetar seus pensamentos sobre as mesmas imagens.

Na verdade, entretanto, a tarefa de descrever as fotos era apenas fachada. Sem que os alunos soubessem, uma das pessoas que participavam das sessões de descrição das imagens era um pesquisador que trabalhava no laboratório e fora instruído a fazer determinados movimentos corporais durante a interação. Os movimentos que o pesquisador fazia incluíam balançar o pé ou esfregar os olhos ou o rosto.

Os pesquisadores identificaram o efeito camaleão. Quando os pesquisadores esfregavam os rostos, o aluno esfregava o rosto, e quando os pesquisadores balançavam os pés, o participante fazia o mesmo. Isso valia também para expressões faciais. Os estudantes universitários sorriam, em média, um pouco mais de uma vez por minuto quando eram recebidos por um pesquisador sorridente, e a média caía para um terço de um sorriso por minuto quando o pesquisador não sorria. Consideramos as pessoas e os objetos mais agradáveis quando estamos sorrindo, em comparação com quando estamos carrancudos, por isso, se quiser que seu entrevistador pense bem a seu respeito, tente sorrir. Está certo o ditado que diz: "Quando você sorri, o mundo inteiro sorri com você."[5]

Os pesquisadores da Universidade de Nova York partiram para outro estudo. Novamente, pediram aos alunos para interagir com um pesquisador, mas, dessa vez, o pesquisador poderia ou não imitar os maneirismos do aluno. Por exemplo, quando o aluno cruzava as pernas, o pesquisador cruzava as pernas. Fato interessante, os alunos registraram interações mais tranquilas quando o pesquisador imitava seu comportamento e reportaram que simpatizaram mais com esse estranho. Os alunos não tinham a menor ideia de que esses sentimentos positivos em relação àquela pessoa estavam relacionados com a semelhança dos comportamentos, mas estavam. Os alunos gostavam mais de seus parceiros quando seus movimentos estavam em sintonia.

Em situações de entrevista, independentemente do seu grau de nervosismo, seu comportamento conta. Manter-se positivo e imitar o comportamento do entrevistador pode ajudar. Na verdade, outras pesquisas mostraram que, quando os entrevistados imitam os gestos e modos dos entrevistadores, estes acreditam que o entrevistado está mais bem-informado e tem ideias mais sensatas do que quando não ocorre esse tipo de semelhança. Evidentemente, não devemos levar isso ao extremo. Assim que as pessoas se dão conta de que estão sendo imitadas, isso pode se transformar em irritação.

A imitação também pode ser a base para bons relacionamentos interpessoais. Imitar as expressões faciais de seu parceiro é bom para o casamento, porque, quando imitamos as expressões emocionais dos outros, nosso cérebro está em melhor posição para compreender o estado emocional em que se encontram e, como qualquer pessoa que já esteve em um relacionamento longo sabe, a capacidade de demonstrar empatia é a chave.

É comum que casais que envelhecem juntos fiquem parecidos, porque uma das consequências de imitar as expressões faciais do companheiro depois de anos de convívio é que o uso repetido dos mesmos músculos faciais significa que os rostos começam a ficar cada vez mais semelhantes. Se um sorrir de certa maneira e o outro o copiar, ambos ficarão com marcas de expressão similares. Como a empatia, provavelmente, é uma das chaves para o sucesso do casamento, podemos concluir que os casais que mais se parecem depois de anos de casamento — por causa da imitação das expressões e maneirismos de cada um — devem ser os mais felizes. E foi exatamente isso que as pesquisas demonstraram.

O estudo consistia em apresentar a um grupo de mais de 100 pessoas fotos de homens e mulheres em seu primeiro ano de casamento e depois de 25 anos — nas bodas de prata dos casais.[6] Os pesquisadores se deram o trabalho de eliminar informações extras e cortar as fotos de modo a realçar apenas os rostos dos casais. As pessoas tinham, então, que avaliar a semelhança física entre eles.

Os pesquisadores verificaram que havia mais semelhança entre os casais que estavam juntos há mais de 25 anos. Esse achado não pode ser explicado apenas pela ideia de que todo mundo, em geral, se parece quando envelhece, porque, quando os pesquisadores fizeram a combinação aleatória de casais mais velhos, o grau de semelhança não era maior do que a combinação aleatória de casais mais jovens.

Para verificar se os casais mais parecidos nas bodas de prata eram realmente mais felizes juntos, os pesquisadores enviaram pelo correio pesquisas independentes para cada um dos cônjuges para investigar seu nível de satisfação com a união. Cada questionário foi enviado separadamente para minimizar as chances de um cônjuge influenciar as respostas do outro. Quanto maior a semelhança em 25 anos de casamento, maior a felicidade reportada pelos casais. Assim, estar em sintonia com o seu marido/mulher e com o entrevistador pode ajudar a garantir que suas emoções e pontos de vista estejam alinhados. O resultado final é maior entrosamento, relacionamentos mais longos e, no mundo empresarial, maior probabilidade de conseguir um emprego.

PENSE NO QUE DIZER E NÃO O QUE EVITAR

Quando Sheila foi entrevistada no processo de seleção para uma vaga como gerente de nível intermediário em uma agência de publicidade, ela não demonstrou nervosismo. No entanto, ela admitia que não achava que tivesse se saído muito bem na hora de responder perguntas difíceis. Um dos motivos que explicam essa sensação é que ela estava com medo de deixar escapar algo que não deveria ser dito: algum comentário sobre o traje do entrevistador, ou informações privilegiadas que obtivera sobre a empresa. Sheila tentou afastar essas ideias, mas sempre acabava perdendo um pouco do foco pensando no que *não* pensar. Sheila estava fazendo exatamente o que não deveria fazer. Quando temos um copo cheio de vinho tinto e você está em um jantar formal passando sobre o tapete branco novo da anfitriã, pensar consigo mesmo "não posso derramar" pode acabar causando desastre. Tentar não pensar sobre algo pode ter como resultado o efeito oposto: fazer você pensar justamente no que está tentando evitar.

 Daniel Wegner, psicólogo da Universidade de Harvard, passou boa parte da carreira pesquisando como as mesmas ideias e ações que as pessoas tentam evitar acabam se concretizando. Wegner sugere que realmente existem dois processos em ação quando tentamos não pensar sobre algo. Existe um processo consciente que procura algum tópico novo no qual concentrar a atenção e uma busca inconsciente pelo pensamento indesejado, cujo objetivo é procurar erros na capacidade de tirar da cabeça o pensamento indesejado.[7] Juntos, esses dois processos ajudam as pessoas a evitar tópicos nos quais não querem se concentrar e, na maioria das vezes, os resultados são bons. No entanto, a história é outra quando estamos diante de situações de tensão. A pressão para apresentar bom desempenho, em geral, ataca o córtex pré-frontal — a própria sede dos processos conscientes que procuram por novos tópicos para os quais direcionar nossos pensamentos. Wegner argumenta, portanto, que sob intensa pressão contamos apenas com o processo inconsciente, encarregado de detectar exatamente aquilo em que não queremos pensar. Como resultado, é provável que deixemos escapar justamente o que estamos tentando não dizer ou realizemos o movimento que desejamos evitar. Empenhar-se em não pensar em algo durante uma entrevista estressante pode ser a pior coisa a fazer.

Nos esportes, algumas pessoas argumentam que os espasmos tendem a ocorrer especialmente quando os atletas se empenham em evitá-los. Da mesma forma, minha equipe de pesquisa e eu demonstramos que, quando os jogadores de golfe são instruídos a não fazer o *putt* longo (ou curto), eles ficam mais propensos ao erro.[8] Os jogadores de futebol que são instruídos a evitar chutar um pênalti ao alcance do goleiro tendem a se concentrar mais na expressão do goleiro e a chutar justamente em sua direção.[9] O jogador de beisebol Chuck Knoblauch e seus famosos arremessos para a primeira base são um bom exemplo. Era sabido que Knoblauch tinha um desejo obsessivo de evitar esses arremessos e, ironicamente, isso pode ter contribuído para que ocorressem.

O que fazer quando você percebe que está pensando exatamente naquilo que precisa evitar? Existem muitas formas de combater esses efeitos irônicos — algumas das quais consideramos ferramentas para combater o estresse de uma forma mais geral. Por exemplo, a meditação pode ajudá-lo a aprender a não remoer aquilo que deseja evitar, especialmente quando estiver sob pressão. A meditação pode ser muito útil, pois as pessoas aprendem a reconhecer e a descartar os pensamentos indesejados em vez de tentar suprimi-los. Descartar esses pensamentos significa ter menor probabilidade de que voltem a perturbá-lo no futuro. Além disso, anotar os pensamentos que você deseja evitar (assim como escrever sobre suas preocupações antes de uma prova importante) pode ajudar a revelar esses pensamentos e diminuir a probabilidade de que eles aconteçam em situações críticas. Finalmente, quando os jogadores de futebol são instruídos a se concentrar em determinado ângulo do gol e a chutar a bola ali, eles conseguem bons resultados. Os melhores resultados são alcançados quando nos concentramos em nossos objetivos. Na hora do chute, concentre-se em balançar a rede em vez de focar no goleiro; na sala de reuniões, concentre-se nos três tópicos mais importantes da sua fala em vez de pensar naquilo que não pode dizer.

FALAR EM PÚBLICO

Falar em público é parte da vida de todo executivo, seja na sala de reuniões, nas palestras, nas conferências empresariais, em fóruns abertos ou apenas nas interações como líder de uma equipe. É por isso que Linda decidiu que precisava fazer alguma coisa a respeito da pressão que sentia toda vez que era necessário falar para uma plateia. Linda fazia parte de um grupo de investidores imobiliários de Nova York e ficava nervosa quando precisava fazer uma apresentação para potenciais clientes, e também em situações mais informais, quando tinha apenas alguns segundos para transmitir suas ideias, por exemplo, enquanto estava no elevador com o chefe.

Fazer uma apresentação diante de um auditório lotado ou simplesmente expressar sua opinião em um elevador a algum superior pode ser uma experiência estressante. Mesmo se nos preparamos, tomamos notas ou praticamos nossa palestra, assim que chegamos lá na frente é muito fácil ficar nervoso. Por que isso acontece, mesmo que seja só de vez em quando? Muito já foi escrito sobre como fazer apresentações eficazes. Às vezes, as pessoas que se dizem especialistas em como falar em público nos dizem para pensar sobre cada palavra; outras sugerem que devemos deixar nossas mentes vazias. Qual é a estratégia certa e por que algumas pessoas parecem não ter medo quando outras mal conseguem chegar ao palco? Vamos tentar responder algumas dessas perguntas analisando o que acontece quando nos preparamos para fazer uma apresentação em público.

Há mais de 15 anos os pesquisadores do mundo todo convidam pessoas para seus laboratórios com o sádico objetivo de prepará-las para se apresentar em público. O teste se chama Trier Social Stress Test, teste de estresse social, que recebeu o nome da Universidade de Trier, na Alemanha, onde foi desenvolvido.[10]

O teste funciona mais ou menos assim: quando chegam ao laboratório, os participantes entram em uma sala ocupada por uma banca de três pessoas. Os participantes devem se sentar em frente à banca, e descobrem que terão como tarefa fazer uma apresentação de cinco minutos que deverá convencer a banca de que eles são a melhor opção para preencher a vaga recém-aberta para trabalhar no laboratório. As pessoas são informadas de que tanto o conteúdo quanto o estilo de sua fala serão avaliados — isso significa eliminar gestos enervantes, pausas e interrupções na fala etc. Em geral, são conferidos dez minutos para que a pessoa prepare sua apresentação. Em seguida, com uma câmera de vídeo filmando cada palavra e cada movimento, o participante do estudo deve se levantar e fazer a apresentação para uma banca em geral nada simpática que está diante dele. Como se isso não bastasse, imediatamente após a apresentação a pessoa deve realizar outra tarefa, na qual precisa contar, em ordem decrescente, começando em 1.022 e diminuindo sempre 13 — em voz alta — da forma mais rápida e precisa possível.

Fazer parte do Trier Social Stress Test pode ser realmente enervante. E uma década e meia de pesquisa indica que, para a maioria das pessoas, essa atividade de falar em público é uma forma clara e confiável de gerar uma resposta substancial de cortisol, o hormônio marcador do estresse. No entanto, não é só fazer uma palestra ou cálculos matemáticos que induz mais estresse; o teste deve incluir elementos de avaliação social (uma banca de avaliação) para causar uma reação mais forte e confiável. Juízos de valor são princípios básicos das apresentações em público; as pessoas temem ser avaliadas e se sentirem tolas.

Apesar da natureza extremamente tensa do Trier Social Stress Test, as pesquisas mostram os fatores que podem ajudar a aliviar a pressão das apresentações em público. Em um estudo recente conduzido com mais de cem pessoas no Centro de Estudos sobre o Estresse Humano, em Montreal, os pesquisadores descobriram que as pessoas com maior grau de instrução, com nível superior, por exemplo, eram menos afetadas pelo teste do que aquelas que tinham apenas o nível médio.[11] Como frequentar a faculdade, em geral, significa mais exposição a uma série de situações estressantes — participação em seminários e trabalhos de grupo —, um grau de instrução mais elementar corresponde a menor probabilidade de ter vivido apresentações em público estressantes no passado. Acostumar-se com a pressão de falar em público ajuda as pessoas a reagirem de forma mais positiva no futuro. O hábito de estar diante de uma plateia torna o processo menos assustador.

É sabido que quando o presidente Obama precisa fazer um discurso importante ele pratica muito. Quando chega a hora de falar, ele sabe exatamente o que fazer. Embora a maior parte do mundo ocidental livre esteja atenta a cada palavra do que Obama tem a dizer, ele fica tranquilo sob pressão porque tem longa prática em apresentações diante de multidões. Obama acerta em cheio quando é específico no púlpito e, diz a lenda, também nas quadras. Essas qualidades são fruto da prática.

Não é necessário praticar com o discurso ou a apresentação de verdade, mas a prática, em geral, ajuda. Por exemplo, se você dedicar algum tempo por semana a atividades que exigem essas habilidades — talvez aulas de teatro, improvisações ou mesmo erguendo brindes com os amigos —, essa experiência poderá ajudá-lo a aliviar o medo de falar em público. Você não precisa se preocupar tanto quando já experimentou a pior coisa que poderia acontecer com você.

As pessoas que têm sólidos sistemas de apoio social também tendem a ficar menos estressadas pela perspectiva de fazer uma apresentação. Os pesquisadores da Universidade de Zurique descobriram que homens casados (ou que moram com alguém) demonstraram menor aumento nos níveis de cortisol em antecipação ao Trier Social Stress *Test* quando conseguem passar algum tempo com suas esposas (ou companheiras) antes de preparar uma apresentação importante do que aqueles que não o fizeram. No entanto, esses resultados apresentam alguma limitação. A presença do cônjuge nessas situações críticas para aliviar os níveis de ansiedade do orador só ajudou quando a relação entre os dois era saudável. Passar algum tempo com alguém com quem você não convive bem antes de uma situação crítica estressante, na verdade, é mais destrutivo do que se você estivesse sozinho.[12]

Além disso, pesquisas realizadas com mulheres e seus companheiros mostram que os benefícios do apoio social que os homens recebem nem sempre valem para o sexo oposto. Na verdade, em um estudo, os níveis de cortisol das mulheres subiram durante o Trier Social Stress Test quando seus namorados permaneceram no local, em comparação aos momentos em que não estavam.[13] Se o aumento dos níveis do hormônio foi resultado da falta de apoio do namorado ou da incapacidade das mulheres de recebê-lo ainda está aberto ao debate.

Ter fatores de estresse crônicos na vida — seja um casamento instável, filhos fora de controle, problemas financeiros ou pais idosos — pode realmente afetar sua capacidade de falar em público. É por isso que ter seu companheiro perto de você antes de uma apresentação importante só será benéfico se esse companheiro não for um dos seus principais fatores de estresse.

A função clássica da parábola invertida explica por que a presença de um parceiro pode ser útil para reduzir o estresse ou pode sair pela culatra completamente. A parábola invertida mostra uma relação comum entre o desempenho e o estímulo.[14] Como podemos ver, estar estimulado, até certo ponto, é bom para o desempenho porque a pessoa fica energizada e motivada para vencer. No entanto, quando você está no topo da curva, enfrentar mais pressão não é bom, já que a queda pode ser muito forte. As pessoas que vivenciam o estresse crônico tendem a ficar no topo da curva em condições normais, assim, quando enfrentam a pressão adicional de falar em público, tendem a apresentar um desempenho pior do que aquelas que se encontram em pontos mais baixos na curva. Se alguém mais agitado entra em cena, as consequências podem ser desastrosas.

Quer você esteja apresentando ideias para outros vice-presidentes ou liderando uma reunião com clientes potenciais, os fatores de estresse crônico de fora do trabalho podem influenciar seu desempenho. Assim como colocar no papel seus sentimentos pode ajudar a aliviar as pressões antes de uma prova importante, manifestar esses fatores de estresse pode ser benéfico também. Meramente escrever sobre eventos estressantes na vida de forma regular — digamos, vinte minutos uma vez por semana — pode ajudar a impulsionar sua capacidade cognitiva reduzindo a ocorrência de pensamentos ou preocupações invasivas.[15]

Pense na analogia do computador: se o computador executa vários programas de uma vez, cada um deles será processado de forma muito mais lenta e ele estará mais propenso a falhar. Colocar suas preocupações no papel elimina a possibilidade de execução de programas que geram ansiedade e ajuda na concentração da tarefa a ser realizada.

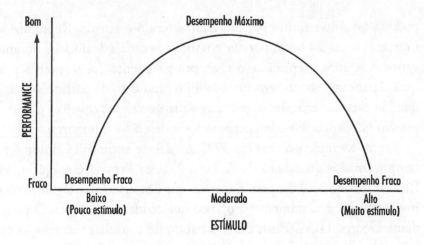

A seguir estão exemplos de situações recentes no cenário político norte-americano em que algumas das técnicas que discutimos para lidar com a pressão poderiam ter ajudado os políticos a melhorar seu desempenho em seus discursos e entrevistas.

A entrevista da candidata republicana à vice-presidência dos Estados Unidos, Sarah Palin, pela repórter Katie Couric da CBS News é inesquecível. Durante essa exclusiva, Couric levou Palin a falar sobre a crise financeira do país e perguntou se a empresa de *lobby* do coordenador da campanha do senador John McCain, Mark Buse, tinha recebido dinheiro da gigante das hipotecas Freddie Mac. Palin atrapalhou-se na resposta e a entrevista desandou a partir daquele momento. Aventou-se a hipótese de que Palin se recusara a trabalhar com o pessoal da campanha de McCain e que, portanto, não tinha praticado responder a perguntas mais capciosas. A candidata à vice-presidência precisava de toda memória de curto prazo de que dispunha para a entrevista, e como não se preparara com antecedência suficiente para responder as perguntas ao vivo, sua atividade mental parecia ter se perdido no momento mais crítico.

O grito de Howard Dean: exemplo vivo do que é perder o controle do córtex pré-frontal. Depois de não ser indicado na convenção do Partido Democrata do estado de Iowa, nas prévias para a eleição presidencial de 2004, Dean fez um discurso apaixonado que culminou com um grito pouco presidenciável. Em vez disso, o grito soou como um urro que poderia ter sido emitido por um animal ferido e acuado. Reproduzido inúmeras vezes, 24 horas por dia, em todos os canais de notícias durante vários dias após o episódio, o uivo, provavelmente, foi o motivo pelo qual ele, mesmo sendo favorito, não foi o candidato do partido. Mesmo quando estamos exaustos e em uma situação crítica, envolver o córtex pré-frontal para inibir comportamentos indesejados é importante.

Outro exemplo ocorreu em 1992, no debate entre Bill Clinton (então governador do estado de Arkansas), Ross Perot e George H. W. Bush. Quando você diz para si mesmo que não deve fazer alguma coisa, ironicamente, é exatamente o oposto que tende a acontecer. O presidente George H. W. Bush tinha o hábito de consultar seu relógio em momentos importantes e, sem dúvida, seus assessores o haviam aconselhado a não fazê-lo em público. No meio do debate, no entanto, todas as câmeras e olhos estavam fixos em Bush enquanto ele olhava para o relógio. Este talvez não seja o melhor comportamento para quem quer passar a ideia de que está realmente interessado no que está acontecendo e não ávido para sair dali.

No debate presidencial de 1988 entre o vice-presidente George H. W. Bush e o governador de Massachusetts, Michael Dukakis, perguntaram a Dukakis sobre suas visões contrárias à pena de morte, especificamente com relação a um cenário hipotético em que sua esposa tivesse sido violentada e assassinada. Dukakis se atrapalhou na resposta, transmitindo a impressão de ser frio, direto e negativo em uma situação em que tinha a real oportunidade de mostrar um lado mais sensível. Na verdade, Dukakis estava gripado e, provavelmente, longe de sua melhor forma, mesmo assim sua falta de habilidade em demonstrar um esboço de compaixão após ser pressionado pode ter lhe custado a eleição.

EXPECTATIVA

Meramente se preparar para fazer uma apresentação que será avaliada por outras pessoas pode ser suficiente para causar picos de ansiedade, como demonstrado pelo psicólogo Tor Wager e seus colegas da Universidade Columbia.[16] Wager estava interessado em saber o que acontecia no cérebro nas vésperas de uma situação importante e de intensa pressão, por isso monitorou os alunos da Universidade Columbia com uma máquina de ressonância magnética funcional e os informou que teriam alguns minutos para preparar mentalmente dois discursos diferentes — um, sobre os efeitos das taxas de juros nos preços das ações e outro, sobre a relação entre tarifas e o livre-comércio. Os alunos foram informados de que fariam a apresentação para um painel de especialistas em direito e comércio exterior e que um programa de análise usado para avaliar trabalhos e artigos universitários seria empregado para avaliar o conteúdo das suas palestras. Na verdade, e para alívio dos estudantes, eles não precisaram fazer a apresentação propriamente dita, mas essa informação só lhes era passada quando a ressonância terminava.

Enquanto estavam ali deitados na máquina de fMRI, preparando suas apresentações, o ritmo cardíaco dos alunos era continuamente monitorado e eles deveriam indicar, a cada 20 segundos, seu grau de ansiedade naquele momento. Não foi por acaso que Wager e sua equipe de pesquisa descobriram que a expectativa de fazer a apresentação mudava o ritmo cardíaco e os níveis de ansiedade revelados pelos alunos, e que essa ativação em áreas do córtex pré-frontal explicava o elo existente entre a expectativa e a ansiedade por causa da apresentação (especialmente para aqueles que consideravam a tarefa de preparação do discurso a fase que mais causava ansiedade). Na preparação para fazer uma apresentação, quanto mais atividade houver nessas regiões pré-frontais, mais ansiosas estarão as pessoas.

Uma interpretação dos achados de Wager é que, quanto mais as pessoas que ficam nervosas quando falam em público pensam sobre o que os outros vão dizer — mais antecipam as reações do painel de especialistas — e, mais ansiosas elas ficam. Lembre-se que todas essas alterações cerebrais ocorrem antes de os alunos fazerem qualquer coisa. Isso sugere que a expectativa de que determinado evento ocorrerá, e especificamente a expectativa de que você será avaliado por outras pessoas, é suficiente para pressioná-lo antes mesmo do início da apresentação. Se o resultado final é bloquear sob pressão, então, temos um ciclo recursivo em nossas mãos. Você se preocupa com a forma como as pessoas da comissão de avaliação irão julgá-lo, o que pode levar a um fraco desempenho, o que, por sua vez, leva a preocupações sobre a próxima vez em que você falar em público e assim por diante.

Naturalmente, falar em público não é a única fonte de ansiedade diante de situações em que você pode ser julgado por outras pessoas. Um diálogo famoso veiculado em um episódio da terceira temporada da série *Seinfeld* ilustra bem isso:

> George: "Eu não gosto quando uma mulher me diz 'transa comigo'. É intimidador. Da última vez que isso aconteceu comigo, acabei tendo que me desculpar com ela."
> Jerry: "Sério?"
> George: "É pressão demais. 'Transa comigo.' O que é isso, estamos no circo agora, é? E se eu não conseguir?"
> Jerry: "Esquece isso."
> George: "Eu não consigo fazer nada sob pressão. É por isso que não jogo por dinheiro. Eu bloqueio. Pode dar tudo errado hoje à noite. E ela trabalha comigo, dá pra imaginar? Ela vai sair contando pra todo mundo o que aconteceu! Acho que eu devia cancelar o encontro. Estou com péssimo pressentimento..."
> Jerry: "George, você pensa demais."
> George: "Eu sei, eu sei, não dá pra evitar!"

Altas expectativas de sucesso e a possibilidade de que você será mal avaliado podem gerar consequências desastrosas na sala de reuniões ou no quarto. Como vimos do trabalho de Tor Wager, mesmo quando os alunos da Universidade Columbia estavam apenas preparando sua apresentação, uma sequencia de reações cerebrais e corporais ocorreu, e elas podem, realmente, levar a pessoa ao fracasso. Esse tipo de efeito causado pela expectativa ocorre também na situação máxima de avaliação: no sexo.

Um amigo meu me falou sobre um relacionamento à distância que mantinha com uma moça durante a faculdade. Ela era o seu primeiro amor, mas, infelizmente, eles moravam muito longe um do outro e só podiam passar um fim de semana juntos por mês. A expectativa de seus encontros acabou atrapalhando a relação. Quando estavam juntos, ele não dava conta do recado. O fato de terem apenas um encontro por mês o fazia pensar sobre aquele momento com muita antecedência e se preocupar com o desfecho.

O Dr. Robert J. Filewich, diretor executivo do Centro de Terapia Comportamental em White Plains, Nova York, e psicólogo clínico especializado em transtornos da ansiedade, afirma que "a ansiedade causada pela expectativa de bom desempenho, em termos sexuais e com problemas sexuais, ocorre quando uma pessoa tem a expectativa de que haverá algum tipo de problema durante o ato sexual. Como consequência, ela desenvolve um senso de ansiedade que se traduz em incapacidade de ter ereção, em incapacidade de agir e fazer sexo até conseguir ter um orgasmo ou em ejaculação precoce".[17] A expectativa pode ser um problema.

O que fazer a respeito desse tipo de problema de desempenho? Há vários conselhos e recomendações de pesquisadores e médicos.[18] Primeiro, é importante lembrar que algumas coisas são uma resposta por reflexo e não necessariamente sob controle consciente. Assim como pensar em cada componente do *swing* do golfe pode fazer com que um jogador erre um *putt* simples, concentrar-se e direcionar suas energias para seu desempenho na cama pode ser prejudicial. Como disse Jerry Seinfeld: "George, você pensa demais!" Em segundo lugar, pensar no lado negativo pode levá-lo a achar que não tem controle sobre a situação, de forma semelhante ao que vimos no Capítulo 8, com os nadadores olímpicos canadenses. Depois de assistir a uma competição em que perderam, esses nadadores mostraram sinais de desamparo aprendido — uma perda do senso de controle e uma tendência a desistir por causa disso. O mesmo pode acontecer na cama, depois de algum episódio de impotência. Concentrar-se nos aspectos positivos ajudará a garantir que não ocorra um ciclo reativo.

Muitos dos mesmos fatores que levam a um fraco desempenho em apresentações públicas também podem estar em jogo na hora do sexo. Fatores de relacionamento, incluindo problemas de comunicação, conflito e qualidade podem diminuir o prazer e atrapalhar o desempenho de homens e mulheres. O estresse acumulado em outros aspectos da vida pode tomar conta e desviar a atenção da tarefa em questão. Além disso, os cônjuges podem ser compreensivos nessa hora e aumentar a probabilidade de sucesso, ou não, e essa falta de apoio pode piorar as coisas, de forma semelhante a quando estamos prestes a fazer uma apresentação importante e o parceiro não está ajudando.

PERDENDO O CONTROLE DO CÓRTEX PRÉ-FRONTAL

"No calor da batalha, eu deixei minas emoções falarem mais alto e perdi o controle da situação." Esta declaração foi feita pela tenista Serena Williams depois que um ataque de fúria contra a juíza de linha lhe custou a partida e a vitória no US. Open de 2009.

Serena Williams jogava contra Clijsters em uma partida semifinal muito aguardada. O primeiro *set* fora vencido por Clijsters, 6-4. Foi um disputado jogo de abertura e Williams já fora advertida e penalizada em quinhentos dólares por amassar sua raquete em sinal de frustração. Quando ela estava a um passo de vencer o segundo *set*, a juíza de linha marcou falta de Serena: ela havia pisado na linha na hora do saque. Esse tipo de falta raramente é marcado e, sem dúvida alguma, surpreendeu Serena perder um ponto quando possivelmente só havia dois restantes. Em vez de sacar, Serena Williams aproximou-se da juíza que dera a falta; ela agitava a bola e gritava. Essa explosão lhe custou dez mil dólares, o ponto final e a partida.

Naturalmente, se você acha que toda publicidade é boa, então, o lado bom é que a cena tornou-se a mais vista no YouTube naquele fim de semana. Não dá para saber exatamente o que ela disse, mas, ao assistir, eu consegui entender que Serena ameaça fazer a juíza engolir a bola.

Quando as pessoas estão em situações críticas e estressantes, sua capacidade de inibir emoções e comportamentos indesejados é prejudicada. Um importante componente da memória de curto prazo é a inibição, que nos ajuda a manter em mente o que queremos e a eliminar o que não queremos. Também nos ajuda a controlar nossos pensamentos e comportamentos. Quando o nível de tensão é grande, a memória de curto prazo e o córtex pré-frontal podem ser afetados, e a inibição é o primeiro elemento que perdemos. Quando perdemos a paciência ou dizemos coisas que não devemos, em geral, é sinal de que o córtex pré-frontal não é capaz de manter os centros emocionais do cérebro sob controle.

O córtex pré-frontal também é a fonte de nossa capacidade de reavaliar determinada situação ou evento. Reinterpretar o comportamento irritado de um colega de trabalho para que possamos entender melhor a causa desse comportamento — esse processo de reavaliação é uma das principais ferramentas cognitivas usadas para refletir o que as outras pessoas fazem e mudar nosso próprio comportamento diante disso.[19] Em geral, a memória de curto prazo direciona esse processo de avaliação e nos ajuda a escolher como agir em vez de apenas reagir impulsivamente. Quando nosso córtex pré-frontal não está funcionando plenamente, no entanto, uma negociação acalorada ou mesmo uma conversa com um colega de trabalho ou funcionário pode ir mal. Este, certamente é o caso de mães diante do comportamento difícil de um filho indócil ou sem reação. Os pesquisadores demonstraram que quando a memória de curto prazo dos pais está muito baixa, sua tendência de reagir negativamente aos filhos problemáticos é maior. Em vez de tratar da criança desobediente e difícil de forma não emocional, os pais com baixa memória de curto prazo tendem a enfrentar a raiva com mais raiva, o que em geral não leva a um resultado positivo nem para os pais nem para os filhos.[20]

Os adolescentes tendem a ser muito emocionais, quando seria melhor manter o equilíbrio. Como o córtex pré-frontal ainda está em desenvolvimento nos adolescentes, em geral, eles têm dificuldades de manter as áreas emocionais do cérebro sob controle. Quando adolescentes e adultos com idades entre 20 e 30 anos olham para fotos de rostos emotivos em uma tela de computador, os adolescentes tendem a apresentar maior ativação na região da amígdala do que os adultos, juntamente com o córtex orbitofrontal e cingulado anterior, parte dos sistemas cerebrais envolvidos em situações emocionais de medo e avaliação.[21] Quando tinham de mudar o foco de atenção de um componente emocional do rosto (como, por exemplo, pensar sobre o medo que o rosto desperta) e uma característica não emocional (qual a distância entre os olhos), os cérebros dos adultos se saíam melhor. Quando necessário, os adultos parecem capazes de desativar as áreas emocionais de seus cérebros ou, pelo menos, mantê-las sob controle, de uma maneira que os adolescentes não conseguem.

No entanto, quando os adultos estão sob pressão, tudo muda. O córtex pré-frontal para de funcionar como deveria, o que pode levar a uma atenção excessiva aos detalhes, a uma falta de capacidade cognitiva dedicada à tarefa em questão ou a uma explosão emocional que parece mais típica de um adolescente. Ao envelhecermos, o córtex pré-frontal se desenvolve e temos melhores condições de modular nossas reações. No entanto, sob intensa pressão, esse controle pode se perder. Basta lembrar do jogador de futebol francês Zinedine Zidane e de sua infame cabeçada na final da Copa do Mundo de 2006. Depois que o zagueiro italiano Marco Materazzi e ele discutiram, o córtex pré-frontal de Zidane, provavelmente, estava se empenhando para coibir a explosão emocional. Mas com o estresse de ter um campeonato mundial em jogo, essa inibição não deu resultado e, em vez de se afastar de Materazzi, Zidane acertou uma cabeçada no peito do jogador italiano, derrubando-o no chão e tirando Zidane do jogo. Conseguir se controlar em situações de pressão envolve reconhecer quando seu córtex pré-frontal parece o de um adolescente e aplicar técnicas eficazes para lidar com a regressão.

Depois da falta ter sido marcada no Campeonato Aberto de tênis de 2009, Serena Williams começou a se preparar para o próximo saque antes de parar e caminhar até a juíza de linha. As chances de que Williams estivesse melhor caso se tivesse se afastado dali eram grandes. Como comentamos ao longo do livro, às vezes é melhor recuar para poder enxergar determinado problema de outro ponto de vista e também impedir que as emoções assumam o controle. Além disso, meramente educar as pessoas de que o córtex pré-frontal ficará comprometido sob pressão e de que elas poderão ficar mais reativas por si só pode torná-las menos propensas a reagir mal.

Algumas semanas depois de voltar da minha palestra com os vice-presidentes em Sundance, recebi um e-mail de John, um executivo que estivera na minha apresentação e, depois que eu falei sobre a maior probabilidade de pessoas com capacidade cognitiva acima da média bloquearem sob pressão, contou um problema que sua filha tinha com a matemática. A filha de John parecia se encaixar perfeitamente na minha descrição de bloqueio: ela, consistentemente, obtinha as melhores notas da turma nos deveres de casa e nos testes, mas entrava em pânico na hora de provas importantes e muitas vezes era reprovada por isso.

O motivo do e-mail, explicou John, era que ele queria contar uma experiência recente que tivera ao jogar golfe. Jogando com 18 buracos, diante dos olhares atentos de seus colegas de dupla, ele perdeu a calma e errou várias tacadas importantes, que lhe custaram a partida. A situação toda parecia bastante semelhante ao que a filha sofria nos dias de provas importantes. John queria saber se esse problema de desempenho no campo de golfe era igual ao que havia acontecido com a filha na sala de aula.

Todas as situações que envolvem pressão intensa podem induzir reações semelhantes no cérebro e no corpo. Nosso ritmo cardíaco acelera, a adrenalina aumenta e nossas mentes começam a funcionar — muitas vezes repletas de preocupações. Quando as preocupações começam, se estamos fazendo algo que exija muita capacidade cognitiva, nosso desempenho será afetado. Mas, em geral, não são só as preocupações que causam problemas quando enfrentamos um *putt* simples ou uma ação que não exige muito esforço mental. Habilidades muito ensaiadas não necessitam da mesma capacidade cerebral que as preocupações. No entanto, quanto a pressão é intensa, tentamos controlar o que estamos fazendo e isso pode nos atrapalhar. Tomar consciência de rotinas há muito praticadas pode causar paralisia por análise.

Como exemplo, pense na gafe cometida pelo desembargador John Roberts no momento do juramento de posse do presidente Obama diante de todo o mundo livre. Não há dúvida de que Roberts tinha praticado muitas vezes, mas, sob intensa pressão, ele falhou, não pronunciou corretamente as famosas palavras, provavelmente porque estava dedicando memória de curto prazo demais para controlar as palavras que conhecia de cor.

Assim, é fato que as pressões que enfrentamos na sala de reuniões, na sala de aula e nos campos e quadras exercem efeitos comuns na mente e no corpo. Sob pressão, as preocupações invadem o cérebro e, como resultado, tentamos administrar nossas ações. Se estamos envolvidos em uma atividade que exige muito poder do córtex pré-frontal, como fazer uma prova complicada ou tomar decisões difíceis, as preocupações por si só já podem atrapalhar o desempenho. Elas também podem nos impedir de usar a memória de curto prazo para inibir pensamentos ou comportamentos indesejados. Se, em vez disso, estamos realizando uma tarefa que funciona fora do nosso controle consciente, como o *putt* muitas vezes ensaiado de John, podemos falhar porque nossa capacidade cognitiva (ou o que restou dela depois que as preocupações fizeram o estrago) está sendo usada para controlar o desempenho de maneira contraproducente.

Situações críticas podem afetar o desempenho caso tenhamos um lápis ou um taco na mão, mas o motivo do bloqueio dependerá das características da tarefa e do próprio indivíduo. É por isso que soluções diferentes funcionam com diferentes tipos de bloqueio, que ocorrem nas salas de aula, salas de reuniões, quadras e campos esportivos, palcos ou fosso de orquestra.

Por exemplo, entoar uma canção para criar uma leve distração poderá aumentar sua probabilidade de acertar um *putt* fácil para vencer o torneio, mas essa mesma fonte de distração poderia ser devastadora para um aluno que tenta combater o estresse durante os exames de seleção para a universidade. Quando estamos tentando responder uma pergunta difícil em que lógica e raciocínio são fundamentais — em um teste ou em uma reunião de negócios —, prestar atenção ao momento é muito bom. Fazer com que os alunos expressem em voz alta o processo utilizado para resolver um problema de matemática, por exemplo, é uma boa maneira de fazê-los se concentrar na tarefa em questão e limita a possibilidade de preocupações atrapalharem seu desempenho.[22]

Da mesma forma, fazer com que o artilheiro acelere sua rotina antes do chute pode evitar que ele pense demais no chute que vai definir o jogo, mas não é uma ideia tão boa para o aluno que está tentando resolver um problema complicado de física, pois pode fazer com que ele deixe de ver detalhes críticos da equação.

Às vezes, são necessárias diferentes estratégias para combater a pressão ao mesmo tempo — como, por exemplo, quando você está fazendo uma apresentação importante que já praticou várias vezes enquanto, ao mesmo tempo, precisa responder perguntas difíceis de improviso. Para se sair bem em uma situação de pressão como essa, você precisará combater as preocupações, além de garantir que não exerce controle demais sobre a rotina de apresentação que você praticou tantas vezes. Entender por que diferentes situações de alta pressão podem atrapalhar seu desempenho permite que você escolha a estratégia certa para evitar o bloqueio.

Aqui estão algumas dicas que podem ajudar a evitar o bloqueio no mundo dos negócios, quer você esteja tentando evitar pensar demais e sabotando sua prática ou precise de toda capacidade cognitiva que puder angariar para pensar de forma eficaz quando a situação exigir.

Evite o bloqueio

Seja pró-ativo. Na entrevista, apresente de cara um esquema que ajudará o entrevistador a captar seus atributos positivos. Comece dizendo ao entrevistador por que você é a melhor pessoa para o cargo.

Imitar sutilmente gestos e trejeitos pode ajudar a criar um efeito positivo e despertar simpatia em situações de entrevista, alinhando você e o seu entrevistador.

Pense no que quer dizer e não no que não deve dizer, porque, quando você tenta não pensar em algo ou não fazer alguma coisa, justamente o oposto tende a acontecer.

Pratique situações em que você se expõe ao ridículo, como em aulas de teatro, comédia ou improvisação. Dessa forma, quando tiver de fazer uma apresentação ou palestra, você, provavelmente, vai se preocupar menos com o que pode acontecer se errar, porque já terá vivido uma situação semelhante.

Tenha consciência do que você sabe. Se tiver memorizado a introdução da sua palestra ou todo o seu conteúdo, vá em frente e tente não pensar demais em cada palavra. Se não conseguir, faça pausas antes de transições importantes para ter tempo de se reorganizar.

Escreva tudo. As pesquisas mostram que escrever sobre suas preocupações e sobre eventos estressantes na vida podem ajudar a aumentar a memória de curto prazo e evitar que outras partes da sua vida (companheiro, filhos, casa) atrapalhem e distraiam você quando estiver sob intensa pressão.

Pense sobre a jornada e não no resultado. Estar muito concentrado no erro ou nas metas extraordinárias que você está tentando alcançar pode impedi-lo de dar os pequenos passos em direção ao sucesso.

Lembre-se de que você tem tudo para vencer e que você está no controle da situação. Este pode ser o impulso de confiança necessário para a vitória.

Prepare-se bem, mas não espere demais. Muitas vezes, o próprio estresse gerado pelas situações hipotéticas que você imagina leva ao fracasso em momentos críticos — uma profecia que se autorrealiza.

EPÍLOGO

ROMA NUNCA ESQUECE

FINAL DA LIGA DOS CAMPEÕES DA UEFA DE 1984: EMPATE EM 1 A 1 ENTRE ROMA E LIVERPOOL: LIVERPOOL GANHA DE 4 A 2 NOS PÊNALTIS.

No dia 30 de maio de 1984 dois dos maiores clubes de futebol do mundo — Roma e Liverpool — se enfrentaram no Stadio Olimpico, em Roma, para disputar a final da Liga dos Campeões. Por reunir os principais times da Europa, a Liga dos Campeões representa a elite do futebol.

Havia 69.693 torcedores no estádio naquele dia para assistir ao jogo. No entanto, este número representa apenas uma gota no oceano de milhões de pessoas no mundo todo ligadas na TV e no rádio para acompanhar o grande jogo. O Liverpool já vencera a Liga dos Campeões três vezes antes — 1977, 1978 e 1981 —, então, estava mais acostumado à pressão desse importante jogo.

O Roma, por outro lado, nunca havia levado para casa o que é certamente o troféu de maior prestígio do mundo do futebol de clubes. Na verdade, o time nunca chegara a uma final da Liga dos Campeões, e nunca mais chegou lá, desde então.

Foi um jogo emocionante, e o Liverpool marcou no início da partida. O Roma respondeu na mesma moeda quando Roberto Pruzzo finalizou um belo cruzamento de Bruno Conti, batendo direto para o gol. O tempo regulamentar terminou empatado em 1 a 1, e o placar permaneceu o mesmo depois da prorrogação. Os pênaltis decidiriam o jogo.

O jogador do Liverpool foi o primeiro a chutar, e errou, enquanto o atleta do Roma converteu o pênalti. Mas a liderança do Roma pararia por aí. Na segunda rodada, o Liverpool marcou, e Conti, que havia preparado a jogada para o único gol do Roma no tempo regular, errou o chute. O placar continuava empatado em 1 a 1. As duas equipes marcaram gols na terceira rodada de chutes e, na quarta rodada, Ian Rush, do Liverpool, também converteu seu chute — vantagem do Liverpool. Era a vez de Francesco Graziani chutar. Graziani era artilheiro do Roma e, segundo todos os comentaristas, teria tido plena condição de marcar sem maior esforço. No entanto, Graziani chutou na trave e a bola passou sobre o gol direto, indo parar nas arquibancadas. O Liverpool marcou o último gol, venceu a loteria dos pênaltis e conquistou a Copa da Europa pela quarta vez.

Em um primeiro momento, poderíamos imaginar que a vitória era certa para o Roma. Afinal de contas, ele estava jogando em casa, diante de torcedores e fãs, e tanto Conti quanto Graziani eram estrelas do time, escolhidos para bater os pênaltis por causa de sua capacidade consistente de marcar. No entanto, assim que tomamos conhecimento dos fatores específicos que podem aumentar o estresse, fica bem claro que esta rodada de pênaltis não era nem um pouco favorável ao sucesso do time.

Ironicamente, atuar diante de uma plateia de admiradores em momentos decisivos — diante de uma multidão de torcedores em um estádio — pode levar ao desastre. Os jogadores tomam consciência de si mesmos e de seus movimentos. Quando um jogador de futebol profissional faz uma jogada que já praticou centenas de milhares de vezes antes, esse tipo de atenção ao detalhe pode atrapalhar seu desempenho.[1] Essa desvantagem de jogar em casa foi documentada em jogos e torneios críticos de beisebol, basquete, hóquei no gelo e golfe.[2] Não há dúvida de que o Roma experimentou as pressões de estar em casa naquele dia na final da Liga dos Campeões.

Jogadores de futebol que são craques admirados internacionalmente, como Bruno Conti e Francesco Graziani, também são mais propensos a errar pênaltis do que os jogadores que não são estrelas, indicam as pesquisas.[3] Quando o peso das expectativas de fãs, torcedores, patrocinadores, colegas de equipe e treinadores está em suas costas, apresentar desempenho excepcional fica mais difícil do que se imagina.

Finalmente, diante da pressão por marcar quando a equipe está perdendo por apenas um ponto, o jogador acaba apresentando um desempenho ruim. Na NBA, por exemplo, as pesquisas mostram que a probabilidade de um jogador converter um lance livre nos minutos finais de uma partida quando sua equipe está perdendo por apenas um ponto é 7% menor do que a média de desempenho em lances livres daquele jogador na temporada.[4] Quando Graziani foi escalado para chutar, o Roma perdia por 3 a 2, e as chances estavam todas contra ele.

Treinadores, líderes de equipes e gerentes gostam de dizer que "a pressão gera diamantes". Não há como negar que apresentar um desempenho espetacular em uma situação crítica pode transformar um indivíduo desconhecido em estrela internacional. No entanto, as pessoas raramente consideram que esses fatores também podem atrapalhar o desempenho. Quando você está jogando em casa, suportando o peso das expectativas geradas pela fama e jogando no time que está perdendo, mesmo se for o melhor jogador do mundo, poderá bloquear sob pressão.

Neste livro analisamos pesquisas que documentam as situações em que ocorrem bloqueios; conhecimento que poderá ajudar atletas, artistas e executivos a enfrentar desafios antes mesmo de entrarem na quadra ou no palco, nas salas de reuniões ou salas de aula. Vimos que, embora todas as situações de intensa pressão apresentem semelhanças, existem diferenças na forma como a pressão afeta o cérebro e o corpo para induzir o bloqueio.

A questão capciosa é que existem certas atividades em que menos memória de curto prazo e informação do córtex pré-frontal podem ser benéficas ao desempenho e certas atividades em que você precisa de toda capacidade cognitiva que puder reunir para vencer. Como estar em uma situação que envolve intensa pressão pode levar as pessoas a pensar sobre o que estão fazendo precisamente da maneira que deveriam evitar, decidir como lidar com o estresse envolve reconhecer o que acontece quando você fracassa em sua tentativa de apresentar um bom desempenho e saber que técnicas de gerenciamento de pressão aplicar.

Naturalmente, a ciência do desempenho humano ainda precisa compreender melhor os mecanismos que levam ao bloqueio. Com o avanço contínuo da tecnologia de imagens cerebrais, no entanto, não tenho dúvidas de que em breve desvendaremos todas as chaves para o sucesso e o fracasso. Em algum momento, seremos capazes de conectar um pequeno dispositivo de ressonância magnética funcional em um jogador de golfe durante uma rodada do jogo para que possamos monitorar exatamente o que o cérebro está fazendo nos momentos de triunfo e de derrota. Na verdade, podemos até ser capazes de captar a imagem de um time inteiro simultaneamente para que possamos não só analisar como o cérebro de um jogador individual se comunica consigo mesmo para gerar o sucesso, mas também como a coerência entre uma rede de cérebros diferentes leva a um desempenho excepcional. Nossa força de trabalho, os militares, os professores e as equipes esportivas são dominados por pessoas que trabalham como unidades para vencer. Compreender como os grupos ganham ou perdem sob pressão ajudará a melhorar o desempenho de todos.

Na verdade, quebrar recordes mundiais não conta, a menos que alguém esteja observando, um resultado perfeito no exame SAT não significa nada, se for um simulado, e um solo espetacular não terá repercussão em um estádio vazio. No entanto, quando ocorre algum tipo de bloqueio sob pressão, as pessoas não perdoam. Sim, Conti e Graziani são conhecidos como excelentes jogadores de futebol, mas se você perguntar a qualquer torcedor do Roma na faixa dos 30 anos de idade ou mais sobre a final da Liga dos Campeões de 1984, eles certamente irão às lágrimas com a triste lembrança.

Ser bom no que você faz exige apresentar desempenho excepcional nos momentos mais críticos. Assim, saber que fatores geram mais pressão, como praticar suas habilidades até estar pronto para enfrentar o que der e vier e compreender como lidar com a pressão quando ela de fato chegar podem fazer toda a diferença entre avançar e estagnar. Espero que você possa utilizar a ciência por trás do bloqueio para combater os efeitos negativos da pressão.

Evidentemente, mesmo tendo em mãos informações suficientes sobre como garantir o sucesso em situações de estresse, é importante lembrar que, às vezes, é melhor não entrar na competição. Em 1974, o líder do Partido Conservador Progressista canadense, Robert Stanfield, resolveu jogar uma pelada na frente de vários fotógrafos da imprensa durante uma pausa na campanha. No dia seguinte, uma foto sua com ar perplexo deixando a bola cair estava estampada na primeira página do *Globe & Mail*. Essa mancada pode ter custado a eleição de Stanfield. Quando todos os olhares estão direcionados a você, podemos errar até bolas fáceis. Os políticos, em geral, passam horas e horas aperfeiçoando seus discursos e até praticam diante de outras pessoas, mas essa prática, muitas vezes, não se aplica a habilidades esportivas. Se você não tem condições de praticar para vencer em situações de intensa pressão, é melhor nem jogar. Boa sorte!

AGRADECIMENTOS

Este livro não teria sido possível sem o apoio e a orientação de muitas pessoas. Em primeiro lugar, gostaria de agradecer a minha família — minha mãe, Ellen, meu falecido pai, Steve, e meu irmão Mark — que sempre me encorajaram a fazer o melhor possível. Isso também inclui meus pais estendidos, Judy e Dave Stein. Eu não poderia imaginar uma dupla de torcedores mais animada. Gostaria de agradecer também aos meus orientadores do doutorado: Deb Feltz e Tom Carr. Sem a ajuda deles, e supervisão, não teria chegado aonde cheguei hoje. Obrigada, também a meus alunos, pesquisadores de pós-doutorado e colegas, que foram muito generosos ao me deixar trocar ideias com eles durante a preparação deste livro.

Um agradecimento especial também a todos que leram e comentaram as primeiras versões do livro. Suas contribuições foram extremamente valiosas. Obrigada a Dario, por sua inabalável confiança em meu trabalho e em sua disposição em largar o que estivesse fazendo para me passar suas impressões. Finalmente, agradeço a minha editora, Leslie Meredith, e a meus agentes, Dan O'Connell e Wendy Strothman, por sua paciência, apoio e orientação.

NOTAS

1. A MALDIÇÃO DA ESPECIALIZAÇÃO

1. P. Hinds, "The curse of expertise: The effects of expertise and debiasing methods on predictions of novice performance", *Journal of Experimental Psychology: Applied*, 5 (1999), 205-21.
2. Estou utilizando o termo *memória explícita* aqui para fazer referência tanto à memória que controla nossa capacidade de lembrar e trabalhar com informações a curto prazo, quanto à memória de longo prazo que muitas vezes é dividida em memória semântica (nossa capacidade de lembrar de fatos específicos, como "os cães em geral latem") e memória episódica (nossa capacidade de lembrar de experiências autobiográficas, como "quando você conheceu seu marido/mulher"). Para uma análise sobre a memória, consulte G. Radvansky, *Human Memory* (Nova York: Pearson, 2006).
3. S. Corkin, D. G. Amaral, R. G. Gonzalez, K. A. Johnson e B. T. Hyman, "H. M.'s Medial Temporal Lobe Lesion: Findings from Magnetic Resonance Imaging", *Journal of Neuroscience*, 17 (1997), 3.964-79. Para obter uma visão mais geral de H. M., consulte E. E. Smith e S. M. Kosslyn, *Cognitive Psychology: Mind and Brain* (Upper Saddle River, N.J.: Prentice Hall, 2007).
4. M. K. Smith, W. B. Wood, et al., "Why Peer Discussion Improves Student Performance on In-Class Concept Questions", *Science*, 323 (2009), 122-24.
5. S. L. Beilock e M. S. DeCaro, "From poor performance to success under stress: Working memory, strategy selection, and mathematical problem solving under pressure", *Journal of Experimental Psychology: Learning, Memory, & Cognition*, 33 (2007), 983-98.

6. Para obter uma visão geral da memória de curto prazo, consulte R. W. Engle, "Working memory capacity as executive attention", *Current Directions in Psychological Science, 11* (2002), 19-23. Para saber mais sobre os elos entre a memória de curto prazo e a inteligência fluida, consulte M. J. Kane, D. Z. Hambrick e A. R. A. Conway, "Working memory capacity and fluid intelligence are strongly related constructs: Comment on Ackerman, Beier, and Boyle", *Psychological Bulletin, 131* (2005), 66-71, e K. Oberauer, R. Schulze, O. Wilhelm, e H.-M. Süss, "Working memory and intelligence — Their correlation and their relation: Comment on Ackerman, Beier, and Boyle", *Psychological Bulletin, 131* (2005), 61-65, e, H.-M. Süss, K. Oberauer, W. W. Wittmann, O. Wilhelm e R. Schulze, "Working-memory capacity explains reasoning ability—and a little bit more", *Intelligence 30* (2002), 261-88.
7. Reimpresso com permissão da BrainVoyger.
8. Para obter uma análise crítica sobre as tarefas complexas da memória de curto prazo, consulte A. R. A. Conway, et al., "Working memory span tasks: A methodological review and user's guide", *Psychonomic Bulletin & Review, 12* (2005), 769-86.
9. M. T. Chi, P. J. Feltovitch e R. Glaser, "Categorization and representation of physics problems by experts and novices", *Cognitive Science, 5* (1981), 121-52. Observe que os estudos conduzidos por Chi et al. envolveram não apenas a resolução de problemas de física, mas uma análise de como novatos e especialistas resolveram problemas de física em diferentes categorias (por exemplo, utilizando princípios subjacentes de física x alguma característica superficial) como forma de avaliar as diferenças no processo de resolução de problemas adotado por pessoas com mais ou menos experiência em física.
10. R. R. D. Oudejans, "Reality based practice under pressure improves handgun shooting performance of police officers", *Ergonomics, 51* (2008), 261-73.
11. J. Milton, A. Solodkin, P. Hlustik e S. L. Small, "The mind of expert motor performance is cool and focused", *Neuroimage, 35* (2007), 804-13.

2. TREINAMENTO PARA O SUCESSO

1. Para obter mais informações sobre ressonância magnética (MRI) e ressonância magnética funcional (fMRI), consulte S. A. Huettel, A. W. Song e G. McCarthy, *Functional Magnetic Resonance Imaging* (Sunderland, MA: Sinauer Associates, 2004), e M. S. Gazzaniga, R. B. Ivry e G. R. Mangun, *Cognitive Neuroscience: The Biology of the Mind* (Nova York: Norton, 2002).
2. *Saturday Matters with Sue Lawley*, BBC Television, outubro de 1980, citado em R. Masters e J. Maxwell, "The theory of reinvestment", *International Review of Sport and Exercise Psychology, 1* (2009), 160-83.
3. D. P. McCabe e A. D. Castel, "Seeing is believing: The effect of brain images on judgments of scientific reasoning", *Cognition, 107* (2008), 343-52.

4. W. F. Helsen e J. L. Starkes, "A multidimensional approach to skilled perception and performance in sport", *Applied Cognitive Psychology, 13* (1999), 1–27.
5. W. F. Helsen, J. Van Winckel, e A. M. Williams, "The relative age effect in youth soccer across Europe", *Journal of Sports Sciences, 23* (2005), 629–36.
6. J. Bisanz, F. Morrison, e M. Dunn, "Effects of age and schooling on the acquisition of elementary quantitative skills", *Developmental Psychology, 31* (1995), 221–36.
7. J. Cote, D. J. MacDonald, J. Baker e B. Abernethy "When 'where' is more important than 'when': Birthplace and birthdate effects on the achievement of sporting expertise", *Journal of Sport Sciences, 24* (2006), 1065–73. Note que no Canadá as áreas rurais menores, com menos de mil habitantes, foram excluídas das análises.
8. A. D. De Groot, *Thought and Choice in Chess* (The Hague: Mouton, 1965).
9. W. G. Chase e H. A. Simon, "Perception in chess", *Cognitive Psychology, 4* (1973), 55–81.
10. K. A. Ericsson e P. G. Polson, "An experimental analysis of the mechanisms of a memory skill", *Journal of Experimental Psychology: Learning, Memory, & Cognition, 14* (1988), 305–16.
11. Maguire et al., "Navigation-related structural change in the hippocampi of taxi drivers", *Proceedings of the National Academy of Sciences, 97* (2000), 4.398–4.403.
12. B. Draganski, "Changes in grey matter induced by training: Newly honed juggling skills show up as a transient feature on a brain-imaging scan", *Nature, 427* (2004), 311–12.
13. Para uma análise detalhada, consulte T. F. Münte, E. Altenmüller e L. Jäncke, "The musician's brain as a model of neuroplasticity", *Nature Reviews Neuroscience, 3* (2002), 473–78.
14. Para uma análise detalhada, consulte A. E. Hernandez e P. Li, "Age of acquisition: Its neural and computational mechanisms", *Psychological Bulletin, 133* (2007), 638–50.
15. Esta é a escala de movimentos específicos chamada "Movement Specific Reinvestment Scale". Reimpresso com permissão. Consulte R. S. W. Masters, F. F. Eves e J. Maxwell, "Development of a movement specific reinvestment scale", *in* T. Morris et al., orgs., *Proceedings of the ISSP 11th World Congress of Sport Psychology*, Sydney, Austrália (2005). Para a escala original utilizada com jogadores de squash e tênis mencionados mais adiante, consulte o Capítulo 7 e R. S. W. Masters, R. C. J. Polman e N. V. Hammond, "'Reinvestment': A dimension of personality implicated in skill breakdown under pressure", *Journal of Personality and Individual Differences, 14:5* (1993), 655–66.
16. Para obter uma visão geral sobre o tema, consulte R. Masters e J. Maxwell, "The theory of reinvestment", *International Review of Sport and Exercise Psychology, 1* (2008), 160–83.
17. Consulte K. Yarrow, P. Brown e J. W. Krakauer, "Inside the brain of an elite athlete: The neural processes that support high achievement in sports", *Nature Reviews Neuroscience, 10* (2009), 585–96.

3. MENOS PODE SER MAIS
Por que exercitar o córtex pré-frontal nem sempre é benéfico

1. J. Wiley, "Expertise as mental set: The effects of domain knowledge in creativity", *Memory & Cognition, 26* (1998), 716–730. Consulte também T. Ricks, K. J. Turley-Ames e J. Wiley, "Effects of working memory capacity on mental set due to domain knowledge", *Memory and Cognition 35* (2007), 1.456–62.
2. Direitos autorais © (2009) da American Psychological Association (APA, Associação Americana de Psicologia). Adaptado com permissão, W. W. Maddux e A. D. Galinsky, "Cultural borders and mental barriers: The relationship between living abroad and creativity", *Journal of Personality and Social Psychology, 96* (2009), 1047–61. O uso das informaões da APA não implica o endosso da associação.
3. Para uma análise detalhada, consulte S. L. Thompson-Schill, M. Ramscar e E. G. Chrysikou, "Cognition without control: When a little frontal lobe goes a long way", *Current Directions in Psychological Science, 18* (2009), 259–263. Consulte também T. P. German e M. A. Defeyter, "Immunity to functional fixedness in young children", *Psychonomic Bulletin & Review, 7* (2000), 707–12.
4. S. L. Beilock e M. S. DeCaro, "From poor performance to success under stress: Working memory, strategy selection, and mathematical problem solving under pressure", *Journal of Experimental Psychology: Learning, Memory, & Cognition, 33* (2007), 983–98.
5. A. R. A. Conway, N. Cowan e M. F. Bunting, "The cocktail party phenomenon revisited: The importance of working memory capacity", *Psychonomic Bulletin and Review, 8* (2001), 331–35.
6. A. W. Kersten e J. L. Earles, "Less really is more for adults learning a miniature artificial language", *Journal of Memory and Language, 44* (2001), 250–273. Para uma análise geral, consulte também E. L. Newport, "Maturational constraints on language learning", *Cognitive Science, 14* (1990), 11–28.
7. C. Reverberi, A. Toraldo, S. D'Agostini e M. Skrap, "Better without (lateral) frontal cortex? Insight problems solved by frontal patients", *Brain, 128* (2005), 2882–2890.
8. B. P. Cochran, J. L. McDonald e S. J. Parault, "Too smart for their own good: The disadvantage of a superior processing capacity for adult language learners", *Journal of Memory and Language, 41* (1999), 30–58.
9. S. L. Beilock, T. H. Carr, C. MacMahon e J. L. Starkes, "When paying attention becomes counterproductive: Impact of divided versus skill-focused attention on novice and experienced performance of sensorimotor skills", *Journal of Experimental Psychology: Applied, 8* (2002), 6–16.
10. J. M. Ellenbogen, P. T. Hu, J. D. Payne, D. Titone e M. P. Walker, "Human relational memory requires time and sleep", *Proceedings of the National Academy of Sciences, USA, 104* (2007), 7.723–28.

11. N. P. Friedman, et al., "Individual differences in executive functions are almost entirely genetic in origin", *Journal of Experimental Psychology: General, 137* (2008), 201-25.
12. J. Ward, *The Student's Guide to Cognitive Neuroscience*, 2ª ed. (Londres: Psychology Press, 2010).
13. T. Klingberg, H. Forssberg e H. Westerberg, "Training of working memory in children with ADHD", *Journal of Clinical and Experimental Neuropsychology, 24* (2002), 781-791. Consulte também T. Klingberg, et al., "Computerized training of working memory in children with ADHD — a randomized, controlled trial", *Journal of the American Academy of Child Adolescent Psychiatry, 44* (2005), 177-186. Para uma visão geral, consulte T. Klingberg, *The Overflowing Brain: Information Overload and the Limits of Working Memory* (Nova York: Oxford University Press, 2009).
14. M. I. Posner e M. K. Rothbart, "Influencing brain networks: implications for education", *Trends in Cognitive Sciences, 9* (2005), 99-103. Para uma análise geral, consulte, M. K. Rothbart e M. I. Posner, *Educating the Human brain* (Washington, D.C.: American Psychological Association, 2006).
15. P. J. Olesen, H. Westerberg e T. Klingberg, "Increased prefrontal and parietal activity after training of working memory", *Nature Neuroscience, 7* (2003), 75-79.
16. C. S. Green e D. Bavelier, "Action video games modifies visual selective attention", *Nature, 423* (2003), 534-37.
17. D. Gopher, M. Weil e T. Bareket, "Transfer of skill from a computer game trainer to flight", *Human Factors, 36* (1994), 1-19. Consulte também "Sharp Brains" – entrevista com Daniel Gopher, 2 de novembro de 2006: http://www.sharpbrains.com/blog/2006/11/02/ cognitive-simulations-for-basketball-game-intelligence-interview-with-prof-daniel — gopher/.
18. H . A. White e P. Shah, "Uninhibited imaginations: Creativity in adults with Attention-Deficit/Hyperactivity Disorder". *Personality and Individual Differences, 40* (2006), 1121-31.

4. DIFERENÇAS CEREBRAIS ENTRE OS SEXOS
A profecia se autorrealiza?

1. L. H. Summers, Remarks at NBER Conference on Diversifying the Science & Engineering Workforce, Cambridge, Mass., 14 de janeiro de 2005.
2. C. P. Benbow e J. C. Stanley, "Sex differences in mathematical reasoning ability: More facts", *Science, 222* (1983), 1029-30.
3. P. L. Ackerman, "Cognitive sex differences and mathematics and science achievement", *American Psychologist, 61* (2006), 722-23.
4. Para uma análise detalhada, consulte S. A. Shields, "Functionalism, Darwinism, and the psychology of women: A study in social myth", *American Psychologist* (1975), 739-54.

5. "Summers' remarks on women draw fire", *Boston Globe*, 17 de janeiro de 2005.
6. R. Herrnstain e C. Murray, *The Bell Curve: Intelligence and Class Structure in American Life* (Nova York: Free Press, 1994).
7. C. P. Benbow e J. C. Stanley, "Sex differences in mathematical reasoning ability: More facts", *Science, 222* (1983), 1.029–30. Consulte também C. P. Benbow e J. C. Stanley, "Sex differences in mathematical ability: Fact or artifact?" *Science, 210* (1980), 1262–64.
8. L. Brody e C. Mills, "Talent search research: What have we learned?", *High Ability Studies, 16*, 97–111. Consulte também R. Monastersky, "Studies show biological differences in how boys and girls learn about math, but social factors play a big role too", *Chronicle of Higher Education, 51* (4 de março de 2005).
9. J. S. Hyde e J. E. Mertz, "Gender, culture, and mathematics performance", *PNAS, 106* (2009), 8801–7. Consulte também Title IX, Education Amendments of 1972, United States Department of Labor, http://www.dol.gov/oasam/regs/statutes/titleIX.htm.
10. G. Ellison e A. Swanson, "The gender gap in secondary school mathematics at high achievement levels: Evidence from the American Mathematics Competitions", NBER Working Paper No. 15238, agosto de 2009.
11. S. M. Rivera, A. L. Reiss, M. A. Eckert e V. Menon, "Developmental changes in mental arithmetic: Evidence for increased specialization in the left inferior parietal cortex", *Cerebral Cortex, 15* (2005), 1.779–90.
12. Para uma análise detalhada, consulte D. F. Halpern et al., "The science of sex differences in science and mathematics". *Psychological Science in the Public Interest, 8* (2007), 1–51.
13. S. M. Resnick, S. A. Berenbaum, I. I. Gottesman e T. J. Bouchard, "Early hormonal influences on cognitive functioning in congenital adrenal hyperplasia", *Developmental Psychology, 22* (1986), 191–98. Consulte também M. A. Maloufa et al., "Cognitive outcome in adult women affected by congenital adrenal hyperplasia due to 21-hydroxylase deficiency", *Hormone Research in Pediatrics, 65* (2006), 142–50.
14. R. Monastersky, "Studies show biological differences in how boys and girls learn about math, but social factors play a big role too", *Chronicle of Higher Education, 51*, 4 de Março de 2005.
15. Para uma análise detalhada, consulte E. S. Spelke, "Sex differences in intrinsic aptitude for mathematics and science? A critical review", *American Psychologist, 60* (2005), 950–58.
16. A. Gallagher e R. DeLisi, "Gender differences in Scholastic Aptitude Test– Mathematics problem solving among high-ability students", *Journal of Educational Psychology, 86* (1994), 204–11.
17. E. Fennema, T. Carpenter, V. Jacobs, M. Franke e L. Levi, "A longitudinal study of gender differences in young children's mathematical thinking", *Educational Researcher, 27* (1996), 33–43.

18. L. Butler, (1999) "Gender differences in children's arithmetical problem solving procedures", dissertação de mestrado inédita, Universidade da Califórnia em Los Angeles, conforme citado na palestra da presidente da Association for Women in Mathematics (AWM — Associação das Mulheres na Matemática), Cathy Kessel, na Sessão MER — AWM da Joint Mathematics Meetings de 2005.
19. Richard C. Atkinson, "Let's step back from the SAT I", *San Jose Mercury News*, 23 de fevereiro de 2001, http://www.ucop.edu/pres/comments/satmerc.html.
20. S. J. Spencer, C. M. Steele e D. M. Quinn, "Stereotype threat and women's math performance", *Journal of Experimental Social Psychology, 35* (1999), 4-28.
21. Para uma análise detalhada, consulte C. M. Steele, "A threat in the air: How stereotypes shape intellectual identity and performance", *American Psychologist, 52* (1997), 613-29, e T. Schmader, M. Johns e C. Forbes, "An integrated process model of stereotype threat effects on performance", *Psychological Review, 115* (2008), 336-56.
22. A. C. Krendl, J. A. Richeson, W. M. Kelley e T. F. Heatherton, "The negative consequences of threat: A functional magnetic resonance imaging investigation of the neural mechanisms underlying women's underperformance in math", *Psychological Science, 19* (2008), 168-75. Consulte também S. L. Beilock, "Math performance in stressful situations", *Current Directions in Psychological Science, 17* (2008), 339-43.
23. S. C. Levine et al., "Socioeconomic status modifies the sex difference in spatial skill", *Psychological Science, 16* (2005), 841-45.
24. T. G. Thurstone, *PMA readiness level* (Chicago: Science Research Associates, 1974). Reimpresso com permissão.
25. Em 2001, 90% de todos os Legos vendidos nos EUA eram voltados para meninos, conforme revelado no *Wall Street Journal* de 6 de junho de 2002, "Mattel sees untapped market for blocks: Little girls". Além disso, conforme reportado no *Wall Street Journal*, de 24 de dezembro de 2009, os brinquedos da Lego ainda não conseguiram entrar no mercado para meninas.
26. J. M. Hassett, E. R. Siebert e K. Wallen, "Sex differences in rhesus monkey toy preferences parallel those of children", *Hormones & Behavior, 54* (2008), 359-64.
27. K. Wallen, "Hormonal influences on sexually differentiated behavior in nonhuman primates", *Frontiers in Neuroendocrinology, 26* (2005), 7-26.
28. J. Connellan et al., "Sex differences in human neonatal social perception", *Infant Behavior & Development, 23* (2000), 113-18.
29. Para uma análise detalhada, consulte E. S. Spelke, "Sex Differences in intrinsic aptitude for mathematics and science? A critical review", *American Psychologist, 60* (2005), 950-58.
30. L. Guiso, F. Monte, P. Sapienza e L. Zingales, "Culture, gender, and math", *Science, 320* (2008), 1164-65.
31. "Mattel says it erred; Teen Talk Barbie turns silent on math, *New York Times*, 21 de outubro de 1992, http://www.nytimes.com/1992/10/21/business/company-news-mattel-says-it-erred-teen-talk-barbie-turns-silent-on-math.html.

32. D. N. Figlio, "Why Barbie says 'Math is Hard'", Artigo, Universidade da Flórida, dezembro de 2005.
33. Para saber mais sobre diferenças de gênero e nomes, consulte S. Pinker, *The Stuff of Thought: Language as a Window into Human Nature* (Nova York: Viking, 2007).
34. M. C. Murphy, C. M. Steele e J. J. Gross, "Signaling threat: how situational cues affect women in math, science, and engineering settings", *Psychological Science, 18* (2007), 879-85.
35. C. M. Steele, "A threat in the air: How stereotypes shape intellectual identity and performance", *American Psychologist, 6* (1997), 613-29.
36. P. Tyre, *The Trouble with Boys: A Surprising Report Card on Our Sons, Their Problems at School, and What Parents and Educators Must Do* (Nova York: Three Rivers Press, 2008).
37. College Board, *Summary Reports: 2007: National Report*, http://www.collegeboard.com/ student/testing/ap/exgrd_sum/2007.html.

5. LEVANDO BOMBA NO TESTE
Por que bloqueamos em situações de pressão na sala de aula

1. R. Hembree, "The nature, effects, and relief of mathematics anxiety", *Journal for Research in Mathematics Education, 21* (1990), 33-46. Consulte também S. L. Beilock, L. A. Gunderson, G. Ramirez, e S. C. Levine, "Female teachers' math anxiety affects girls' math achievement", *Proceedings of the National Academy of Sciences, USA, 107* (2010), 1.860-63.
2. L. Alexander e C. Martray, "The development of an abbreviated version of the Mathematics Anxiety Rating Scale", *Measurement and Evaluation in Counseling and Development 22* (1989), 143-50. Reimpresso com permissão.
3. *Foundations for Success: The Final Report of the National Mathematics Advisory Panel*, 2008, http://www2.ed.gov/about/bdscomm/list/mathpanel/report/final-report.pdf.
4. M. H. Ashcraft e E. P. Kirk, "The relationships among working memory, math anxiety, and performance", *Journal of Experimental Psychology: General, 130* (2001), 224-37.
5. C. M. Steele e J. Aronson, "Stereotype threat and the intellectual test performance of African-Americans", *Journal of Personality and Social Psychology, 69* (1995), 797-811.
6. J. Aronson et al., "When white men can't do math: Necessary and sufficient factors in stereotype threat", *Journal of Experimental Social Psychology, 35* (1999), 29-46.
7. E. E. Smith e J. Jonides, "Storage and executive processes in the frontal lobes", *Science, 283* (1999), 1.657-61.
8. C. Rothmayr, et al., "Dissociation of neural correlates of verbal and non-verbal visual working memory with different delays", *Behavioral and Brain Functions, 3* (2007), 56. Reimpresso com permissão.

9. S. L. Beilock, R. J. Rydell e A. R. McConnell, "Stereotype threat and working memory: Mechanisms, alleviation, and spill over", *Journal of Experimental Psychology: General, 136* (2007), 256–76.
10. M. S. DeCaro, K. E. Rotar, M. S. Kendra e S. L. Beilock, "Diagnosing and alleviating the impact of performance pressure on mathematical problem solving", *Quarterly Journal of Experimental Psychology: Human Experimental Psychology* (2010). No prelo.
11. J. Wang et al., "Perfusion functional MRI reveals cerebral blood flow pattern under psychological stress", *PNAS, 102* (2005), 17.804–809.
12. S. L. Beilock e T. H. Carr, "When high-powered people fail: Working memory and 'choking under pressure' in math", *Psychological Science, 16* (2005), 101–5.
13. D. Gimmig, P. Huguet, J. Caverni e F. Cury, "Choking under pressure and working memory capacity: When performance pressure reduces fluid intelligence", *Psychonomic Bulletin & Review, 13* (2005), 1.005–10.
14. J. C. Raven, J. E. Raven e J. H. Court, *Progressive Matrices* (Oxford: Oxford Psychologists Press, 1998).
15. S. Hayes, C. Hirsh e A. Mathews, "Restriction of working memory capacity during worry", *Journal of Abnormal Psychology, 17* (2008), 712–17.
16. D. G. Dutton e A. Aron, "Some evidence for heightened sexual attraction under conditions of high anxiety", *Journal of Personality and Social Psychology, 30* (1974), 510–17.
17. A. Mattarella-Micke et al., "Individual differences in math testing performance: Converging evidence from physiology and behavior", pôster apresentado na Assembleia Anual da Association for Psychological Science. Chicago, maio de 2008.
18. Para uma análise detalhada, consulte S. F. Reardon, A. Atteberry, N. Arshan e M. Kurlaender, (2009) "Effects of the California High School Exit Exam on Student Persistence, Achievement, and Graduation", Artigo, Institute for Research on Education Policy & Practice, Stanford University, 2.009–12.
19. http://www.wonderlic.com/.
20. http://sports.espn.go.com/espn/page2/story?page=wonderlic/090218.
21. "Getting inside their heads", *Chicago Tribune*, 20 de fevereiro de 2008.
22. "Wondering about the Wonderlic?", *USA Today*, 28 de fevereiro de 2006.
23. College Board, *The Sixth Annual AP Report to the Nation*, http://www.collegeboard.com/apreport.

6. A CURA DO BLOQUEIO

1. *The Nation's Report Card*, National Assessment of Educational Progress, http://nces.ed.gov/nationsreportcard/.

2. C. Liston, B. S. McEwen e B. J. Casey, "Psychosocial stress reversibly disrupts prefrontal processing and attentional control", *Proceedings of the National Academy of Sciences, USA, 106* (2009), 912–17.
3. C. Liston, B. S. McEwen e B. J. Casey, "Psychosocial stress reversibly disrupts prefrontal processing and attentional control". *Proceedings of the National Academy of Sciences, USA, 106* (2009), 912–17. Reimpresso com permissão.
4. G. L. Cohen, J. Garcia, N. Apfel e A. Master, "Reducing the racial achievement gap: A social-psychological intervention", *Science, 313* (2006), 1.307–10.
5. G. L. Cohen et al., "Recursive processes in self-affirmation: Intervening to close the minority achievement gap", *Science, 324* (2009), 400–3. Note que este trabalho incluiu grupos de estudantes que não participaram do artigo de 2006 e comentários adicionais de autoafirmação nos anos após a intervenção inicial.
6. Para uma análise detalhada, consulte S. L. Beilock, "Math performance in stressful situations", *Current Directions in Psychological Science, 17* (2008), 339–43.
7. G. Ramirez e S. L. Beilock, "The 'writing cure' as a solution to choking under pressure in math", Trabalho apresentado na Assembleia Anual da Psychonomics Society. Chicago, novembro de 2008.
8. J. W. Pennebaker, "Writing about emotional experiences as a therapeutic process", *Psychological Science, 8* (1997), 162–66. Consulte também J. W. Pennebaker, *Writing to Heal: A Guided Journal for Recovering from Trauma and Emotional Upheaval* (Oakland: New Harbinger, 2004).
9. B. E. Depue, T. Curran e M. T. Banich, "Prefrontal regions orchestrate suppression of emotional memories via a two-phase process", *Science, 317* (2009), 215–19. Consulte também uma discussão sobre este artigo, E. A. Holmes, M. L. Moulds e D. Kavanagh, "Memory Suppression in PTSD Treatment?", *Science, 318* (2009), 1.722, que argumenta que a proposta no sentido de que a supressão é uma estratégia benéfica para memórias intrusivas clínicas é diretamente contrária aos dados de resultado do tratamento.
10. K. Klein e A. Boals, "Expressive writing can increase working memory capacity", *Journal of Experimental Psychology: General, 130* (2001), 520–33.
11. M. D. Lieberman et al., "Putting feelings into words: affect labeling disrupts amygdala activity in response to affective stimuli", *Psychological Science, 18* (2007), 421–28.
12. A. Lutz, H. A. Slagter, J. D. Dunne e R. J. Davidson, "Attention regulation and monitoring in meditation", *Trends in Cognitive Science, 12* (2008), 163–69. Consulte também "What the Beatles gave science", *Newsweek,* 19 de novembro de 2007.
13. G. Pagnoni et al., " 'Thinking about not-thinking': Neural correlates of conceptual processing during Zen meditation", *PLoS ONE,* e3083, 2008.
14. H. A. Slagter et al., "Mental training affects distribution of limited brain resources", *PLoS Biol. 5* e138, 2007.
15. S . L. Beilock, S. Todd, I. Lyons, e A. Lleras, "Meditating the pressure away", manuscript in progress.

16. "Wall Street bosses, Tiger Woods meditate to focus, stay calm", http://www.bloomberg.com/apps/news?pid=20601088&sid=aR2aP.X_Bflw&refer=muse#.
17. "Just say om", *Time*, 4 de agosto de 2003, http://www.time.com/time/magazine/article/0,9171,1005349,00.html
18. M. Shih, T. L. Pittinsky e N. Ambady, "Stereotype susceptibility: Identity salience and shifts in quantitative performance", *Psychological Science*, 10 (1999), 80–83.
19. D. M. Gresky, L. L. T. Eyck, C. G. Lord e R. B. McIntyre, "Effects of salient multiple identities on women's performance under mathematical stereotypes", *Sex Roles*, 53 (2005), 703–16.
20. Para uma análise detalhada, consulte http://reducingstereotypethreat.org/reduce.html#deemphasizing. Consulte também K. Danaher e C. S. Crandall, "Stereotype threat in applied settings re-examined", *Journal of Applied Social Psychology*, 38 (2008), 1.639–55.
21. D. M. Marx, S. J. Ko e R. A. Friedman, "The 'Obama Effect': How a salient role model reduces race-based performance differences", *Journal of Experimental Social Psychology*, 45 (2009), 953–56. Note que a falta de uma diferença significativa entre o desempenho de brancos e negros após o discurso de aceitação da convenção do Partido Democrata só foi observada nas pessoas que realmente viram o discurso. Consulte também J. Aronson, S. Jannone, M. McGlone e T. Johnson-Campbell, "The Obama effect: An experimental test", *Journal of Experimental Social Psychology*, 45 (2009), 957–60, para uma discussão sobre as limitações do trabalho Marx et al.
22. N. Dasgupta e S. Asgari, "Seeing is believing: Exposure to counter stereotypic women leaders and its effect on the malleability of automatic gender stereotyping", *Journal of Experimental Social Psychology*, 40 (2004), 642–58. Note que as visões das mulheres foram avaliadas utilizando um Implicit Association Test (IAT, Teste de Associação Implícita), criado para avaliar até que ponto as pessoas associam mulheres com qualidades de liderança em relação a qualidades de apoio.
23. S. E. Carrell, M. E. Page e J. E. West, "Sex and science: How professor gender perpetuates the gender gap", National Bureau of Economic Research Working Paper, 14959, Maio de 2009, http://www.nber.org/papers/w14959.
24. M. Johns, T. Schmader e A. Martens, "Knowing is half the battle: Teaching stereotype threat as a means of improving women's math performance", *Psychological Science*, 16 (2005), 175–79. Este estudo apresenta informações sobre os estereótipos de gênero em matemática e procura mostrar às mulheres que esses estereótipos não se aplicam a elas.
25. National Science Foundation, Science and Engineering Indicators, 2006.
26. "Women in science: The battle moves to the trenches", *New York Times*, 19 de dezembro de 2006.
27. "Cultivating Female Scientists", http://www.winchesterthurston.org, meados de 2008.

28. Programa WISE: http://www.gfs.org/academics/the-wise-program/index.aspx#1. Observe que o programa envolve mentores de ambos os sexos.
29. American Society for Cell Biology, *Newsletter*, 27: 7 (2004).

7. BLOQUEAR SOB PRESSÃO
Do campo ao palco

1. Consulte R. Jackson e S. L. Beilock, "Attention and performance", *in* D. Farrow, J. Baker e C. MacMahon, orgs., *Developing Elite Sports Performers: Lessons from Theory and Practice* (Nova York: Routledge, 2008), 104-18.
2. Para uma análise detalhada, consulte S. L. Beilock e R. Gray, "Why do athletes 'choke' under pressure?" *in* G. Tenenbaum e R. C. Eklund, orgs., *Handbook of Sport Psychology*, 3ª ed. (Hoboken, N.J.: Wiley, 2007), 425-44.
3. B. Calvo-Merino et al., "Action observation and acquired motor skills: An fmri study with expert dancers", *Cerebral Cortex*, 15 (2005), 1.243-49. Consulte também B. Calvo-Merino et al., "Seeing or doing? Influence of visual and motor familiarity on action observation", *Current Biology*, 16 (2006), 1.905-10.
4. B. Calvo-Merino, D. E. Glaser, J. Grezes, R. E. Passingham e P. Haggard, "Action observation and acquired motor skills: An fmri study with expert dancers", *Cerebral Cortex*, 15 (2005), 1.243-49. Reimpresso com permissão.
5. K. Yarrow, P. Brown e J. W. Krakauer, "Inside the brain of an elite athlete: The neural processes that support high achievement in sports", *Nature Reviews Neuroscience*, 10 (2009), 585-96. Os neurônios espelho, originalmente descobertos em macacos, são acionados durante a execução de ações direcionadas a metas e durante a observação de ações semelhantes realizadas por outra pessoa.
6. R. E. Baumeister, "Choking under pressure: Self-consciousness and paradoxical effects of incentives on skillful performance", *Journal of Personality and Social Psychology*, 46 (1984), 610-20. Para um desafio e uma discussão, consulte B. R. Schlenker et al., "Championship pressures: Choking or triumphing in one's own territory?", *Journal of Personality and Social Psychology*, 68 (1995), 632-41; R. E. Baumeister, "Disputing the effects of championship pressures and home audiences", *Journal of Personality and Social Psychology*, 68 (1995), 644-48; B. R. Schlenker, S. T. Phillips, K. A. Boneicki, e D. R. Schlenker, "Where is the home choke?" *Journal of Personality and Social Psychology*, 68 (1995), 649-52.
7. J. L. Butler e R. F. Baumeister, "The trouble with friendly faces: Skilled performance with a supportive audience", *Journal of Personality and Social Psychology*, 75 (1998), 1.213-30.
8. R. Jackson e S. L. Beilock, (2008) "Attention and performance", in D. Farrow, J. Baker, and C. MacMahon, eds., *Developing Elite Sports Performers: Lessons from Theory e Practice* (Nova York: Routledge, 2008), 104-18.

9. S. L. Beilock, T. H. Carr, C. MacMahon e J. L. Starkes, "When paying attention becomes counterproductive: Impact of divided versus skill-focused attention on novice and experienced performance of sensorimotor skills", *Journal of Experimental Psychology: Applied, 8* (2002), 6–16.
10. R. Gray, "Attending to the execution of a complex sensorimotor skill: Expertise differences, choking and slumps", *Journal of Experimental Psychology: Applied, 10* (2004), 42–54.
11. N. A. Bernstein, *The Coordination and Regulation of Movements* (Oxford: Permagon, 1967).
12. D. V. Collins et al., "Examining anxiety associated changes in movement patterns", *International Journal of Sport Psychology, 32: 3* (2001), 223–42.
13. J. R. Pijpers, R. R. D. Oudejans, F. Holsheimer e F. C. Bakker, "Anxietyperformance relationships in climbing: A process-oriented approach", *Psychology of Sport and Exercise, 4:3* (2003), 283–304.
14. J. G. Johnson e M. Raab, "Take the first: Option-generation and resulting choices", *Organizational Behavior and Human Decision Processes, 91* (2003), 215–29. Para uma discussão adicional sobre um processo de tomada de decisão opcional sem deliberação, consulte G. Gigerenzer, *Gut Feelings* (Nova York: Viking, 2007).
15. R. Poldrack et al., "The neural correlates of motor skill automaticity", *Journal of Neuroscience, 25* (2005), 5.356–64.
16. T. Krigs et al., "Cortical activation patterns during complex motor tasks in piano players and control subjects: A functional magnetic resonance imaging study", *Neuroscience Letters, 278* (2000), 189–93.
17. Para uma análise detalhada, consulte B. D. Hatfield e C. H. Hillman, "The psychophysiology of sport: A mechanistic understanding of the psychology of superior performance", in R. N. Singer, H. A. Hausenblas e C. M. Janelle, eds., *Handbook of Sport Psychology* (Nova York: Wiley, 2001), 362–86. Consulte também S. P. Deeny et al., "Electroencephalographic coherence during visuomotor performance: A comparison of cortico-cortical communication in experts and novices", *Journal of Motor Behavior, 41* (2008), 106–16.
18. J. Chen et al., "Effects of anxiety on EEG coherence during dart throw", trabalho apresentado na reunião do Congresso Mundial de 2005, Sociedade Internacional de Psicologia do Esporte, Sydney, Austrália, agosto de 2005.
19. J. T. Rietschel et al., "Electrocortical dynamics during competitive psychomotor performance", trabalho apresentado na Sociedade de Neurociência, Washington, D.C., 2008.
20. R. Jackson e S. L. Beilock, "Attention and performance", in D. Farrow, J. Baker e C. MacMahon, orgs., *Developing Elite Sports Performers* (Nova York: Routledge, 2008), 104–18.
21. R. S. W. Masters, R. C. J. Polman e N. V. Hammond, "'Reinvestment': A dimension of personality implicated in skill breakdown under pressure", *Personality and Individual Differences, 14* (1993), 655–66. Note que esta é a escala original. A es-

cala para movimentos específicos foi apresentada no Capítulo 2. Reimpresso com permissão.
22. G. Jordet, "When superstars flop: Public status and choking under pressure in international soccer penalty shootouts", *Journal of Applied Sport Psychology, 21* (2009), 125-30.
23. J. Stone, C. I. Lynch, M. Sjomeling e J. M. Darley, "Stereotype threat effects on black and white athletic performance", *Journal of Personality and Social Psychology, 77* (1999), 1213-27.
24. S. L. Beilock et al., "On the causal mechanisms of stereotype threat: Can skills that don't rely heavily on working memory still be threatened?", *Personality & Social Psychology Bulletin, 32* (2006), 1.059-71.
25. Para uma análise detalhada, consulte A. M. Smith et al., "The 'yips' in golf: A continuum between a focal dystonia and choking", *Sports Medicine* 33 (2003), 13-31. Consulte também C. M. Stinear et al., (2006). "The yips in golf: Multimodal evidence for two subtypes", *Medicine & Science in Sports and Exercise*, 1980-89.
26. D. A. Worthy, A. B. Markman e W. T. Maddox, "Choking and excelling at the free throw line", *International Journal of Creativity & Problem Solving, 19* (2009), 53-58.

8. APARANDO AS ARESTAS NO ESPORTE E EM OUTROS CAMPOS
Técnicas antibloqueio

1. "For free throws: 50 years of practice is no help", *New York Times*, 4 de março de 2009, http://www.nytimes.com/2009/03/04/sports/basketball/04freethrow.html.
2. "Elite learners under pressure", English Institute of Sport, http://www.eis2win.co.uk/pages/.
3. S. L. Beilock e T. H. Carr, "On the fragility of skilled performance: What governs choking under pressure?", *Journal of Experimental Psychology: General, 130* (2001), 701-25.
4. C. Y. Wan e G. F. Huon, "Performance degradation under pressure in music: An examination of attentional processes", *Psychology of Music, 33* (2005), 155-72.
5. E. H. McKinney e K. J. Davis, "Effects of deliberate practice on crisis decision performance", *Human Factors, 45* (2003), 436-44.
6. M. Jueptner et al., "Anatomy of motor learning: Frontal cortex and attention to action", *Journal of Neurophysiology, 77* (1997), 1.313-24. Consulte também K. Yarrow, P. Brown e J. W. Krakauer, "Inside the brain of an elite athlete: The neural processes that support high achievement in sports", *Nature Reviews Neuroscience, 10* (2009), 585-96.
7. S. Berry e C. Wood., "The cold-foot effect", *Chance 17* (2004), 47-51. Os pesquisadores analisaram 2.003 chutes durante duas temporadas, dos quais 1.565 foram

convertidos (78% de sucesso). Foram 139 chutes sob pressão, dos quais 101 (73%) foram convertidos. Quando a defesa pedia tempo antes do chute (o que aconteceu 38 vezes), somente 24 foram convertidos (cerca de 63%).

8. D. M. Wegner, "How to think, say, or do precisely the worst thing for any occasion", *Science, 325* (2009), 48–51.
9. S. L. Beilock et al., "On the causal mechanisms of stereotype threat: Can skills that don't rely heavily on working memory still be threatened?" *Personality & Social Psychology Bulletin, 32* (2006), 1.059–71.
10. C. Mesagno, D. Marchant e T. Morris, "Alleviating choking: The sounds of distraction", *Journal of Applied Sport Psychology, 21* (2009), 131–47.
11. R. C. Jackson, K. J. Ashford e G. Norsworthy, "Attentional focus, dispositional reinvestment and skilled motor performance under pressure", *Journal of Sport & Exercise Psychology, 28* (2006), 49–68.
12. D. F. Gucciardi e J. A. Dimmock, "Choking under pressure in sensorimotor skills: Conscious processing or depleted attentional resources?", *Psychology of Sport and Exercise, 9 (2008),* 45–59.
13. G. Wulf e W. Prinz, "Directing attention to movement effects enhances learning: A review", *Psychonomic Bulletin and Review, 8* (2001), 648–60.
14. K. E. Flegal e M. C. Anderson, "Overthinking skilled motor performance: Or why those who teach can't do", *Psychonomic Bulletin & Review, 15* (2008), 927–32.
15. S. L. Beilock, S. A. Wierenga e T. H. Carr, "Memory and expertise: What do experienced athletes remember?" *in* J. L. Starkes e K. A. Ericsson, orgs., *Expert performance in sports: Advances in Research on Sport Expertise* (Champaign, Ill.: Human Kinetics, 2003), 295–320.
16. "Golfers take aim at victories with the help of a rifleman", *New York Times*, 4 de maio de 2007.
17. H. Davis et al., "fmri bold signal changes in elite swimmers while viewing videos of personal failure", *Brain Imaging and Behavior, 2* (2008), 84–93. Consulte também G. Miller, "Can Neuroscience Provide a Mental Edge?" *Science Magazine, 321* (2008).
18. P. Kruse et al., "β-Blockade used in precision sports: Effect on pistol shooting performance", *American Physiological Society* (1986), 417–20.
19. I. M. James, R. M. Pearson, D. N. W. Griffith e P. Newbury, "Effect of Oxprenolol on stage-fright in musicians", *Lancet* (1977), 952–54.

9. O BLOQUEIO NO MUNDO DOS NEGÓCIOS

1. J. D. Bransford e M. K. Johnson, "Contextual prerequisites for understanding: Some investigations of comprehension and recall", *Journal of Verbal Learning and Verbal Behavior, 11* (1972), 717–26.

2. Para uma análise detalhada, consulte K. A. Paller e A. D. Wagner, "Observing the transformation of experience into memory", *Trends in Cognitive Science*, 6 (2002), 93–102.
3. Para uma análise detalhada, consulte P. M. Niedenthal, "Embodying emotion", *Science*, 316 (2007), 1.002–5.
4. T. L. Chartrand e J. A. Bargh, "The chameleon effect: The perception-behavior link and social interaction", *Journal of Personality and Social Psychology*, 76 (1999), 893–910.
5. Para uma análise detalhada, consulte P. M. Niedenthal, "Embodying emotion", *Science*, 316 (2007), 1.002–5. Observado, pelo menos em culturas onde sorrir é um costume frequente e aceito até mesmo para estranhos.
6. R. B. Zajonc, P. K. Adelmann, S. T. Murphy e P. M. Niedenthal, "Convergence in the physical appearance of spouses", *Motivation and Emotion*, 11 (1987), 335–46.
7. D. M. Wegner, "How to think, say, or do precisely the worst thing for any occasion", *Science*, 325 (2009), 48–51.
8. S. L. Beilock, J. A. Afremow, A. L. Rabe e T. H. Carr, "'Don't miss!' The debilitating effects of suppressive imagery on golf putting performance", *Journal of Sport and Exercise Psychology*, 23 (2001), 200–21.
9. F. C. Bakker, R. R. D. Oudejans, O. Binsch e J. van der Kamp, "Penalty shooting and gaze behavior: Unwanted effects of the wish not to miss", *International Journal of Sport Psychology*, 37 (2006), 265–80.
10. C. Kirschbaum, K. M. Pirke e D. H. Hellhammer, "The 'Trier Social Stress Test'— a tool for investigating psychobiological stress responses in a laboratory setting", *Neuropsychobiology*, 28 (1993), 76–81.
11. A. J. Fiocco, R. Joober e S. J. Lupien, "Education modulates cortisol reactivity to the Trier Social Stress Test in middle-aged adults", *Psychoneuroendocrinology 32* (2007), 1.158–63.
12. B. Ditzen et al., "Adult attachment and social support interact to reduce psychological but not cortisol responses to stress", *Journal of Psychosomatic Research*, 64:5 (2008), 479–86.
13. C. Kirschbaum et al., "Sex-specific effects of social support on cortisol and subjective responses to acute psychological stress", *Psychosomatic Medicine*, 57 (1995), 23–31.
14. Para uma análise detalhada, consulte R. S. Weinberg e D. Gould, *Foundations of Sport & Exercise Psychology*, 4ª ed. (Champaign, IL: Human Kinetics, 2007).
15. K. Klein e A. Boals, "Expressive writing can increase working memory capacity", *Journal of Experimental Psychology: General, 130* (2001), 520–33.
16. T. D. Wager et al., "Brain mediators of cardiovascular responses to social threat: Part I: Reciprocal dorsal and ventral sub-regions of the medial prefrontal cortex and heartrate reactivity", *Neuroimage*, 47 (2009), 821–35; T. D. Wager et al., "Brain mediators of cardiovascular responses to social threat: Part II: Prefrontal-subcortical pathways and relationship with anxiety", *Neuroimage*, 47 (2009), 836–51.

17. "Fear of sexual failure", http://www.4-men.org/sex-performance-anxiety.html.
18. Para uma análise detalhada, consulte F. Hedon, "Anxiety and erectile dysfunction: A global approach to ED enhances results and quality of life", *International Journal of Impotence Research 15* (2003), S16–S19.
19. K. Ochsner e J. Gross, "Cognitive emotion regulation: Insights from social cognitive and affective neuroscience", *Current Directions in Psychological Science, 17* (2008), 153–58.
20. K. Deater-Deckard, M. D. Sewell, S. A. Petrill e L. A. Thompson, (2010) "Maternal working memory and reactive negativity in parenting", *Psychological Science, 21*, 75–79.
21. C. S. Monk, E. B. McClure, E. E. Nelson et al., "Adolescent immaturity in attentionrelated brain engagement to emotional facial expressions", *NeuroImage, 20* (2003), 420–28. Para uma visão geral, consulte também S. Choudhury, S. Blakemore, e T. Charman, "Social cognitive development during adolescence", *Social, Cognitive, and Affective Neuroscience, 1* (2006), 165–74.
22. M. S. DeCaro, K. E. Rotar, M. S. Kendra e S. L. Beilock, "Diagnosing and alleviating the impact of performance pressure on mathematical problem solving", *Quarterly Journal of Experimental Psychology: Human Experimental Psychology* (2010).

EPÍLOGO: ROMA NUNCA ESQUECE

1. S. L. Beilock, T. H. Carr, C. MacMahon e J. L. Starkes, "When paying attention becomes counterproductive: Impact of divided versus skill-focused attention on novice and experienced performance of sensorimotor skills", *Journal of Experimental Psychology: Applied, 8* (2002), 6–16.
2. Além das citações relacionadas apresentadas no Capítulo 7, consulte também E. F. Wright e W. Jackson, "The home-course disadvantage in golf championships: Further evidence for the undermining effect", *Journal of Sport Behavior, 14* (1991), 51–61, e E. F. Wright e D. Voyer, "Supporting audiences and performance under pressure: The home-ice disadvantage in hockey", *Journal of Sport Behavior, 18* (1995), 21–29.
3. G. Jordet, "When superstars flop: Public status and choking under pressure in international soccer penalty shootouts", *Journal of Applied Sport Psychology, 21* (2009), 125–30.
4. D. A. Worthy, A. B. Markman e W. T. Maddox, "Choking and excelling at the free throw line", *International Journal of Creativity & Problem Solving, 19* (2009), 53–58

Este livro foi composto na tipologia Adobe Caslon Pro,
em corpo 1,5/15, e impresso em papel off-white
no Sistema Cameron da Divisão Gráfica
da Distribuidora Record.